Norbert Hoffmann

Kleines Handbuch
Neuronale Netze

Norbert Hoffmann

Kleines Handbuch Neuronale Netze

Anwendungsorientiertes Wissen
zum Lernen und Nachschlagen

Die Deutsche Bibliothek - CIP-Einheitsaufnahme

Hoffmann, Norbert:
Kleines Handbuch neuronale Netze : anwendungsorientiertes
Wissen zum Lernen und Nachschlagen / Norbert Hoffmann. -
Braunschweig ; Wiesbaden : Vieweg 1993
  ISBN 978-3-322-91566-5   ISBN 978-3-322-91565-8 (eBook)
  DOI 10.1007/978-3-322-91565-8

Das in diesem Buch enthaltene Programm-Material ist mit keiner Verpflichtung oder Garantie irgendeiner Art verbunden. Der Autor und der Verlag übernehmen infolgedessen keine Verantwortung und werden keine daraus folgende oder sonstige Haftung übernehmen, die auf irgendeine Art aus der Benutzung dieses Programm-Materials oder Teilen davon entsteht.

Der Verlag Vieweg ist ein Unternehmen der Verlagsgruppe Bertelsmann International.

ISBN 978-3-322-91566-5

Vorwort

Das breite Angebot an deutschsprachigen Lehrbüchern macht es dem Einsteiger leicht, sich Grundkenntnisse über neuronale Netze anzueignen. Wer allerdings tiefer in dieses Gebiet einsteigen und beispielsweise die (meist englische) Forschungsliteratur lesen möchte, wird mit einer Fülle von Modellen und Begriffen konfrontiert, die er, wenn überhaupt, nur mühsam in den Lehrbüchern oder in den Literaturverweisen findet.

Das vorliegende Handbuch will hier eine Hilfestellung geben. Im Gegensatz zu einem Lehrbuch ist es nicht didaktisch, sondern systematisch aufgebaut. Daher sind Grundkenntnisse über neuronale Netze für das Verständnis des Buches äußerst nützlich, wenngleich es durchaus als Einführung dienen kann. Sein Hauptzweck ist jedoch der, dem Leser umfangreiche Nachschlagemöglichkeiten für deutsche und englische *Begriffe* sowie für die wichtigsten *Netzmodelle* zu geben. Bei der großen Zahl der bisher in der Literatur untersuchten Netztypen ist es nicht möglich, sämtliche Modelle aufzuführen. Statt dessen wurden nur wenige typische Modelle ausgewählt, aber bis in alle Einzelheiten beschrieben. Diese Angaben sollten z.B. als Grundlage für Simulationsprogramme ausreichen.

Das Handbuch beschränkt sich auf ein enges, aber grundlegendes und wichtiges Teilgebiet neuronaler Netze. Natürliche Nervennetze weisen, ebenso wie einige Netzmodelle, ein zeitkontinuierliches Verhalten auf. Dagegen arbeiten die meisten Modelle mit einem Zeittakt; daher befaßt sich dieses Buch ausschließlich mit *zeitdiskreten* neuronalen Netzen. Auf statistische Methoden wird, obgleich sie in der Theorie eine bedeutende Rolle spielen, ebenfalls nicht eingegangen.

Dem Verlag und insbesondere den Anregungen des Lektors, Herrn Dr. Reinald Klockenbusch, ist es zu verdanken, daß dieses Buch erscheinen konnte.

April 1993
Norbert Hoffmann

INHALTSVERZEICHNIS

I GRUNDLAGEN

II NETZE

III PRAXIS

IV ANHANG

1 Einleitung

1.1 Begriff des neuronalen Netzes

1.1.1 Neurophysiologie als Vorbild

Neuronale Netze können als technische Umsetzung der Gehirnfunktionen verstanden werden. Daher wollen wir zunächst die Nervenzellen und ihr Zusammenwirken im Zentralnervensystem untersuchen. Eine *Nervenzelle* (auch *Ganglienzelle* oder *Neuron* genannt) besteht wie jede lebende Zelle aus einem *Zellkörper*, der von seiner Umgebung durch eine *Zellmembran* abgegrenzt ist. Ihr Aufbau weicht jedoch in auffälliger Weise von dem aller anderen Zellen des Körpers ab. Der Zellkörper trägt eine große Anzahl kurzer, stark verzweigter Auswüchse, die als *Dendriten* bezeichnet werden. Ein weiterer Auswuchs, das *Axon*, kann sehr lang werden (bis ca. 1 m) und teilt sich an seinem Ende in viele Zweige auf, die jeweils durch eine *Synapse* abgeschlossen sind. Jede Synapse ist, getrennt durch den dünnen *synaptischen Spalt*, mit dem Zellkörper oder einem Dendriten einer anderen Nervenzelle verbunden. Das hat zur Folge, daß jede Nervenzelle mit Tausenden von Synapsen bedeckt ist, wodurch eine hochgradige Vernetzung entsteht.

Die synaptischen Verbindungen ändern sich im Lauf der Zeit. Synapsen können wachsen, verkümmern oder sogar ganz verschwinden. Umgekehrt kann ein Axon neue Zweige mit den zugehörigen Synapsen ausbilden und dadurch mit weiteren Nervenzellen in Kontakt treten. Das führt zu Änderungen im Verhalten des Nervensystems, also zu *Lernvorgängen*.

Die Funktionsweise einer einzelnen Nervenzelle ist weitgehend bekannt (Schmidt 1983). Sie beruht auf der elektrischen Spannung der Zellmembran gegenüber der Umgebung, dem sog. *Membranpotential*. Im *Ruhezustand* hat die Nervenzelle ein einheitliches Membranpotential vom ca. -75 mV; solange die Zelle nicht von außen angeregt wird, verharrt sie in diesem Zustand. Wird ihr

Membranpotential an mindestens einer Stelle über einen *Schwellwert* (ca. –50 mV) hinaus erhöht, so kommt durch innere Vorgänge eine Kettenreaktion in Gang, die zu einer schlagartigen Erhöhung des Membranpotentials auf etwa +30 mV führt. Durch Ausgleichsvorgänge kehrt die Zelle innerhalb einiger Millisekunden wieder in ihren Ruhezustand zurück.

Diese kurze Spannungsspitze, die den *Erregungszustand* der Nervenzelle kennzeichnet, nennt man *Aktionspotential*: die Zelle *feuert*. Das Aktionspotential pflanzt sich längs des Axons fort und erreicht schließlich die Synapsen. Diese werden zur Ausschüttung bestimmter chemischer Substanzen, der *Neurotransmitter*, veranlaßt, die über die synaptischen Spalte zu anderen Nervenzellen gelangen und deren Membranpotential erhöhen. Wenn an einer Nervenzelle genügend viele Synapsen gleichzeitig aktiv sind, wird hier ebenfalls ein Aktionspotential ausgelöst.

Neben den Synapsen, die das Membranpotential erhöhen, also *erregend* wirken, gibt es auch *hemmende* Synapsen, die das Membranpotential erniedrigen und so der Aktivierung einer Nervenzelle entgegenarbeiten. Diese Hemmung ist für die Stabilität des Nervensystems wesentlich.

Damit ein Organismus lebensfähig ist, muß sein Nervensystem mit seiner Umgebung in Verbindung treten. Eindrücke von der Außenwelt werden durch Sinneszellen aufgenommen und über *afferente* Axone an das Nervensystem weitergeleitet. Umgekehrt regen *efferente* Axone Muskelzellen zur Kontraktion an.

Die Aktionspotentiale einer Nervenzelle sehen alle gleich aus (das bekannte „Alles-oder-Nichts-Gesetz"). Die Informationen, die im Nervensystem verarbeitet werden, sind also nicht durch die Größe der Spannungen, sondern durch die zeitlichen Abstände der Aktionspotentiale codiert. Das Nervensystem arbeitet demnach mit **Frequenzmodulation** (Kohonen 1988, Rahmann 1988).

1.1.2   Aufbau und Funktionsweise neuronaler Netze

Zum Begriff des neuronalen Netzes gelangt man, wenn man die beschriebenen Vorgänge zu einem stark vereinfachten abstrakten Modell zusammenfaßt. Dieses Modell wird durch folgende Regeln beschrieben:
1) *Aufbau* einer Nervenzelle: Eine Nervenzelle besitzt viele *Eingänge*, nämlich die synaptischen Verbindungen, und einen *Ausgang*, nämlich das Axon.
2) *Zustände* einer Nervenzelle: Eine Nervenzelle kann zwei Zustände annehmen: den *Ruhezustand* und den *Erregungszustand*.

3) *Verbindungen* der Nervenzellen untereinander: der Ausgang einer Nervenzelle führt zu den Eingängen anderer Nervenzellen.
4) *Eingänge* des Nervensystems: Einige Nervenzellen (z.B. Sinneszellen) können durch Umweltreize erregt werden.
5) *Ausgänge* des Nervensystems: Einige Ausgänge von Nervenzellen wirken (über Muskelzellen) auf die Umwelt ein.
6) *Erregungsbedingung.* Eine Nervenzelle geht in den Erregungszustand über, wenn genügend viele ihrer Eingänge mit erregten Nervenzellen verbunden sind.
7) *Unabhängigkeit* der Nervenzellen: Der Zustand einer Nervenzelle ist allein durch die Verhältnisse an ihren Eingängen bestimmt. Die einzelnen Zellen arbeiten also unabhängig voneinander.

Ersetzt man in diesem Modell das Wort „Nervenzelle" durch „Verarbeitungselement", so erinnert nichts mehr an ein Nervensystem. Nun kann man dem Modell eine technisch anmutende Interpretation geben und erhält so den Begriff des **neuronalen Netzes**. Ein solches Netz besteht aus einfachen **Verarbeitungselementen**, die über das ganze System verteilt sind und unabhängig voneinander („parallel") arbeiten. Diese Arbeitsweise läßt sich zum Begriff der **parallel verteilten Verarbeitung** zusammenfassen.

1.1.3   Vergleich mit herkömmlichen Computern

Von außen gesehen, unterscheidet sich ein neuronales Netz nicht von einem herkömmlichen Computer: es erhält Daten von der Außenwelt, verarbeitet sie und liefert das Ergebnis an die Außenwelt zurück. Der wesentliche Unterschied liegt in der internen Behandlung der Daten. Ein herkömmlicher Computer verfügt über ein Programm, einen Datenspeicher und einen Prozessor. Die einzelnen Daten werden durch ihre Adresse identifiziert; die Abläufe folgen streng logischen Regeln und können daher leicht geplant werden.

Demgegenüber bietet ein neuronales Netz zunächst ein verwirrendes Bild. Es gibt weder ein Programm noch einen Datenspeicher; statt des Prozessors, der das System mehr oder weniger sinnvoll steuert, arbeitet eine Unzahl unkoordinierter Verarbeitungselemente vor sich hin. Durch die vielen Verbindungen ist es selbst bei einem kleinen Netz aussichtslos, die Vorgänge im einzelnen zu verfolgen. Vor allem aus diesem Grund sind neuronale Netze so schwer zu durchschauen.

Allerdings gibt es in einem neuronalen Netz durchaus Bestandteile, die an die
Stelle der Speicher eines Computers treten. Das Computerprogramm legt fest,
wie die eingegebenen Daten in die Ausgabe umgewandelt werden; analog bestimmt die Stärke der Verbindungen in einem neuronalen Netz, welche Werte
am Netzausgang erscheinen. Den Daten, die der Computer verarbeitet, entspricht am ehesten das über das ganze System verteilte Muster der Erregungs-
zustände; die einzelnen Daten lassen sich allerdings nicht lokalisieren. Das alles
zeigt, daß man neuronale Netze nicht verstehen kann, wenn man mit den Begriffen der herkömmlichen Computertechnik an sie herangeht.

1.2   Hinweise für die Benützung des Buches

1.2.1   Zweck des Buches

Das Buch ist in erster Linie als Nachschlagewerk über *zeitdiskrete* neuronale
Netze gedacht. Neben einem umfangreichen theoretischen Teil, in dem die allgemeinen Grundlagen, ausgewählte Netztypen sowie typische Anwendungen
beschrieben werden, stehen einige Nachschlagemöglichkeiten zur Verfügung.
Wenn man Informationen über einen Netztyp oder einen Begriff sucht, so sehe
man im englisch-deutschen *Lexikon* (Kap. 10), im deutsch-englischen *Glossar*
(Kap. 11) oder im *Register* (Kap. 13) nach; dort findet man eine Erklärung, einen Querverweis oder Literaturangaben. Lexikon und Glossar können auch als
Übersetzungshilfe dienen.

1.2.2   Vorkenntnisse des Lesers

Da das Buch als Nachschlagewerk konzipiert ist, folgt sein Aufbau keinen di-
daktischen, sondern systematischen Gesichtspunkten. Daher ist es als Einführung nur bedingt geeignet; Vorkenntnisse über neuronale Netze sind nützlich,
wenn auch nicht unbedingt notwendig. Eine Zusammenstellung einführender
Literatur ist in Abschn. 12.2 zu finden.

Viele Erklärungen im Buch verwenden Methoden der elementaren Algebra
(„Buchstabenrechnung") und den mathematischen Funktionsbegriff. Die Diffe-

rential- und Integralrechnung wird dagegen kaum (außer bei den Fehlerrückführungs-Netzen) benötigt.

1.2.3   Übersicht über den Buchinhalt

Das Buch besteht neben der Einleitung aus vier Hauptteilen. **Teil I** stellt die grundlegenden Ideen vor, auf denen neuronale Netze beruhen. Zunächst werden die Grundbausteine eines jeden Netzes, nämlich die Neuronen, behandelt; anschließend wird erklärt, wie ein Netz aufgebaut ist und wie es arbeitet. **Teil II** beschreibt eine Reihe wichtiger Netzmodelle. **Teil III** befaßt sich mit der Frage, wie neuronale Netze praktisch eingesetzt werden können. Der Anhang (**Teil IV**) enthält eine Reihe von Verzeichnissen, wobei ein englisch-deutsches Lexikon sowie ein Glossar besonders zu erwähnen sind.

Teil I befaßt sich mit den theoretischen Grundlagen neuronaler Netze. Ein Netz besteht aus einzelnen Neuronen; die Kenntnis der verschiedenen Neurontypen, ihres Aufbaus und ihrer Arbeitsweise ist daher von großer Bedeutung. **Kap. 2** ist der Vermittlung dieses Wissens gewidmet. Ein Neuron wandelt die Werte an seinem Eingang in einen Ausgangswert um, wobei häufig eine interne Zwischengröße, die *Aktivität,* eine wichtige Rolle spielt. Gegenstand von Abschn. 2.1 sind die Bestandteile eines Neurons sowie die Größen, die bei seiner Berechnung eine Rolle spielen. In den folgenden Abschnitten werden diese Bestandteile und ihr Zusammenwirken näher untersucht: Abschn. 2.2 legt dar, wie aus den Eingangswerten, die an einem Neuron anliegen, dessen Aktivität bestimmt wird; Abschn. 2.3 erläutert, wie man daraus zum Ausgangswert des Neurons kommt.

Nun hat man die Teile eines Neurons im Detail analysiert; man braucht sie nur noch zusammenzusetzen, um einen konkreten Neurontyp zu erhalten. Im Prinzip ergibt jede Kombination der Bestandteile einen anderen Typ. Wie das geht, kann man aus Abschn. 2.4 ersehen.

Nachdem die einzelnen Neuronen beschrieben sind, zeigt **Kap. 3**, wie aus ihnen ein Netz entsteht. Abschn. 3.1 erläutert den grundsätzlichen Aufbau eines Netzes, wobei wichtige Begriffe wie *Schichtenkonzept* und *Rückkopplung* vorgestellt werden.

Die Tätigkeit eines künstlichen Netzes erfolgt meist in zwei Arbeitsphasen. Zunächst muß das Netz trainiert werden; das ist die *Lernphase.* Erst dann ist das Netz in der Lage, das zu tun, was man von ihm erwartet; das geschieht in der *Reproduktionsphase.* Viele Lernmethoden enthalten Reproduktionsvorgänge als

Bestandteile; daher ist es günstig, zuerst die Reproduktionsmethoden zu untersuchen. Das ist Aufgabe von Abschn. 3.2. Zunächst werden verschiedene dieser Methoden vorgestellt. Diese sind vielfältig und in ihrer Wirkung nicht immer leicht zu durchschauen. Es gibt jedoch ein Konzept, das sich in einigen Fällen als sehr brauchbar für das Verständnis erwiesen hat und bei theoretischen Untersuchungen gerne benützt wird: die **Hamilton-Funktion**. Diese wird in Abschn. 3.2.7 vorgestellt.

Die *Lernmethoden* lassen sich in zwei große Gruppen einteilen, nämlich in *überwachtes* und in *unüberwachtes* Lernen. Abschn. 3.3 befaßt sich mit **überwachtem Lernen** („Lernen mit Lehrer"). Zunächst werden zwei „klassische" Lernregeln erklärt, nämlich die **Hebbsche Lernregel** (Abschn. 3.3.3) und die **Delta-Lernregel** (Abschn. 3.3.4). Diese wurden ursprünglich durch neurophysiologisch motivierte Plausibilitätsüberlegungen gewonnen. Im allgemeinen ist es jedoch schwierig, vernünftige Lernregeln zu finden. Ein Konzept, das der Hamilton-Funktion bei der Reproduktion ähnelt, kann in vielen Fällen helfen: die **Kostenfunktion** (Abschn. 3.3.5). Schließlich wird erklärt, wie verborgene Neuronen durch **Lohn und Strafe** lernen können (Abschn. 3.3.6).

Thema von Abschn. 3.4 ist das **unüberwachte Lernen** in Wettbewerbs-Netzen.

Teil II beschreibt eine Auswahl wichtiger Netztypen. **Kap. 4** stellt einfache Netze vor, die überwacht lernen. Die Kenntnis dieser Netze ist äußerst nützlich, da die Mehrzahl der übrigen Netztypen auf diesen aufbaut. Ein grundlegender Netztyp ist der in Abschn. 4.1 dargestellte **Muster-Assoziator**. Dieses Netz ist einfach aufgebaut und auch leicht zu verstehen. Es arbeitet *heteroassoziativ,* d.h. es lernt *Musterpaare:* bietet man ihm am Eingang ein Eingangsmuster an, so liefert es am Ausgang das zugehörige Ausgangsmuster. Eines der ersten funktionsfähigen Netze war das **Perzeptron**; es wird zusammen mit seinen Weiterentwicklungen **ADALINE** und **MADALINE** in Abschn. 4.2 ausführlich untersucht. Etwas komplizierter, aber ebenso wichtig ist der **Auto-Assoziator** (Abschn. 4.3). Charakteristisch für ihn sind die Rückkopplungen, mit denen seine Neuronen aufeinander einwirken. Er arbeitet *autoassoziativ,* lernt also *Einzelmuster:* bietet man ihm am Eingang eine verstümmelte Variante eines gelernten Musters an, so liefert er am Ausgang im Idealfall dessen Originalgestalt.

Die bisher behandelten Netze weisen im wesentlichen nur *sichtbare Neuronen* auf, das sind Neuronen, die direkt mit den Ein- und/oder Ausgängen des Netzes verbunden sind. Für solche Netze lassen sich leicht Lernregeln angeben; die Hebbsche und die Delta-Lernregel sind klassische Beispiele dafür. Leider kann man viele Probleme nur mit *verborgenen Neuronen* vernünftig behandeln; daher war es ein bedeutender Fortschritt, als es gelang, mit Hilfe einer Kostenfunktion die Delta-Lernregel zur **Fehlerrückführungs-Lernregel** zu verallgemeinern (Abschn. 4.4).

Ein mit dem Auto-Assoziator verwandter, aber nach anderen Prinzipien arbeitender Netztyp, das **Hopfield-Netz**, ist Gegenstand von Abschn. 4.5.

Kap. 5 beschreibt eine Auswahl von komplizierter aufgebauten, überwacht lernenden Netzen, die eine gewisse Bedeutung erlangt haben und daher in der Literatur häufig auftauchen. Abschn. 5.5 beschließt dieses Kapitel mit einer Zusammenstellung der in Kap. 4 und Kap. 5 besprochenen Netztypen. Unüberwacht lernende Netze werden in **Kap. 6** vorgestellt.

Teil III befaßt sich mit der Umsetzung der bisher nur theoretisch betrachteten neuronalen Netze in die Praxis. In **Kap. 7** werden Anwendungsmöglichkeiten beschrieben. Abschn. 7.1 behandelt Typen von Problemen, zu deren Lösung neuronale Netze verwendet werden können. Abschn. 7.2. stellt konkrete Anwendungen vor. **Kap. 8** untersucht, wie neuronale Netze realisiert werden können; dafür kommen Computersimulationen (Abschn. 8.2) und Aufbau durch Hardware (Abschn. 8.3) in Frage.

Der **Anhang (Teil IV)** enthält eine Reihe von Verzeichnissen. Das **Symbolverzeichnis (Kap. 9)** listet sämtliche Symbole auf, die im vorliegenden Buch verwendet werden, und setzt sie in Beziehung zu anderen Konventionen, die in der Literatur anzutreffen sind. Das **Lexikon englisch-deutsch (Kap. 10)** ist als Hilfe bei der Lektüre englischsprachiger Fachliteratur gedacht. Es schlägt Übersetzungen wichtiger Fachbegriffe vor und bietet zugleich Querverweise auf das *Glossar* (Kap. 11). Der Leser kann sich so über unbekannte Begriffe informieren, ohne in der Literatur mühsam suchen zu müssen.

Ein weiteres Kapitel zum Nachschlagen ist das **Lexikon und Glossar deutsch-englisch (Kap. 11)**. Eine große Zahl deutscher Fachbegriffe wird hier kurz erläutert und durch die englische Übersetzung ergänzt. Wenn der Begriff an anderer Stelle im Buch genauer behandelt ist, erfolgt ein entsprechender Hinweis.

Ein ausführliches **Literaturverzeichnis (Kap. 12)** und ein **Register (Kap. 13)** runden das Buch ab.

1.3   Fuzzy-Logik

1.3.1   Begriff

Im Zusammenhang mit neuronalen Netzen wird häufig von **Fuzzy-Logik** (*unscharfer Logik*) gesprochen. Unscharfe Logik beruht auf vollkommen anderen Grundgedanken als neuronale Netze; eine Verwandtschaft besteht lediglich insofern, als unscharfe Logik und neuronale Netze auf ähnliche Probleme mit Erfolg angewendet werden. Um die Unterschiede klarzumachen, stellen wir hier einige grundsätzliche Ideen vor. Eine exakte mathematische Darstellung findet man etwa bei Kaufmann (1975), eine leicht verständliche, auf Computersimulationen ausgerichtete bei Tilli (1991).

Der Begriff „unscharf" darf keineswegs zu der Auffassung verleiten, daß irgendwelche gedankliche Ungenauigkeiten eine Rolle spielen. Ganz im Gegenteil handelt es sich dabei um eine mathematische Theorie, nämlich eine Verallgemeinerung der zweiwertigen Logik, welche die zweiwertige Logik nicht etwa aufhebt, sondern sie vielmehr zu ihrer Begründung benötigt.

1.3.2   Unscharfe Teilmengen

Ausgangspunkt der unscharfen Logik ist eine gewöhnliche „scharfe" Grundmenge E. Da es hier nur auf das Prinzip ankommt, beschränken wir uns bei den folgenden Überlegungen auf $E := [0;5]$, also auf die Menge der reellen Zahlen zwischen „0" und „5". Zunächst betrachten wir die *gewöhnliche* Teilmenge $A := [2;4] \subset E$. Die *charakteristische Funktion* oder **Zugehörigkeitsfunktion** $\mu_A(x)$ gibt an, ob das Element $x \in E$ in A enthalten ist oder nicht, und ist wie folgt definiert:

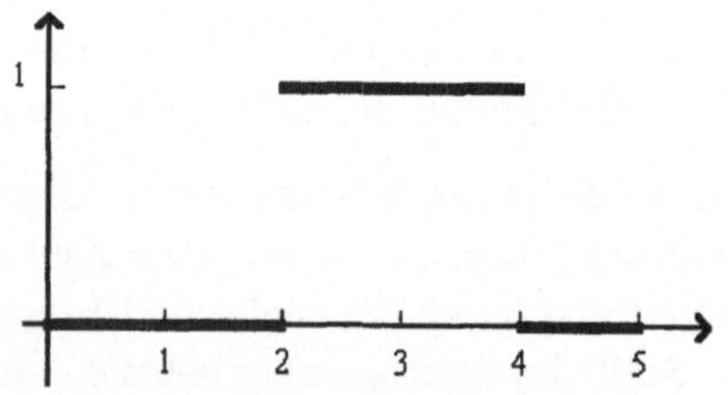

Bild 1-1 Zugehörigkeitsfunktion einer scharfen Teilmenge
Nach rechts sind die Elemente $x \in E = [0;5]$ aufgetragen, nach oben die Zugehörigkeitsfunktion $\mu_A(x)$, welche die Teilmenge $A = [2;4] \subset E$ beschreibt. Für $x \in A$ ist $\mu_A(x) = 1$.

$$\mu_A(x) = \begin{cases} 1 & \text{für } x \in A \\ 0 & \text{für } x \notin A \end{cases}$$

Im vorliegenden Fall gilt:

$$\mu_{[2;4]}(x) = \begin{cases} 1 & \text{für } \quad 2 \le x \le 4 \\ 0 & \text{sonst} \end{cases}$$

Bild 1-1 zeigt die graphische Darstellung dieser Zugehörigkeitsfunktion.

Der Begriff der Teilmenge läßt sich nun leicht verallgemeinern, indem man für die Zugehörigkeitsfunktion beliebige reelle Funktionswerte im Bereich [0;1] zuläßt. Damit kann man eine „unscharfe" Zugehörigkeit eines Punktes x zur Teilmenge **A** ausdrücken; den Wert $\mu_A(x) = 0{,}5$ könnte man etwa so interpretieren, daß x

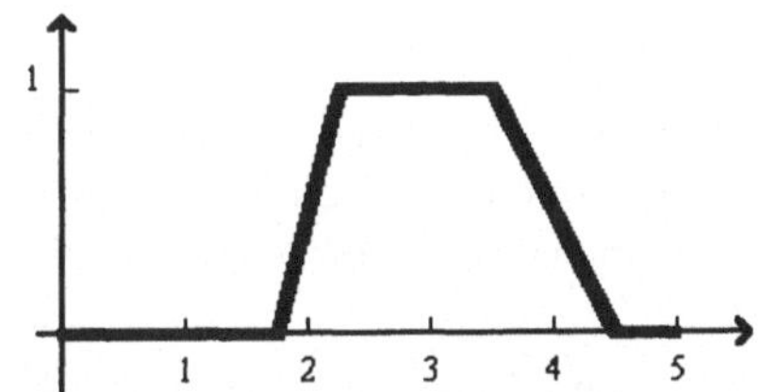

Bild 1-2 Zugehörigkeitsfunktion einer unscharfen Teilmenge
Nach rechts sind die Elemente $x \in$ **E** aufgetragen, nach oben die Zugehörigkeitsfunktion.

„mehr oder weniger" zu **A** gehört. Eine **unscharfe Teilmenge A̰** (das Zeichen „~" steht für „unscharf") ist also durch ihre Zugehörigkeitsfunktion μ_A definiert. Bild 1-2 zeigt eine unscharfe Teilmenge mit der Zugehörigkeitsfunktion

$$\mu_{A̰}(x) = \begin{cases} 0 & \text{für } x \le 1{,}75 \\ 2x - 3{,}5 & \text{für } 1{,}75 < x < 2{,}25 \\ 1 & \text{für } 2{,}25 \le x \le 3{,}5 \\ 4{,}5 - x & \text{für } 3{,}5 < x < 4{,}5 \\ 0 & \text{für } 4{,}5 \le x \end{cases}.$$

1.3.3   Unscharfe Mengenoperationen

In der gewöhnlichen Mengentheorie werden verschiedene Mengenoperationen verwendet; hier beschränken wir uns auf *Vereinigung* und *Durchschnitt*. Dazu betrachten wir die weitere Menge **B** := [1;2], die ebenfalls eine Teilmenge der Grundmenge **E** ist. Die Vereinigung ist die Menge aller Punkte, die in **A** *oder* in **B** liegen, in unserem Fall also

$$A \cup B = [2;4] \cup [1;2] = [1;4] \,.$$

Analog ist der Durchschnitt die Menge aller Punkte, die in **A** *und* in **B** liegen; im vorliegenden Fall ist das ein einziger Punkt:

$$\mathbf{A} \cap \mathbf{B} = [2;4] \cap [1;2] = \{2\}$$

Diese beiden Operationen lassen sich mit der („scharfen") Zugehörigkeitsfunktion ausdrücken:

$$\mu_{\mathbf{A} \cup \mathbf{B}} = \max(\mu_{\mathbf{A}}, \mu_{\mathbf{B}})$$

$$\mu_{\mathbf{A} \cap \mathbf{B}} = \min(\mu_{\mathbf{A}}, \mu_{\mathbf{B}})$$

Man überzeugt sich leicht, daß diese beiden Formeln die Vereinigung und den Durchschnitt korrekt beschreiben.

Die Verallgemeinerung auf die entsprechenden unscharfen Operationen erhält man, indem man diese Formeln als *Definition* der Zugehörigkeitsfunktion der unscharfen Vereinigungs- bzw. Durchschnittsmenge verwendet.

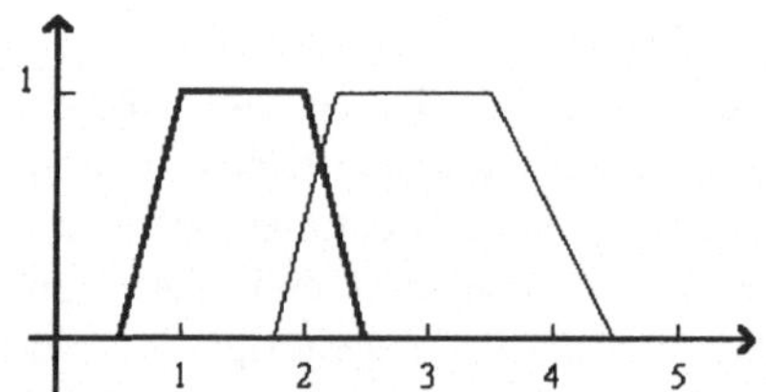

Bild 1-3 Zwei unscharfe Teilmengen
Links ist die Zugehörigkeitsfunktion von $\underset{\sim}{\mathbf{B}}$, rechts die von $\underset{\sim}{\mathbf{A}}$ gezeichnet.

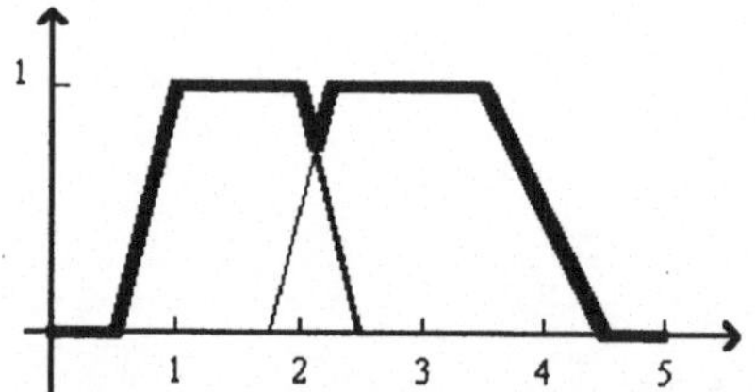

Bild 1-4 Unscharfe Vereinigung
Die fette Linie zeigt die Zugehörigkeitsfunktion von $\underset{\sim}{\mathbf{A}} \cup \underset{\sim}{\mathbf{B}}$; die dünneren Linen gehören zu $\underset{\sim}{\mathbf{B}}$ bzw. zu $\underset{\sim}{\mathbf{A}}$.

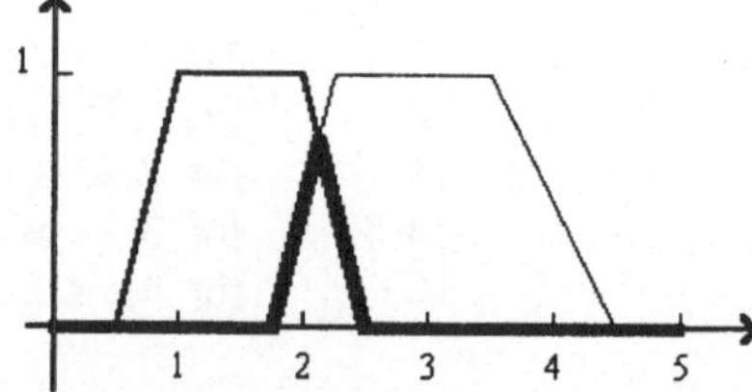

Bild 1-5 Unscharfer Durchschnitt
Die fette Linie zeigt die Zugehörigkeitsfunktion von $\underset{\sim}{\mathbf{A}} \cap \underset{\sim}{\mathbf{B}}$.

Um zu sehen, was das bedeutet, betrachten wir eine weitere unscharfe Teilmenge $\underset{\sim}{\mathbf{B}}$, die durch die Zugehörigkeitsfunktion

$$\mu_{\underset{\sim}{B}}(x) = \begin{cases} 0 & \text{für } x \le 0,5 \\ 2x-1 & \text{für } 0,5 < x < 1 \\ 1 & \text{für } 1 \le x \le 2 \\ 5-2x & \text{für } 2 < x < 2,5 \\ 0 & \text{für } 2,5 \le x \end{cases}$$

beschrieben wird. Die beiden Teilmengen sowie Vereinigung und Durchschnitt sind in Bild 1-3 bis 1-5 gezeichnet.

1.3.4   Unscharfe logische Verknüpfungen

Gewöhnliche Mengenoperationen sind durch logische Verknüpfungen definiert; beispielsweise gehört ein Punkt x zu der Durchschnittsmenge $A \cap B$, wenn x zu A *und* zu B gehört. Die logische Verknüpfung UND liegt also dem Begriff der Durchschnittsmenge zugrunde.

Das Konzept der Zugehörigkeitsfunktion, das zu unscharfen Teilmengen geführt hat, läßt sich auf logische Verknüpfungen ausweiten. Im Rahmen der gewöhnlichen zweiwertigen Logik kommt jeder Aussage einer der beiden *Wahrheitswerte* „wahr" oder „falsch" zu, die durch die Zahlen „1" bzw. „0" repräsentiert werden können. „Unscharfe" Aussagen bekommt man, wenn man Wahrheitswerte aus dem abgeschlossenen Intervall [0;1] zuläßt. Sind a und b zwei Aussagen, so kann man dann die *unscharfen logischen Verknüpfungen* ODER und UND durch

$$a \underset{\sim}{\vee} b = \max(a,b)$$

$$a \underset{\sim}{\wedge} b = \min(a,b)$$

definieren. Der Einfachheit halber wurde hier auf die (an sich notwendige) Unterscheidung zwischen den Aussagen und ihren Wahrheitswerten verzichtet.

Die Beziehung zwischen dem unscharfen Durchschnitt zweier Mengen und der unscharfen UND-Verknüpfung läßt sich nun so formulieren:

$$\mu_{A \cap B}(x) = \mu_A(x) \underset{\sim}{\wedge} \mu_A(x)$$

1.3.5   Vergleich mit neuronalen Netzen

Die bisherigen Ausführungen lassen klar erkennen, daß unscharfe Logik nichts mit neuronalen Netzen zu tun hat. Unscharfe Logik stellt – wie die gewöhnliche Logik – Sachverhalte auf *symbolische* Weise dar. Wendet man sie auf konkrete Probleme an, so kommen die beteiligten Dinge und Zusammenhänge direkt, nämlich in Form symbolischer Begriffe und Aussagen, vor. Dagegen lassen neuronale Netze, wie in Abschn. 1.1.3 gezeigt wurde, nur eine verteilte Darstellung zu. Dinge und Zusammenhänge sind über das ganze Netz „verschmiert"; ein einzelnes Neuron kann höchstens einen kleinen Bruchteil repräsentieren. Ein neuronales Netz arbeitet demnach „*subsymbolisch*"; eine eingehende Diskussion findet man bei Dorffner (1991).

1.4   Künstliche neuronale Netze

Zum Zweck einer klaren begrifflichen Unterscheidung werden wir von jetzt an „natürliche" Nervenzellen als **Nervenzellen**, „künstliche" Nervenzellen als **Neuronen** bezeichnen.

Um das Modell von Abschn. 1.1.2 technisch zu realisieren, ist eine Reihe von Überlegungen erforderlich. Eine natürliche Nervenzelle ändert ihren Zustand kontinuierlich in der Zeit; sie wird demnach durch eine Funktion (oder einen Satz von Funktionen) beschrieben, die kontinuierlich von den Eingangsgrößen und von der Zeit abhängt. Dasselbe gilt für das gesamte Netz.

Derartige Modelle werden häufig untersucht und können beispielsweise durch Analogrechner nachgebildet werden. Weiter verbreitet und für die Simulation auf Digitalrechnern besser geeignet sind jedoch *zeitdiskrete* Netze, die wir in diesem Buch ausschließlich behandeln werden. Um ein solches Netz zu bekommen, führt man eine *Zeittakt $t = 0,1,2,...$* ein; nur zu diesen diskreten Zeitpunkten kann ein künstliches Neuron seinen Zustand ändern. Werden Eingangswerte an das Neuron angelegt und festgehalten, so nimmt es beim nächsten Zeitpunkt seinen Endzustand und damit auch seinen Ausgangswert an und behält ihn, solange die Eingangswerte nicht geändert werden, auch während der weiteren Zeitpunkte bei. Nur wenige Netzmodelle (vgl. etwa die BSB- und die DMA-Aktivierungsfunktion in Abschn. 2.2.2) lassen es zu, daß das Neuron bei festgehaltenen Eingangswerten seinen Zustand bei jedem Zeitpunkt ändert.

Große Netze zeigen Erscheinungen, die man mit statistischen Methoden erfassen kann (Hertz 1991, Müller 1990). Allerdings hat die Statistik ihre Grenzen: Da sie mit Mittelung arbeitet, sind höhere Strukturen, wie sie etwa durch Selbstorganisation entstehen können, schlecht zu behandeln. In diesem Buch gehen wir auf die Statistik nicht ein.

Netze aus sehr vielen Neuronen lassen sich analytisch untersuchen, wenn man die Neuronen in einen Raum einbettet und den Grenzübergang $N \to \infty$ (N ist die Anzahl der Neuronen des Netzes) ausführt (Buhmann 1989). Anstelle einzelner Neuronen hat man dann einen „Neuronensee", der durch die kontinuierlichen Variablen x und t beschrieben wird. Auch dieser Fall ist nicht Gegenstand des Buches.

I GRUNDLAGEN

2 Behandlung einzelner Neuronen

2.1 Bestandteile eines Neurons

Wie im letzten Abschnitt gezeigt wurde, ist ein neuronales Netz aus *Neuronen* aufgebaut. Deren Aufgabe ist es, aus den Werten an ihren Eingängen einen Ausgangswert zu erzeugen. Die Regeln, nach denen sich der Ausgangswert eines Neurons ergibt, sind nicht nur in vielen Fällen recht kompliziert; sie bestimmen auch in gewissem Maß die Eigenschaften des Netzes, das aus diesen Neuronen zusammengesetzt ist. Bevor wir uns (in Kap. 3) mit Netzen beschäftigen, ist es daher nützlich, zunächst die innere Struktur der Neuronen genauer zu untersuchen.

In der Literatur und in praktischen Anwendungen findet sich eine Vielzahl der unterschiedlichsten Neurontypen. Fast alle lassen sich im Rahmen eines allgemeinen Schemas beschreiben, welches wir im vorliegenden Kapitel entwickeln werden. Dabei gehen wir von den Verhältnissen bei natürlichen Nervenzellen aus, da sich künstliche Neuronen in vielen Einzelheiten an diesen orientieren. Zu beachten ist, daß es keineswegs darum geht, eine Nervenzelle möglichst naturgetreu zu modellieren; vielmehr soll dieses Schema einen umfassenden Rahmen für die gängigsten Neurontypen abgeben.

Bild 2-1 zeigt den Aufbau eines künstlichen Neurons. Eine natürliche Nervenzelle wird über Synapsen durch andere Nervenzellen beeinflußt. Dementsprechend hat ein künstliches Neuron n **Eingänge** e_j, $j = 1...n$. Der Einfluß der Synapsen wird durch n reelle Zahlen, die **Eingangswerte,** modelliert, welche an die Eingänge des Neurons „angelegt" werden. Um die Symbolik nicht zu belasten, bezeichnen wir die Eingangswerte ebenfalls mit e_j. Statt vom „Eingang e_j" kann man kürzer auch vom „Eingang j" sprechen.

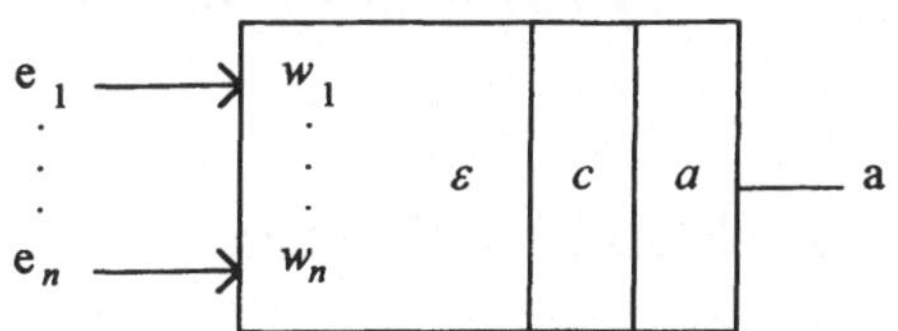

Bild 2-1 Innere Struktur eines künstlichen Neurons

Ein Neuron verfügt über n Eingänge $e_1...e_n$. Bei den meisten Neurontypen gehört zu jedem Eingang e_j ein Gewicht w_j. Aus den Werten an den Eingängen und aus den Gewichten wird zunächst der effektive Eingangswert ε berechnet. Mit der Aktivierungsfunktion ergibt sich aus ε die Aktivität c und daraus mit der Ausgangsfunktion der Ausgangswert a. Die Pfeile an den Eingängen geben die Richtung des Signalflusses an.

In Abhängigkeit von den Vorgängen an den Synapsen stellt sich bei der Nervenzelle zu jedem Zeitpunkt ein Membranpotential ein, das beim künstlichen Neuron durch eine weitere reelle Zahl, die **Aktivität** c, repräsentiert wird. Die Berechnung der Aktivität aus den Eingangswerten erfolgt zweckmäßigerweise in zwei Stufen. Zunächst faßt man die Eingangswerte e_j zu einer einzigen Zahl ε zusammen, die angibt, welchen Eingangswert das Neuron „effektiv" sieht, und die daher hier als **effektiver Eingang** bezeichnet wird. Die Funktion, die den effektiven Eingang berechnet, ist die **Eingangsfunktion**. Da die Synapsen in unterschiedlicher Intensität zum Membranpotential beitragen, ordnen die meisten Neuronmodelle jedem Eingang e_j eine reelle Zahl, die *Synapsenstärke* oder das **Gewicht** w_j, zu und verwenden diese Werte bei der Berechnung des effektiven Eingangs. Die Aktivität c selbst ergibt sich aus dem effektiven Eingang mittels der **Aktivierungsfunktion**, die, da Verwechslungen nicht zu befürchten sind, ebenfalls mit c bezeichnet wird. Im allgemeinen Fall gehen in die Aktivierungsfunktion nicht nur der momentane effektive Eingang, sondern auch Aktivitäten von früheren Zeitpunkten ein.

Wenn das Membranpotential einer Nervenzelle eine Schwelle überschreitet, feuert die Zelle, gibt also ein Signal an andere Neuronen (oder an Muskelzellen) weiter. Analog hat ein künstliches Neuron einen **Ausgang a**, der einen reellen **Ausgangswert** a liefert; dieser wird mit der **Ausgangsfunktion** a aus der Aktivität c berechnet.

2.2   Berechnung der Aktivität

2.2.1   Effektiver Eingang

Mit den angesprochenen Bestandteilen eines künstlichen Neurons wollen wir
uns nun im einzelnen beschäftigen. Der effektive Eingang ist in jedem Fall ein
geeigneter Mittelwert über die Eingänge. Zunächst bietet sich das arithmetische
Mittel an:

$$\varepsilon = \frac{1}{n} \sum_{j=1}^{n} e_j$$

Um den unterschiedlichen Einfluß der einzelnen Eingänge zu berücksichtigen,
führt man zu jedem Eingang e_j eine reelle Zahl, das Gewicht w_j, ein und bildet
ein gewichtetes Mittel. Den Normierungsfaktor $1/n$ schlägt man gewöhnlich zur
Aktivierungs- oder Ausgangsfunktion dazu (vgl. Abschn 2.4.3); die Eingangsfunktion lautet damit:

$$\varepsilon = \sum_{j=1}^{n} w_j e_j \qquad\qquad\qquad (\text{Gl. 2-1})$$

Die meisten Neuronmodelle verwenden diese Form des effektiven Eingangs.

Bei einem künstlichen Neuron kann es Eingänge geben, die zwar vorhanden,
aber nicht „angeschlossen" sind. Ein solcher Eingang (etwa der Eingang k) kann
– jedenfalls bei dieser Form des effektiven Eingangs – durch die Bedingung
$w_k = 0$ charakterisiert werden: der Term $w_k e_k$ fällt aus der Summe heraus, so daß
der Eingangswert e_k keinen Einfluß auf den effektiven Eingang und damit auf
das weitere Verhalten des Neurons hat.

Effektiver Eingang als Skalarprodukt

Faßt man die Gewichte w_j und die Eingangswerte e_j als Vektoren im $\mathbb{R}^n$ auf, also

$$w = (w_1 ... w_n)$$

$$e = (e_1 ... e_n),$$

so kann man den effektiven Eingang als **Skalarprodukt** schreiben:

$$\varepsilon = we$$

Ist φ der Winkel zwischen den Vektoren w und e, so gilt

$$\cos \varphi = \frac{we}{|w||e|}. \qquad\qquad\text{(Gl.2-2)}$$

Dieser Wert liegt zwischen -1 und $+1$. Als Spezialfälle sind anzumerken:

$$\cos \varphi = \begin{cases} 1 & \text{für } w \text{ und } e \text{ parallel} & (\varphi = 0°) \\ 0 & \text{für } w \text{ und } e \text{ senkrecht} & (\varphi = 90°) \\ -1 & \text{für } w \text{ und } e \text{ antiparallel} & (\varphi = 180°) \end{cases}$$

Sigma-Pi-Neuronen

Die überwiegende Zahl der Netzmodelle verwendet die bisher beschriebene Eingangsfunktion. Sie ist jedoch keineswegs die einzig mögliche. Im allgemeinsten Fall ist ε eine (im Prinzip beliebige) Funktion der Eingangswerte, d.h.

$$\varepsilon = \varepsilon (e_1 \ldots e_n).$$

Beschränkt man sich auf Funktionen, die sich in eine Taylorreihe um $e = 0$ entwickeln lassen, so kann man schreiben

$$\varepsilon = w^0 + \sum_{j=1}^{n} w_j^1 e_j + \sum_{j,k=1}^{n} w_{jk}^2 e_j e_k + \sum_{j,k,l=1}^{n} w_{jkl}^3 e_j e_k e_l + \ldots . \qquad\text{(Gl. 2-3)}$$

Die Koeffizienten w sind Ableitungen der Funktion ε an der Stelle $e = 0$ und daher konstante Größen.

Diese Eingangsfunktion ist eine Summe aus Produkten der Eingangswerte; Neuronen, die mit dieser Form arbeiten, heißen daher **Sigma-Pi-Neuronen** (oder *Neuronen höherer Ordnung*). Netze aus solchen Neuronen werden in Abschn. 5.4 beschrieben.

Neuronen, die das Skalarprodukt als Eingangsfunktion verwenden, sind ein Sonderfall der Sigma-Pi-Neuronen; man erhält sie, indem man die Konstante w^0 sowie die Terme zweiter und höherer Ordnung in Gl. 2-3 wegläßt.

2.2.2   Aktivierungsfunktionen

·Lineare Aktivierungsfunktion

Die Aktivierungsfunktion eines künstlichen Neurons gibt an, wie die Aktivität aus dem effektiven Eingang und damit aus den Eingangswerten zu berechnen ist. Hinweise auf die Gestalt der Aktivierungsfunktion kann man aus den Verhältnissen bei Nervenzellen gewinnen. Dort wird das Membranpotential (dem die Aktivität eines künstlichen Neurons entspricht) umso größer, je mehr Signale über die Synapsen einlangen. Da der effektive Eingang die Wirkung der Synapsen modelliert, liegt als einfachster Ansatz eine Proportionalität zwischen dem effektivem Eingang ε und der Aktivität c, also eine **lineare Aktivierungsfunktion**, nahe:

$$c = s\varepsilon$$

Der **Skalierungsfaktor** s wird gewöhnlich zur Ausgangsfunktion dazugeschlagen (vgl. Abschn. 2.4.3). Damit erhält man die häufig verwendete Aktivierungsfunktion

$$c = \varepsilon\,; \qquad\qquad\qquad\qquad\qquad\text{(Gl. 2-4)}$$

das ist die **Identität**.

BSB-Aktivierungsfunktion

In vielen Fällen möchte man das Membranpotential einer Nervenzelle genauer modellieren. Solange Signale über die Synapsen eintreffen (und die Schwelle noch nicht erreicht ist), wächst das Membranpotential kontinuierlich; beim Fehlen dieser Signale nimmt es langsam wieder seinen Ruhezustand ein. Eine zeitdiskrete Funktion, die dieses Verhalten nachbildet, ist durch

$$c(t+1) = c(t) + s\varepsilon - d\,[c(t) - c_0] \qquad\qquad\text{(Gl. 2-5)}$$

gegeben. Da sie im BSB-Modell (*Brain State in the Box*, vgl. Abschn. 4.3) auftritt, wird sie in diesem Buch als **BSB-Aktivierungsfunktion** bezeichnet. s (Wertebereich $s > 0$) ist wieder ein **Skalierungsfaktor**, d (Wertebereich $0 < d \le 1$) die **Abklingkonstante** oder **Abnahme** und c_0 der **Ruhewert** der Aktivität.

Das Verhalten dieser Funktion ist leichter zu erkennen, wenn man nicht die Aktivität selbst, sondern ihre Änderung betrachtet: Mit der Abkürzung $\Delta c := c(t+1) - c(t)$ gilt:

$$\Delta c = s\varepsilon - d\,[c(t) - c_0]$$

Der Term $s\varepsilon$ führt bei $\varepsilon > 0$ zu einer Zunahme der Aktivität; dem wirkt der Term $-d\,[c(t) - c_0]$ entgegen, und zwar umso stärker, je größer die Aktivität bereits ist. Hält man ε konstant, so geht die Aktivität allmählich in den Gleichgewichtszustand $c = s\varepsilon/d + c_0$ über (dieser Wert folgt aus der Bedingung $\Delta c = 0$); beim Abschalten des effektiven Eingangs ($\varepsilon = 0$) nimmt die Aktivität nach einiger Zeit ihren Ruhewert c_0 ein.

DMA-Aktivierungsfunktion

Der Gleichgewichtszustand der BSB-Aktivierungsfunktion ($s\varepsilon/d + c_0$) kann, entsprechende Werte von s, ε und d vorausgesetzt, beliebig groß werden. Durch eine geeignete Modifikation des Terms $s\varepsilon$ läßt sich der Gleichgewichtswert der Aktivität begrenzen. Dazu führt man zwei „Grenzwerte", das **Minimum** m und das **Maximum** M ($m < c_0 < M$), ein und definiert die Aktivierungsfunktion

$$c(t+1) = \begin{cases} c(t) + s\varepsilon[c(t) - m] - d[c(t) - c_0] & \text{für } \varepsilon < 0 \\ c(t) + s\varepsilon[M - c(t)] - d[c(t) - c_0] & \text{für } \varepsilon \geq 0 \end{cases} \qquad \text{(Gl. 2-6)}$$

Diese Funktion ist Bestandteil des DMA-Modells (*Distributed Memory and Amnesia*, vgl. Abschn. 4.3) und wird daher in diesem Buch als **DMA-Aktivierungsfunktion** bezeichnet. Wie wir gleich sehen werden, liegt der Gleichgewichtswert der Aktivität (bei konstantem ε!) im Intervall (m,M); solange das Gleichgewicht nicht erreicht ist, kann die Aktivität auch außerhalb dieses Bereichs liegen.

Um das Verhalten besser analysieren zu können, betrachten wir wieder die Änderung der Aktivität:

$$\Delta c = \begin{cases} s\varepsilon[c(t) - m] - d[c(t) - c_0] & \text{für } \varepsilon < 0 \\ s\varepsilon[M - c(t)] - d[c(t) - c_0] & \text{für } \varepsilon \geq 0 \end{cases}$$

Die folgende Untersuchung gilt für $\varepsilon \geq 0$ (der Fall $\varepsilon < 0$ ist analog). Der Term $s\varepsilon[M - c]$ bringt eine von ε herrührende Zunahme der Aktivität. Dabei ist der Faktor $[M - c]$ für die Begrenzung verantwortlich: Solange die Aktivität c kleiner als das Maximum M ist, ist die Zunahme der Aktivität positiv; der Betrag der Zunahme wird aber umso geringer, je näher die Aktivität bereits an der Grenze M liegt. Ist die Aktivität größer als das Maximum, so wird der Term negativ und führt zu einer Abnahme der Aktivität. Dieser Mechanismus versucht also, die Aktivität in die Nähe des Maximums zu treiben, und bewirkt damit eine „sanfte", aber wirksame Begrenzung.

Der Term $- d\,[c - c_0]$ ist derselbe wie in der BSB-Aktivierungsfunktion; er treibt die Aktivität in Richtung auf den Ruhewert c_0. Der Gleichgewichtswert wird also (konstantes positives ε vorausgesetzt) zwischen c_0 und M liegen. Aus der Bedingung $\Delta c = 0$ ergibt er sich zu $c = (s\varepsilon M + dc_0)/(s\varepsilon + d)$. Für $\varepsilon < 0$ lautet der Gleichgewichtswert $c = (s\varepsilon m - dc_0)/(s\varepsilon - d)$. In Bild 2-2 ist der Gleichgewichtswert gezeichnet.

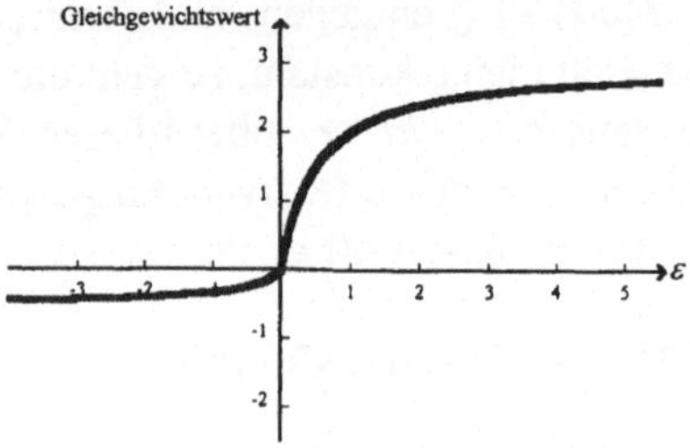

Bild 2-2 Gleichgewichtswert der Aktivität beim DMA-Modell
Bei festgehaltenem ε strebt die Aktivität des DMA-Modells einem Gleichgewichtswert zu. Dieser ist für $m = -0{,}5$, $M = 3$, $s = 1$, $d = 0{,}5$ und $c_0 = 0$ gegen ε aufgetragen.

Hopfield-Aktivierungsfunktion

Bei Hopfield-Netzen (vgl. Abschn. 4.5) hängt die Aktivität nur vom Vorzeichen des effektiven Eingangs ab; im Fall $\varepsilon = 0$ bleibt die Aktivität ungeändert. Die Aktivierungsfunktion lautet dann:

$$c(t+1) = \begin{cases} m & \text{für } \varepsilon < 0 \\ c(t) & \text{für } \varepsilon = 0 \\ 1 & \text{für } \varepsilon > 0 \end{cases} \qquad\qquad (\text{Gl. 2-7})$$

Sie wird in diesem Buch als **Hopfield-Aktivierungsfunktion** bezeichnet; je nach Modell ist $m = -1$ oder $m = 0$.

2.3 Berechnung des Ausgangs

2.3.1 Anforderungen an die Ausgangsfunktion

Der letzte Bestandteil eines Neurons, dessen Behandlung noch aussteht, ist der **Ausgang**. Wenn eine Nervenzelle feuert, schüttet sie an ihren Synapsen Neurotransmitter aus. Der Ausgang eines künstlichen Neurons bildet diesen Ausschüttungsvorgang nach, doch lehnen sich die meisten Modelle nur sehr locker an dieses Vorbild an. In jedem Fall ist der Ausgangswert eine Folge der Aktivität; die Verbindung zwischen diesen beiden Werten wird durch die Ausgangsfunktion $a(c)$ hergestellt.

Von der Ausgangsfunktion wird man verlangen, daß sie bei wachsender Aktivität nicht abnimmt; sie muß also eine **monoton wachsende** Funktion von c sein. Das schließt nicht aus, daß sie streckenweise konstant ist. Die Monotonie ist die einzige Forderung, die alle Ausgangsfunktionen erfüllen müssen. Dagegen ist es nicht notwendig, daß eine Ausgangsfunktion stetig oder sogar differenzierbar ist.

Die Ausgangsfunktion kann im Prinzip beliebige reelle Werte annehmen. Die meisten Neuronmodelle beschränken jedoch den Wertebereich des Ausgangs auf ein (offenes oder geschlossenes) Intervall oder sogar auf nur wenige (meist zwei) Zahlenwerte. Der **Ausgangs-Wertebereich** ist somit ein wesentliches Kennzeichen eines Neuronmodells.

Bei einigen Netzmodellen hängt der Ausgang eines Neurons nicht nur von der Aktivität dieses Neurons, sondern auch von der Aktivität der anderen Neuronen des Netzes ab. In diese Fällen stehen die Neuronen untereinander in einer Art „Wettbewerb". Solche Modelle sind in Abschn. 3.2.6 beschrieben.

2.3.2 Schwellenwertfunktionen

Die einfachste Form der Ausgangsfunktion erhält man, wenn man von den Verhältnissen bei einer Nervenzelle ausgeht. Die Zelle feuert, wenn ihr Membranpotential eine Schwelle überschreitet. Läßt man für den Ausgang nur die Werte „0" (Ruhezustand) und „1" (feuern) zu („binäres" Neuron), so lautet die Ausgangsfunktion (Bild 2-3):

$$a(c) = \Theta(c - \vartheta) = \begin{cases} 0 & \text{für } c < \vartheta \\ 1 & \text{für } c \geq \vartheta \end{cases}$$

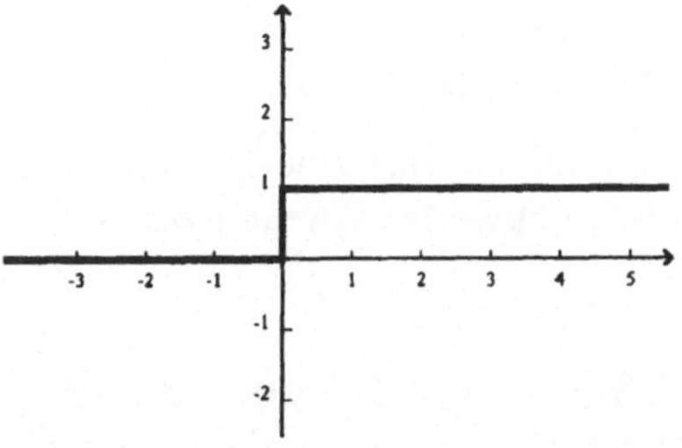

Bild 2-3 Einfache Schwellenwertfunktion

Gezeichnet ist die Stufenfunktion; das ist eine Schwellenwertfunktion mit $m = 0$, $M = 1$ und $\vartheta = 0$. Hier und in den folgenden Bildern ist der Ausgang a gegen die Aktivität c aufgetragen.

Das ist eine spezielle Variante einer Schwellenwertfunktion. Die Zahl ϑ ist die **Schwelle**; die Definition der **Stufenfunktion** Θ finden Sie in Kap. 11.

Natürlich kann man auch andere Zahlen als Neuronausgang zulassen; besonders häufig ist das Wertepaar $\{-1,+1\}$. Im allgemeinsten Fall hat man ein **Minimum** m und ein **Maximum** M (nicht zu verwechseln mit Minimum und Maximum der Aktivierungsfunktion!); die Ausgangsfunktion ist dann durch eine **Schwellenwertfunktion** (vgl. Kap. 11) gegeben und lautet (Bild 2-4):

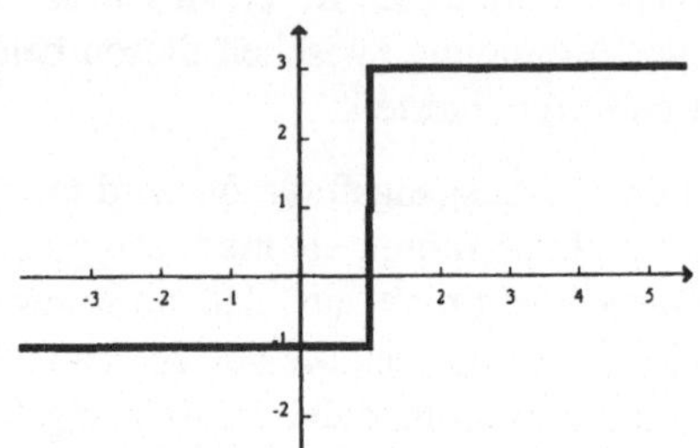

Bild 2-4 Eine spezielle Schwellenwertfunktion
mit $m = -1$, $M = 3$ und $\vartheta = 1$

$$a(c) = (M - m)\,\Theta(c - \vartheta) + m = \begin{cases} m & \text{für } c < \vartheta \\ M & \text{für } c \geq \vartheta \end{cases} \qquad \text{(Gl. 2-8)}$$

Die Schwellenwertfunktion hat an der Stelle $c = \vartheta$ einen Sprung; welchen Funktionswert man ihr an der Sprungstelle zuordnet, ist weitgehend willkürlich. Gewöhnlich setzt man wie hier $c(\vartheta) = M$; verbreitet ist jedoch auch die Konvention $c(\vartheta) = m$. Dagegen ist der „natürliche" Funktionswert $(M + m) / 2$, der zwischen den beiden Grenzwerten liegt, für binäre Neuronen unbrauchbar, da diese nur die beiden Ausgangswerte M und m annehmen dürfen.

Eine spezielle Schwellenwertfunktion ist die **Signum-Funktion sgn** mit $m = -1$, $M = 1$ und $\vartheta = 0$.

Ein Neuron, das eine Schwellenwertfunktion als Ausgangsfunktion verwendet, heißt **Schwellenwertneuron**.

2.3.3   Sigma-Funktionen

Die Schwellenwertfunktion ist unstetig und daher mathematisch unhandlich. Viele Netzmodelle benötigen Ausgangsfunktionen, die differenzierbar sind und das Intervall $[m, M]$ als Wertebereich haben. Da eine Ausgangsfunktion monoton wachsen muß, sieht ihr Graph in diesem Fall wie ein „zerquetschtes" oder verzerrtes „S" aus; eine solche Funktion heißt daher „Quetschfunktion" oder **Sigma-Funktion**. Man kann sie als Modellierung der Frequenzmodulation bei Nervenzellen auffassen.

Fermi-Funktion

Eine besonders einfache Funktion dieser Art ist die **Fermi-Funktion** (Bild 2-5); sie ist durch

$$a(c) = \frac{1}{1 + e^{-c}}$$

gegeben. Der Wertebereich dieser Funktion liegt im offenen Intervall (0,1). In dieser Form ist sie nur für wenige Modelle brauchbar. Man kann sie flexibler gestalten, indem man sie verschiebt und die Maßstäbe verändert; sie lautet dann:

$$a(c) = m + \frac{M - m}{1 + \exp\left(-4\sigma\dfrac{c - \vartheta}{M - m}\right)} \qquad \text{(Gl. 2-9)}$$

Bild 2-6 zeigt sie für $m = -1$, $M = 3$, $\vartheta = 1$ und $\sigma = 2$. Hier tritt ein weiterer Parameter, die **Steigung** σ auf. Die Ähnlichkeit dieser Funktion mit der Schwellenwertfunktion ist offensichtlich; für große σ geht sie in die Schwellenwertfunktion über. Mit $m = 0$, $M = 1$, $\vartheta = 0$ und $\sigma = 1/4$ erhält man wieder die ursprüngliche Fermi-Funktion.

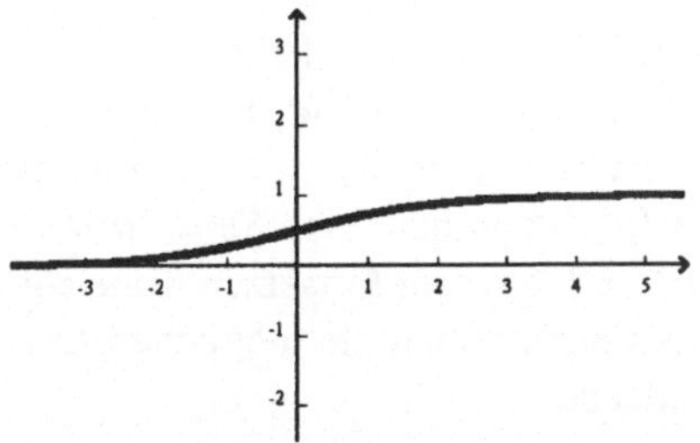

Bild 2-5 Einfache Fermi-Funktion
Diese Funktion hat die Kennwerte $m = 0$, $M = 1$, $\vartheta = 0$ und $\sigma = 1/4$.

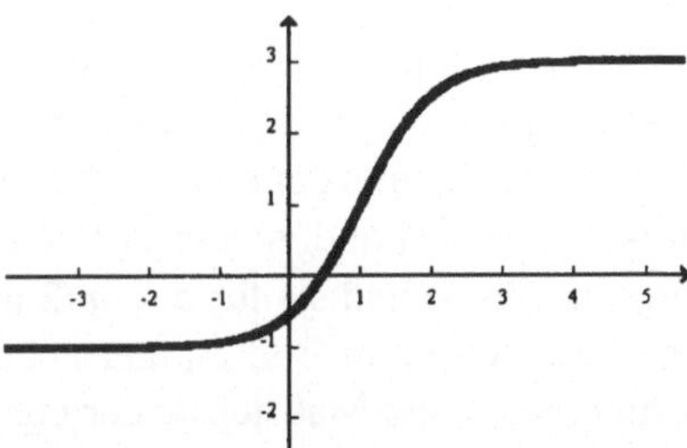

Bild 2-6 Allgemeine Fermi-Funktion
Kennwerte: $m = -1$, $M = 3$, $\vartheta = 1$, $\sigma = 2$.

Kennwerte einer Sigma-Funktion

An Hand der Fermi-Funktion sind vier wesentliche Kennwerte einer Sigma-Funktion ersichtlich:

1) Das **Minimum** m ist der Wert, dem die Funktion für stark negative c zustrebt (oder den sie tatsächlich annimmt).
2) Das **Maximum** M ist der Wert, dem die Funktion für große c zustrebt.

3) Die **Schwelle** ϑ entspricht der Schwelle der Schwellenwertfunktion. Da eine Sigma-Funktion kontinuierlich ist, kann die Schwelle nicht willkürfrei definiert werden. Meist ist es zweckmäßig, als Schwelle denjenigen Wert der Aktivität c festzulegen, bei der die Funktion den Mittelwert $(M + m) / 2$ annimmt. In der obigen Formel für die Fermi-Funktion (Gl. 2-9) wurde diese Konvention getroffen.
Eine Änderung der Schwelle ändert nicht die Form der graphischen Darstellung, sondern verschiebt sie lediglich in Richtung der (waagrechten) Aktivitäts-Achse.

4) Die **Steigung** σ ist ein Maß dafür, wie stark die Funktion ansteigt; es ist naheliegend, die Steigung gleich der Ableitung der Funktion an der Schwelle zu setzen. Auch diese Festlegung liegt der obigen Formel zugrunde.

Tangens hyperbolicus

Häufig findet man in der Literatur den *Tangens hyperbolicus* **tanh** als Ausgangsfunktion. Das ist ein Sonderfall von Gl. 2-9; man erhält ihn mit $m = -1$, $M = 1$, $\vartheta = 0$ und $\sigma = 1$. Den Graphen finden Sie in Bild 2-7.

Sinus-Ausgangsfunktion

Eine Sigma-Funktion ist durch die Kennwerte m, M, ϑ und σ keineswegs eindeutig bestimmt. Wenn man eine Ausgangsfunktion haben möchte, die ihre Grenzwerte bereits bei endlichen Aktivitäten annimmt (und sie nicht nur asymptotisch erreicht) und zudem differenzierbar ist, so kann man eine *Sinusfunktion* zugrundelegen und sie für $c < -\pi/2$ und für $c > \pi/2$ konstant fortsetzen. Eine solche Funktion ist in Bild 2-8 gezeichnet. Berücksichtigt man die möglichen Verschiebungen und Maßstabsänderungen, so lautet sie:

$$
a(c) = \begin{cases}
m & \text{für } \quad c - \vartheta < -\dfrac{\pi(M-m)}{4\sigma} \\[2ex]
\dfrac{M+m}{2} + \dfrac{M-m}{2}\sin\dfrac{2\sigma c}{M-m} & \text{für } \quad -\dfrac{\pi(M-m)}{4\sigma} \leq c - \vartheta \leq \dfrac{\pi(M-m)}{4\sigma} \\[2ex]
M & \text{für } \quad c - \vartheta > \dfrac{\pi(M-m)}{4\sigma}
\end{cases}
$$

$$\text{(Gl. 2-10)}$$

Ein Vergleich mit dem tanh (Bild 2-7) zeigt, daß diese beiden Funktionen weitgehend übereinstimmen. Der wesentliche Unterschied ist aus den Bildern jedoch kaum ersichtlich: Der Sinus nimmt für $|c| \geq \pi/2$ seine Grenzwerte an, der tanh erreicht sie nur asymptotisch. Beispielsweise ist die Sinus-Ausgangsfunktion $a(\pi) = 1$, aber $\tanh \pi = 0{,}99627\ldots$.

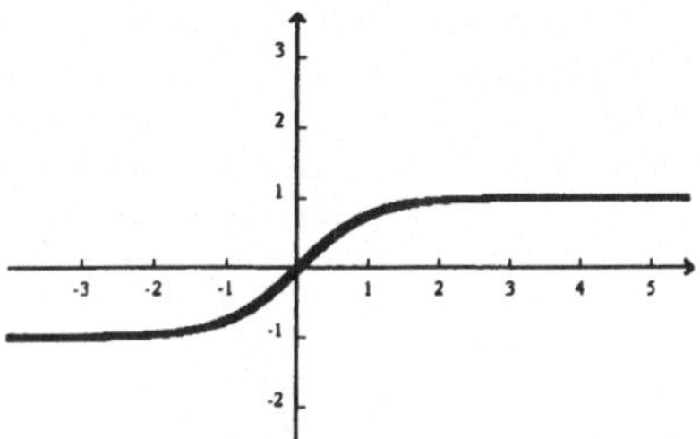

Bild 2-7 Tangens hyperbolicus
Diese Funktion ist ein Sonderfall der allgemeinen Fermi-Funktion; sie hat die Kennwerte $m = -1$, $M = 1$, $\vartheta = 0$ und $\sigma = 1$.

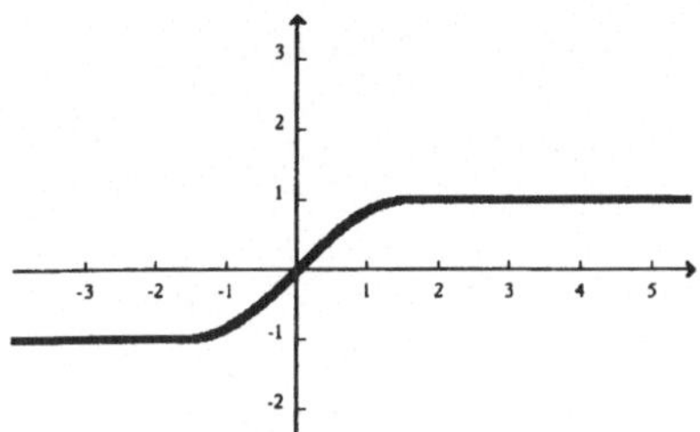

Bild 2-8 Sinus als Ausgangsfunktion
Im Bereich $[-\pi/2, \pi/2]$ ist diese Funktion durch $\sin c$ gegeben; sie hat die Kennwerte $m = -1$, $M = 1$, $\vartheta = 0$ und $\sigma = 1$.

2.3.4   Weitere Ausgangsfunktionen

Rampenfunktion

Eine Funktion, die ähnlich wie eine Sigma-Funktion aussieht, aber nicht differenzierbar ist, kann man auch aus Geradenstücken zusammensetzen. Dadurch erhält man eine **Rampenfunktion**; in Bild 2-9 ist eine solche gezeichnet. Ihre Definition lautet:

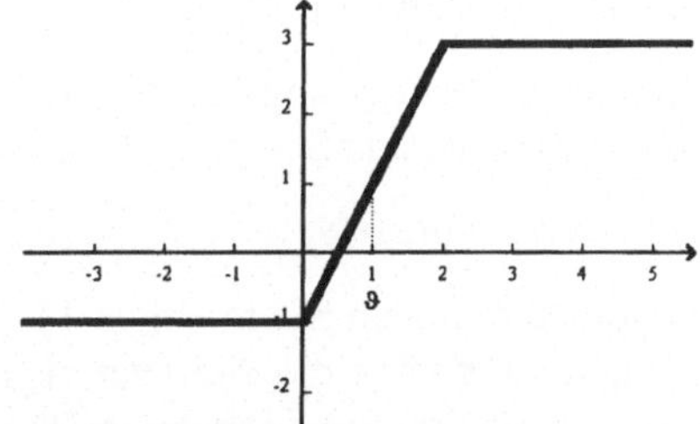

Bild 2-9 Rampenfunktion
mit $m = -1$, $M = 3$, $\vartheta = 1$ und $\sigma = 2$

$$a(c) = \begin{cases} m & \text{für } c - \vartheta < -\dfrac{M-m}{2\sigma} \\[2mm] \sigma(c - \vartheta) + \dfrac{m+M}{2} & \text{für } -\dfrac{M-m}{2\sigma} \le c - \vartheta \le \dfrac{M-m}{2\sigma} \\[2mm] M & \text{für } c - \vartheta > \dfrac{M-m}{2\sigma} \end{cases} \qquad \text{(Gl. 2-11)}$$

Lineare Schwellenwertfunktion

Eine Variante der Rampenfunktion erhält man, wenn man auf die Begrenzung durch das Maximum verzichtet; eine solche Funktion heißt **lineare Schwellen-**

wertfunktion (gelegentlich auch als „Rampenfunktion" bezeichnet). Bild 2-10 zeigt eine solche Funktion. Durch die Kennwerte m, ϑ und σ ist sie eindeutig gekennzeichnet; unter der Schwelle ϑ ist der Knickpunkt der Kurve zu verstehen. Ihre Definition lautet:

$$a(c) = \begin{cases} m & \text{für } c < \vartheta \\ \sigma(c - \vartheta) + m & \text{für } c \geq \vartheta \end{cases} \qquad \text{(Gl. 2-12)}$$

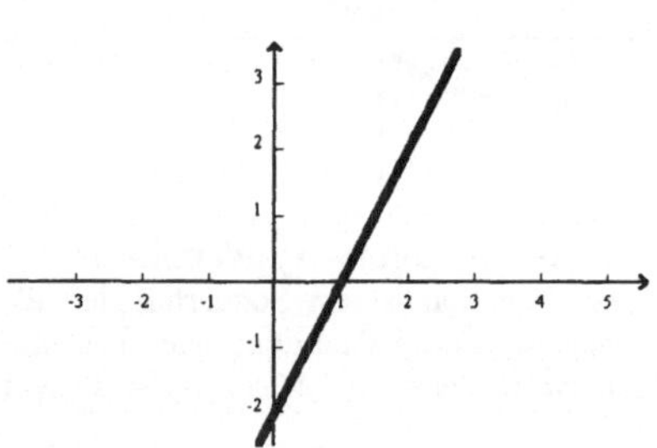

Bild 2-10 lineare Schwellenwert-funktion
mit $m = -1$, $\vartheta = 1$ und $\sigma = 2$

Bild 2-11 lineare Ausgangsfunktion
mit $\vartheta = 1$ und $\sigma = 2$

Lineare Ausgangsfunktion

Die einfachste Ausgangsfunktion ist die **lineare Ausgangsfunktion**. Sie ist nur durch Schwelle und Steigung gekennzeichnet und lautet:

$$a(c) = \sigma(c - \vartheta) \qquad \text{(Gl. 2-13)}$$

Ein Beispiel finden Sie in Bild 2-11. Sie wird sehr häufig verwendet, vor allem dann, wenn bereits die Aktivität begrenzt ist. Ein Beispiel dafür ist die DMA-Aktivierungsfunktion (Abschn. 4.3).

Stochastische Ausgangsfunktionen

Die bisher betrachteten Ausgangsfunktionen waren deterministisch: aus der Aktivität wurde der Ausgang durch eine eindeutige Formel berechnet. Einige Modelle (etwa die Boltzmann-Maschine, vgl. Abschn. 5.2) ermitteln den Ausgang nach einer stochastischen Regel. Solche Neuronen haben meist nur zwei mögliche Ausgangswerte, etwa „0" und „1". Die Ausgangsfunktion gibt dann lediglich an, mit welcher Wahrscheinlichkeit ein bestimmter Ausgangswert zu wählen ist. Besonders häufig ist die Form

$$P(a = 1) = \frac{1}{1 + e^{-(c - \vartheta)/T}} \; ; \qquad\qquad\qquad \text{(Gl. 2-14)}$$

da sie bei der Boltzmann-Maschine vorkommt, wird sie in diesem Buch als **Boltzmann-Ausgangsfunktion** bezeichnet. $P(a = 1)$ ist die Wahrscheinlichkeit, mit welcher der Ausgangswert „1" angenommen wird.

ϑ ist wieder die Schwelle. Der Parameter T heißt **Temperatur**. Diese Bezeichnung hat ihren Ursprung in einer Analogie zum physikalischen Temperaturbegriff; mit einer „Temperatur" eines neuronalen Netzes im physikalischen Sinn hat das natürlich nichts zu tun.

Wettbewerbs-Ausgangsfunktion

In Wettbewerbsnetzen hängt der Ausgangswert eines Neurons nicht nur von der eigenen Aktivität ab, sondern auch von der Aktivität anderer Neuronen. Diese Situation wird durch eine **Wettbewerbs-Ausgangsfunktion** (Abschn. 3.2.6, Gl. 3-3) beschrieben.

2.3.5   Anschauliche Deutung

Der Ausgangswert eines Neurons ist eine direkte Folge der Eingangswerte, die an seinen Eingängen anliegen. Der Zusammenhang zwischen Ein- und Ausgang wird durch mehrere Zwischenstufen (effektiver Eingang, Aktivierungs- und Ausgangsfunktion) vermittelt und ist daher reichlich kompliziert. Jede dieser Zwischenstufen ist jedoch bestimmten Einschränkungen unterworfen, die im Endeffekt dazu führen, daß der Zusammenhang eine anschauliche und für das Funktionsverständnis recht nützliche Bedeutung gewinnt.

Die erste Zwischenstufe ist der effektive Eingang. Wir betrachten nur die einfache Form von Gl. 2-1; da diese den meisten Modellen zugrundeliegt, bedeutet das keine sehr wesentliche Einschränkung. In Vektorschreibweise ist dann der effektive Eingang durch $\varepsilon = we$ gegeben; der Vergleich mit Gl. 2-2 führt zu

$$\varepsilon = |w||e| \cos \varphi.$$

Der effektive Eingang hängt also nicht von den einzelnen Komponenten der Vektoren, sondern nur von ihrer Länge und vom Winkel φ zwischen ihnen ab. Anschaulich kann man sich das nur im dreidimensionalen Raum vorstellen; die Aussage gilt aber im n-dimensionalen Raum ebenfalls. Wenn w und e parallel sind, so ist $\varphi = 0°$ und daher $\cos \varphi = 1$; ε nimmt dann seinen Maximalwert an. Je größer φ und damit die Abweichung zwischen w und e werden, desto kleiner wird ε. Der effektive Eingang ist also ein Maß für die Übereinstimmung oder die „Korrelation" zwischen dem am Neuron anliegenden Eingangsvektor e und dem „inneren Zustand" oder „Lernzustand" w des Neurons. ε wird umso größer, je größer die Ähnlichkeit zwischen dem Eingangsvektor und dem Lernzustand des Neurons ist.

Diese Tendenz setzt sich bei den weiteren Zwischenstufen, nämlich der Aktivierungsfunktion und der Ausgangsfunktion, fort: Die Aktivität wird umso größer, je größer der effektive Eingang ist. Da die Ausgangsfunktion monoton wächst, nimmt der Ausgangswert mit wachsender Aktivität ebenfalls zu.

Zusammengefaßt ergibt sich, daß der Ausgangswert umso größer wird, je besser Eingangsvektor und Lernzustand des Neurons korreliert sind. Hat man zudem eine Sprungfunktion als Ausgangsfunktion, so läßt sich dieser Sachverhalt noch prägnanter formulieren: *Das Neuron „feuert", wenn sein Eingangsvektor mit seinem Lernzustand in ausreichendem Maß übereinstimmt.*

2.4 Berechnung des Neurons

2.4.1 Berechnungsformeln

Die bisherigen Überlegungen haben die Vielfalt der Möglichkeiten gezeigt, die man hat, um ein Neuron zu berechnen. Ein Neurontyp ist durch Eingangs-, Aktivierungs- und Ausgangsfunktion gekennzeichnet. Die Bedeutung dieser Funktionen ist in Tabelle 2-1 zusammengefaßt. Die Berechnung des Neurons geschieht nach folgendem Schema:

1)   An den Eingängen des Neurons liegen die Eingangswerte. Mit der Eingangsfunktion wird daraus der effektive Eingang ε berechnet. Tabelle 2-2 listet gebräuchliche Eingangsfunktionen auf.
2)   Aus dem effektiven Eingang und (bei manchen Netzmodellen) der Aktivität zum aktuellen Zeitpunkt erhält man mit der Aktivierungsfunktion (Tabelle 2-3) die Aktivität des nächsten Zeitpunkts.
3)   Die so erhaltene Aktivität ergibt mit Hilfe der Ausgangsfunktion (Tabelle 2-4 und 2-5) den Ausgangswert des Neurons.

Bild 2-12 zeigt die einzelnen Teilschritte bei der Berechnung eines Neurons.

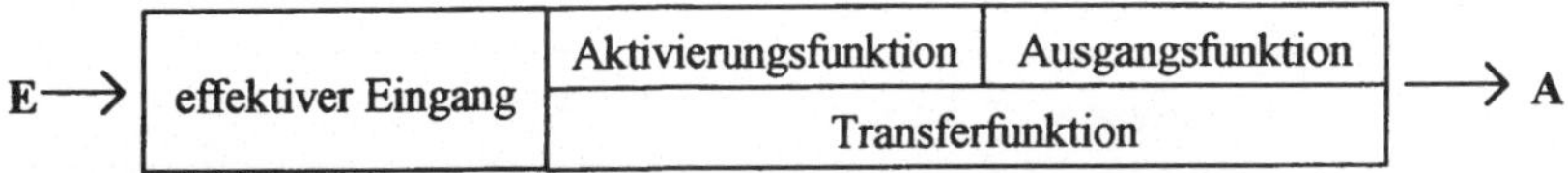

Bild 2-12 Bestandteile der Berechnung eines Neurons
Aktivierungs- und Ausgangsfunktion können häufig zur *Transferfunktion* zusammengefaßt
werden.

Die Unterscheidung zwischen Aktivierungs- und Ausgangsfunktion ist bei vielen Neurontypen nicht notwendig; der Ausgang kann dann ohne den Umweg über die Aktivität direkt aus dem effektiven Eingang berechnet werden. Die Funktion, die das leistet, heißt **Transferfunktion**. Gelegentlich (etwa beim Lernen im ADALINE-Netz) müssen jedoch Aktivität und Ausgang unterschiedlich verarbeitet werden. Im Sinne der Einheitlichkeit wird daher in diesem Buch die Unterscheidung in jedem Fall getroffen. Wie ein Blick auf Tabelle 2-1 zeigt, führt das häufig dazu, daß als Aktivierungs- oder Ausgangsfunktion die Identität auftritt. Die Aufteilung der Transferfunktion in Aktivierungs- und Ausgangsfunktion ist dann nicht eindeutig. Durch die Forderung, daß die Schwelle Bestandteil der Ausgangsfunktion sein soll, wird in den meisten Fällen Eindeutigkeit hergestellt.

In der Literatur gibt es für die einzelnen Bestandteile eines Neurons eine Fülle der verschiedensten Symbole und Namen. Gelegentlich findet man für unterschiedliche Begriffe dasselbe Wort; daher muß man sich immer vergewissern, was jeweils gemeint ist. In Kap. 9 stehen tabellarische Übersichten über verbreitete Symbole (Tabelle 9-2) und Namen (Tabelle 9-4). Wenn Sie zu einem Begriff aus der Literatur die Entsprechung in diesem Buch suchen, können Sie außerdem das Lexikon (Kap. 11) oder den Index zu Rate ziehen.

Tabelle 2-1 Funktionen für die Berechnung eines Neurons

Funktion	Form	Bedeutung
Eingangs-funktion	$\varepsilon(e_1,...,e_n)$	Berechnet aus den momentanen Eingangswerten den effektiven Eingang
Aktivierungs-funktion	$c(t+1) = c(\varepsilon,c(t))$	Berechnet aus dem momentanen effektiven Eingang und der momentanen Aktivität die Aktivität des folgenden Zeitpunkts
Ausgangs-funktion	$a(c)$	Berechnet aus der momentanen Aktivität den Ausgangswert des Neurons. Sie ist monoton wachsend.

Tabelle 2-2 Eingangsfunktionen

Typ	Kennwerte	Formel
Skalarprodukt	w_j Gewichte	$\varepsilon = we = \sum\limits_{j=1}^{n} w_j e_j$
Sigma-Pi	w^0, w^1_j, $w^2_{jk},\dots$ Gewichte	$\varepsilon = w^0 + \sum\limits_{j=1}^{n} w^1_j e_j + \sum\limits_{j,k=1}^{n} w^2_{jk} e_j e_k + \sum\limits_{j,k,l=1}^{n} w^3_{jkl} e_j e_k e_l + \dots$

Tabelle 2-3 Aktivierungsfunktionen

Typ	Kennwerte	Formel
lineare Aktivierungsfunktion	s Skalierungsfaktor $s > 0$	$c = s\varepsilon$
BSB-Aktivierungsfunktion	s Skalierungsfaktor $s > 0$ d Abklingkonstante $0 < d \le 1$ c_0 Ruhewert	$c(t{+}1) = c(t) + s\varepsilon - d\,[c(t) - c_0]$
DMA-Aktivierungsfunktion	s Skalierungsfaktor $s > 0$ d Abklingkonstante $0 < d \le 1$ c_0 Ruhewert m Minimum M Maximum $m < c_0 < M$	$c(t+1) = \begin{cases} c(t) + s\varepsilon\,[c(t) - m] - d\,[c(t) - c_0] & \text{für } \varepsilon < 0 \\ c(t) + s\varepsilon\,[M - c(t)] - d\,[c(t) - c_0] & \text{für } \varepsilon \ge 0 \end{cases}$
Hopfield	m *Minimum* $m = -1$ oder $m = 0$ je nach Modell	$c(t+1) = \begin{cases} m & \text{für } \varepsilon < 0 \\ c(t) & \text{für } \varepsilon = 0 \\ 1 & \text{für } \varepsilon > 0 \end{cases}$

Tabelle 2-4 Ausgangsfunktionen

Typ	Kennwerte	Formel
Schwellenwert-funktion	m Minimum M Maximum ϑ Schwelle	$a(c) = \begin{cases} m & \text{für } c < \vartheta \\ M & \text{für } c \geq \vartheta \end{cases}$
Fermi-Funktion	m Minimum M Maximum ϑ Schwelle σ Steigung	$a(c) = m + \dfrac{M - m}{1 + \exp\left(-4\sigma\dfrac{c - \vartheta}{M - m}\right)}$
Sinus-Ausgangs-funktion	m Minimum M Maximum ϑ Schwelle σ Steigung	s. Gl. 2-10
Rampenfunktion	m Minimum M Maximum ϑ Schwelle σ Steigung	$a(c) = \begin{cases} m & \text{für } c - \vartheta < -\dfrac{M-m}{2\sigma} \\ \sigma(c - \vartheta) + \dfrac{m+M}{2} & \text{für } -\dfrac{M-m}{2\sigma} \leq c - \vartheta \leq \dfrac{M-m}{2\sigma} \\ M & \text{für } c - \vartheta > \dfrac{M-m}{2\sigma} \end{cases}$
Lineare Schwellenwert-funktion	m Minimum ϑ Schwelle σ Steigung	$a(c) = \begin{cases} m & \text{für } c < \vartheta \\ \sigma(c - \vartheta) + m & \text{für } c \geq \vartheta \end{cases}$
Lineare Aus-gangsfunktion	ϑ Schwelle σ Steigung	$a(c) = \sigma(c - \vartheta)$
Boltzmann-Aus-gangsfunktion	ϑ Schwelle T Tempera-tur	$P(a = 1) = \dfrac{1}{1 + e^{-(c - \vartheta)/T}}$
Wettbewerbs-Ausgangs-funktion	m Minimum M Maximum	$a(c) = \begin{cases} M & \text{für } c = \max\limits_{k} c_k \\ m & \text{für } c < \max\limits_{k} c_k \end{cases}$

Tabelle 2-5 Spezielle Ausgangsfunktionen

Typ	Grundform	Kennwerte	Formel
Stufen-funktion	Schwellenwert-funktion	$m = 0$ $M = 1$ $\vartheta = 0$	$a(c) = \Theta(c) = \begin{cases} 0 & \text{für } c < 0 \\ 1 & \text{für } c \geq 0 \end{cases}$
Signum-Funktion	Schwellenwert-funktion	$m = -1$ $M = 1$ $\vartheta = 0$	$a(c) = \operatorname{sgn}(c) = \begin{cases} -1 & \text{für } c < 0 \\ 1 & \text{für } c \geq 0 \end{cases}$
einfache Fermi-Funktion	Fermi-Funktion	$m = 0$ $M = 1$ $\vartheta = 0$ $\sigma = 1/4$	$a(c) = \dfrac{1}{1 + e^{-c}}$
tanh	Fermi-Funktion	$m = -1$ $M = 1$ $\vartheta = 0$ $\sigma = 1$	$a(c) = \tanh c = \dfrac{1 - e^{-2c}}{1 + e^{-2c}} = \dfrac{e^c - e^{-c}}{e^c + e^{-c}}$
einfache Sinus-Funktion	Sinus-Ausgangs-funktion	$m = -1$ $M = 1$ $\vartheta = 0$ $\sigma = 1$	$a(c) = \begin{cases} -1 & \text{für } c < -\frac{\pi}{2} \\ \sin c & \text{für } -\frac{\pi}{2} \leq c \leq \frac{\pi}{2} \\ 1 & \text{für } c > \frac{\pi}{2} \end{cases}$

2.4.2 Standard-Neurontypen

Unter den vielen möglichen Neurontypen haben einige eine besonders weite
Verbreitung gefunden. Eine Liste, die allerdings keinen Anspruch auf Vollständigkeit erhebt, finden Sie in Tabelle 2-6.

2.4.3 Kennwerte der Neuronberechnung

Skalierungsfaktor der linearen Aktivierungsfunktion

Bei der linearen Aktivierungsfunktion in Abschn. 2.2.2 ($c = s\varepsilon$) wurde ange-
merkt, daß man, von einigen Sonderfällen abgesehen, die Steigung s zur Ausgangsfunktion dazunehmen, also $s = 1$ setzen kann. Dies läßt sich so begründen:
In der Ausgangsfunktion tritt die Aktivität in der Regel in der Form $\sigma(c - \vartheta)$ auf.
Verwendet man die neue Aktivität $c' := \varepsilon$ sowie die Parameter $\sigma' := \sigma s$ und
$\vartheta' := \vartheta/s$, so folgt:

Tabelle 2-6 Standard-Neurontypen

Typ	Aus-gangs-Werte-bereich	Formel	Ein-gangs-funktion	Aktivie-rungs-funktion	Aus-gangs-funktion
McCul-loch-Pitts	$\{0,1\}$	$a = \Theta(\varepsilon)$	Skalar-produkt	Identität	Stufen-funktion
ADA-LINE	$\{-1,1\}$	$a = \operatorname{sgn}\varepsilon$	Skalar-produkt	Identität	Signum-Funktion
Linear	$(-\infty,+\infty)$	$a = \sigma(\varepsilon - \vartheta)$	Skalar-produkt	Identität	Linear
Fermi	$(0,1)$	$a = \dfrac{1}{1+e^{-\varepsilon}}$	Skalar-produkt	Identität	einfache Fermi-Funktion
tanh	$(-1,1)$	$a = \tanh\varepsilon$	Skalar-produkt	Identität	tanh
BSB	$[-1,1]$	s. Abschn. 4.3.2	Skalar-produkt	BSB	Rampen-funktion
DMA	$[-1,1]$	s. Abschn. 4.3.3	Skalar-produkt	DMA	Identität
Hopfield	$\{0,1\}$ (oder $\{-1,1\}$)	$a(t+1) = \begin{cases} 0 & \text{für } \varepsilon < 0 \\ a(t) & \text{für } \varepsilon = 0 \\ 1 & \text{für } \varepsilon > 0 \end{cases}$	Skalar-produkt	Hopfield	Identität
Boltz-mann	$\{0,1\}$	$P(a=1) = \dfrac{1}{1+e^{-(\varepsilon-\vartheta)/T}}$	Skalar-produkt	Identität	Boltz-mann

$$\sigma(c - \vartheta) = \sigma(s\varepsilon - \vartheta) = \sigma s(\varepsilon - \vartheta/s) = \sigma'(c' - \vartheta')$$

Dann kann man als Aktivierungsfunktion die Identität wählen und in der Ausgangsfunktion die gestrichenen Parameter verwenden; am Ausgang ändert sich dadurch nichts.

Normierung des effektiven Eingangs

In Abschn. 2.2.1 haben wir gesehen, daß zum effektiven Eingang eigentlich ein konstanter Normierungsfaktor (etwa $1/n$) dazugehört. Bei einer Aktivierungsfunktion, in welcher der Term $s\varepsilon$ vorkommt (vgl. Tabelle 2-3), kann man den Normierungsfaktor zum Kennwert s dazunehmen und einfach $\varepsilon := \Sigma w_j e_j$ setzen. Hat man dagegen die Identität als Aktivierungsfunktion, so paßt man die Kennwerte der Ausgangsfunktion entsprechend an.

Schwelle der Ausgangsfunktion

Wenn ein Neuronmodell mit der linearen Aktivierungsfunktion arbeitet, so kann man durch eine kleine Modifikation der Eingangsfunktion die Schwelle ϑ in der Ausgangsfunktion zum Verschwinden bringen. Dazu führt man im Neuron einen zusätzlichen **Bias-Eingang** e_0 ein, den man auf den festen Wert „1" setzt; für das Gewicht dieses Eingangs wählt man $w_0 := -\vartheta/s$. Ist ε der effektive Eingang ohne und ε' derjenige mit Bias-Eingang, so gilt:

$$\varepsilon' = \sum_{j=0}^{n} w_j e_j = \sum_{j=1}^{n} w_j e_j + w_0 e_0 = \varepsilon + w_0 = \varepsilon - \frac{\vartheta}{s}$$

Der Ausdruck $\sigma(c - \vartheta)$ in der Ausgangsfunktion kann dann mit $c = s\varepsilon$ und $\sigma' := \sigma s$ in der Form

$$\sigma(c - \vartheta) = \sigma(s\varepsilon - \vartheta) = \sigma s(\varepsilon - \vartheta/s) = \sigma'\varepsilon'$$

geschrieben werden. Durch Einführung des Bias-Eingangs e_0 und eine geeignete Wahl des **Bias-Gewichts** w_0 wird daher die Schwelle der Ausgangsfunktion gleich „0".

3　　Behandlung eines Netzes

3.1　　Aufbau eines Netzes

3.1.1　Allgemeine Netzstruktur

Ein neuronales Netz entsteht durch die – im Prinzip beliebige – Zusammenschaltung einzelner Neuronen. Wie das geschieht, kann man sich am Beispiel natürlicher Netze aus Nervenzellen klarmachen. Zwei Aspekte sind dabei wesentlich:

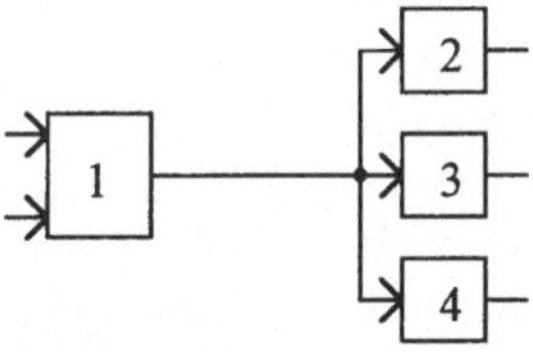

1) *Divergenz neuronaler Verschaltung:* Der „Ausgang" einer Nervenzelle (das Axon) verzweigt sich vielfach und gibt sein Signal an die „Eingänge" (die Synapsen) anderer Nervenzellen weiter. Analog kann der Ausgang eines künstlichen Neurons an die Eingänge vieler anderer Neuronen angeschlossen werden (Bild 3-1).

2) *Konvergenz neuronaler Verschaltung:* Eine Nervenzelle erhält Signale von vielen anderen Nervenzellen. Dementsprechend besitzt

Bild 3-1 Divergenz neuronaler Verschaltung

Dieses Bild zeigt vier Neuronen, die einen Ausschnitt aus einem neuronalen Netz bilden. Jedes Neuron ist durch einen rechteckigen Kasten symbolisiert; links sind jeweils die Eingänge, rechts der Ausgang des Neurons gezeichnet. Der Signalfluß verläuft von links nach rechts.

Divergenz bedeutet, daß ein Neuronausgang zu mehreren Neuronen weitergeführt wird. Im Bild teilt sich der Ausgang des Neurons 1 in drei Zweige auf, die an die Neuronen 2, 3 und 4 angeschlossen sind. Die Verzweigung ist (in Analogie zu elektronischen Schaltbildern) durch einen Punkt gekennzeichnet.

ein künstliches Neuron viele Eingänge, die mit den Ausgängen anderer Neuronen verbunden sind. Ein einzelner Neuroneingang darf dabei keinesfalls Signale von den Ausgängen mehrerer Neuronen empfangen; für jeden Ausgang, der an das Neuron angeschlossen wird, ist ein eigener Eingang vorzusehen.

Umgekehrt ist es natürlich zulässig, mehrere Eingänge eines Neurons an denselben Ausgang anzuschließen. Da sich jedoch die Gewichte dieser Eingänge zu einem einzigen Gewicht zusammenfassen lassen, ist diese Möglichkeit wenig sinnvoll (Bild 3-2).

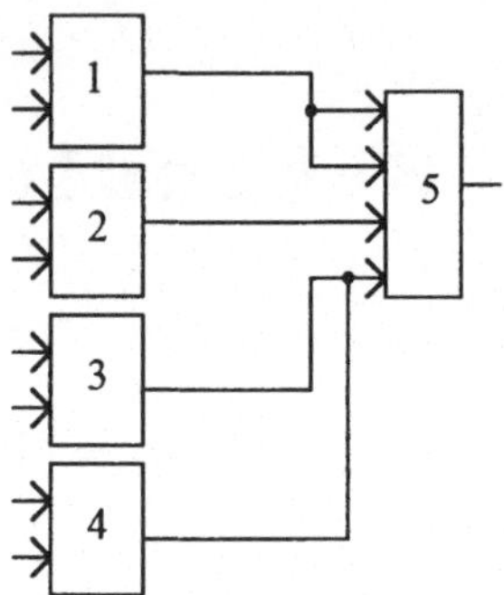

Bild 3-2 Konvergenz neuronaler Verschaltung

Konvergenz bedeutet, daß ein Neuron Signale von mehreren anderen Neuronen bekommt. Im Bild ist das Neuron 5 mit den Ausgängen der Neuronen 1 bis 4 verbunden. Die Ausgänge der Neuronen 1 und 2 führen zu getrennten Eingängen des Neurons 5; diese Verbindungen sind zulässig. Der Ausgang von Neuron 1 ist an *zwei* Eingänge des Neurons 5 angeschlossen, was zwar möglich, aber i.a. nicht sinnvoll ist. Die Ausgänge der Neuronen 3 und 4 gehen gemeinsam an einen Eingang von Neuron 5; diese Verbindung ist unzulässig.

Ein so aufgebautes neuronales Netz ist natürlich nur dann sinnvoll einsetzbar, wenn es Daten von der Außenwelt empfangen und die Ergebnisse seiner Tätigkeit an die Außenwelt weitergeben kann. Dazu benötigt es Ein- und Ausgänge (Bild 3-3). Diese werden durch Großbuchstaben (E_j, A_i) gekennzeichnet, um sie von den Ein- und Ausgängen der Neuronen zu unterscheiden. Die Anzahl der Netzeingänge bezeichnen wir mit N_E, die Anzahl der Neuronen des Netzes mit N und die Anzahl der Netzausgänge mit N_A.

Die *Netzeingänge* müssen in geeigneter Weise an Neuronen angeschlossen werden. Die einzige Möglichkeit dazu sind Neuroneingänge; einige Neuronen des Netzes werden also ihre Eingangssignale nicht nur von den Ausgängen anderer Neuronen, sondern auch von Netzeingängen erhalten. Solche Neuronen heißen **Eingangsneuronen**.

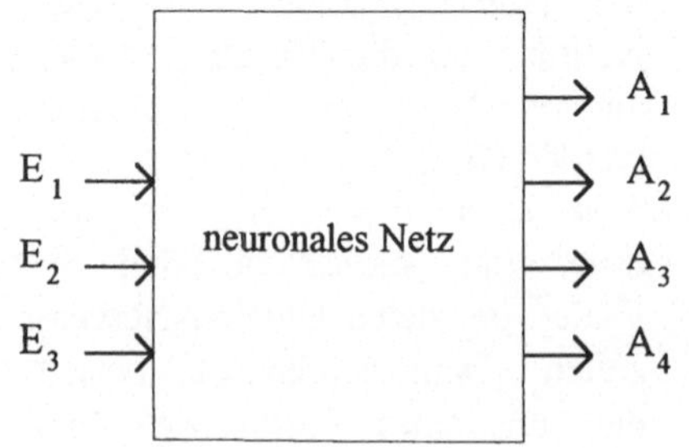

Bild 3-3 Ein- und Ausgänge eines neuronalen Netzes

Analog müssen die *Netzausgänge* ihre Werte von Neuronen des Netzes erhalten. Hierfür kommen nur Neuronausgänge in Frage. Einige Neuronen werden daher ihre Signale nicht nur an die Eingänge anderer Neuronen, sondern auch an die Netzausgänge weitergeben. Diese Neuronen heißen **Ausgangsneuronen**.

Grundsätzlich kann jeder Neuronausgang mit jedem Neuron des Netzes verbunden sein und zugleich einen Netzausgang bilden. Außerdem kann jeder Netzeingang an alle Neuronen des Netzes angeschlossen werden. Es ist sogar möglich, daß ein Neuron seinen Ausgang auf sich selbst zurückführt (**Selbstrückkopplung**). Solche Netze heißen **vollständig verbunden**. Die meisten Modelle beschränken sich allerdings auf eine Auswahl aus diesen Verbindungsmöglichkeiten; Bild 3-4 zeigt ein Beispiel.

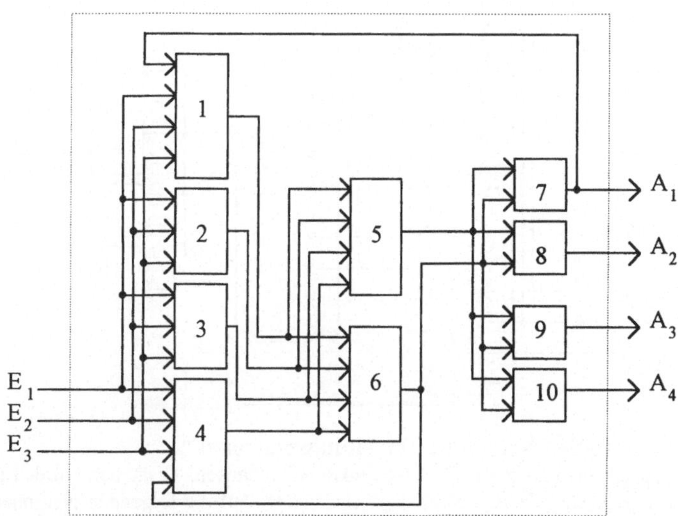

Bild 3-4 Neuronales Netz
Das Bild zeigt ein neuronales Netz mit den drei Eingängen $E_1...E_3$, den vier Ausgängen $A_1...A_4$ und den zehn Neuronen 1...10. Jeder Eingang geht an die Neuronen 1...4; bei ihnen handelt es sich also um Eingangsneuronen. Die Neuronen 1 und 4 erhalten zusätzlich Signale von Neuronen des Netzes. Die Eingangsneuronen sind über ihre Ausgänge an die Neuronen 5 und 6 angeschlossen, diese wiederum an die Neuronen 7...10. Neuron 6 führt seinen Ausgang zusätzlich zu Neuron 4 zurück. Die Neuronen 7...10 geben ihren Ausgang an die Netzausgänge weiter und sind daher Ausgangsneuronen; Neuron 7 wirkt zusätzlich auf Neuron 1 zurück. Das eigentliche Netz ist durch eine gepunktete Linie eingeschlossen.

In diesem Beispiel verteilt sich jeder Netzeingang auf mehrere Neuroneingänge. Man kann das vermeiden, indem man für jeden Netzeingang ein zusätzliches Eingangsneuron einführt (Bild 3-5). Das Beispielnetz besteht in diesem Fall aus

13 Neuronen. Die Eingangsneuronen haben dann die einzige Aufgabe, die Netzeingänge auf die folgenden Neuronen zu verteilen. Diese „Verteilungsneuronen" sind eine reine Konvention; auf die Funktion des Netzes haben sie keinerlei Einfluß.

Ob man dieser Konvention folgen will, ist wohl in erster Linie eine Geschmacksfrage; in der Literatur ist sie jedenfalls weit verbreitet. Um eine Begriffsverwirrung zu vermeiden, muß man sich beim Vergleich von Netzmodellen sorgfältig vergewissern, welche Konvention jeweils zugrundeliegt.

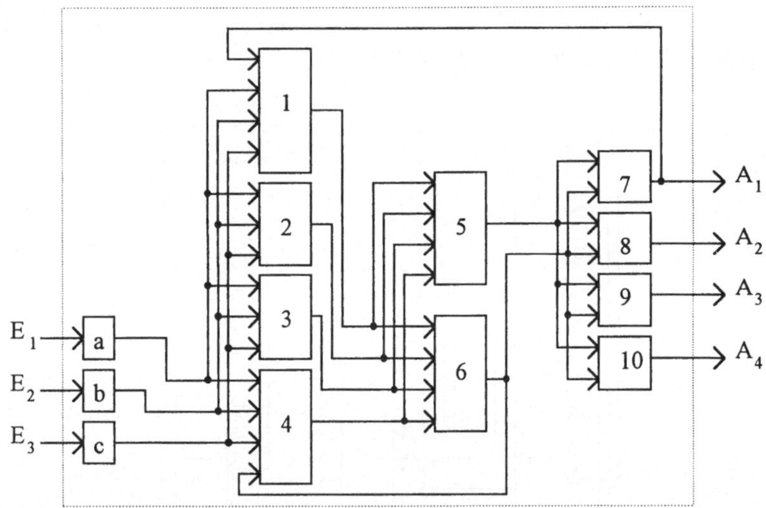

Bild 3-5 Neuronales Netz mit „Verteilungsneuronen"
Dieses Netz ist mit dem Netz von Bild 3-4 funktionell identisch. Zusätzlich wurden drei Eingangsneuronen a...c eingeführt, welche die Netzeingänge auf die folgenden Neuronen verteilen. Die Neuronen 1...4 sind bei dieser Konvention keine Eingangsneuronen mehr.

3.1.2   Numerierung der Neuronen

Um die Neuronen eines Netzes eindeutig ansprechen zu können, benötigt man eine Numerierung, die zweckmäßigerweise durch einen Index (in diesem Buch in der Regel i) erfolgt. Alle Neuronkennwerte müssen diesen Index erhalten; das gilt nicht nur für den effektiven Eingang ε_i, die Aktivität c_i und den Ausgang a_i, sondern vor allem für die Gewichte w_{ij}.

Der effektive Eingang des Neurons i (vgl. Gl. 2-1) lautet damit

$$\varepsilon_i = \sum_{j=1}^{n} w_{ij} e_j \; ;$$

(Gl. 3-1)

der Gewichtsvektor dieses Neurons ist durch

$$w_i = (w_{i1} \ldots w_{in})$$

definiert.

3.1.3   Strukturierung des Netzes durch das Schichtenkonzept

Ein Netz zerfällt häufig in mehrere Teile. Diese Teile heißen **Schichten** (auch *Gruppen* oder **Lagen**); jede Schicht besteht aus mindestens einem, meist aber aus mehreren Neuronen. Für die Einteilung eines Netzes in Schichten gibt es keine verbindlichen Regeln. Gewöhnlich wird man solche Neuronen zu einer Schicht zusammenfassen, die gemeinsam eine bestimmte Aufgabe erfüllen.

Im Netz von Bild 3-4 sind schon durch bloßen Augenschein drei Schichten zu erkennen; das wird besonders deutlich, wenn man die Verbindungen 7→1 und 6→4 wegläßt. Die Neuronen 1...4 bilden eine Schicht von **Eingangsneuronen** (eine **Eingangsschicht**), die Neuronen 7...10 eine Schicht von **Ausgangsneuronen** (eine **Ausgangsschicht**). Dazwischen liegt eine Schicht aus den beiden Neuronen 5 und 6. Allen Schichten ist gemeinsam, daß sie ihre Eingangssignale ausschließlich von den Neuronen der vorhergehenden Schicht (bzw. von den Netzeingängen) erhalten, und daß ihre Ausgänge ausschließlich an die Neuronen der folgenden Schicht (bzw. an die Netzausgänge) angeschlossen sind. Dieses Netz ist also *drei*schichtig.

Neuronen, deren Ausgänge von außen zugänglich sind (also die Ausgangsneuronen), heißen **sichtbare Neuronen**, alle anderen **verborgene Neuronen**. Im Beispiel sind die Neuronen 1...6 verborgen. Verborgene Neuronen spielen bei Lernvorgängen (Abschn. 3.3 und 3.4) eine wichtige Rolle.

Führt man wie in Bild 3-5 Verteilungsneuronen (Abschn. 3.1.1) ein, so hat man eine zusätzliche Schicht aus den Neuronen a...c; in dieser Konvention ist dasselbe Netz also *vier*schichtig. Die Zusatzneuronen heißen dann *Eingangsneuronen*; sie gelten als *sichtbar*.

Das Kriterium für die Schichteneinteilung dieses Netzes waren die Verbindungen der Neuronen. In der Regel erfolgt die Einteilung allerdings eher nach funktionellen Gesichtspunkten. Natürlich spiegelt sich die Funktion der Neuronen in den Verbindungen wider, doch sind diese lediglich eine Folge der Funktion und daher für die Schichteneinteilung nur sekundär.

Beispiele für die Einteilung neuronaler Netze in Schichten sind bei den einzelnen Netzmodellen zu finden.

3.1.4 Rückkopplung

Ein wichtiges Einteilungskriterium für neuronale Netze erhalten wir, wenn wir den *Signalfluß* betrachten. Um zu sehen, was damit gemeint ist, gehen wir vom Netz von Bild 3-4 aus und lassen die Verbindungen 7→1 und 6→4 zunächst außer acht. Signale, die an die Netzeingänge angelegt werden, gelangen an die Eingangsneuronen 1...4, werden nach der Berechnung von deren Ausgängen an die Neuronen 5 und 6 weitergeleitet und erreichen schließlich über die Ausgangsneuronen die Netzausgänge. Die Verbindung 7→1 führt ein Signal vom Ausgang des Neurons 7 zum Neuron 1 *zurück*, also zu einem Neuron, das vom Signalfluß bereits berührt wurde. Ähnliches gilt für die Verbindung 6→4. Dieses Netz enthält also *Rückkopplungsschleifen*; solche Netze nennt man **rückgekoppelte Netze**.

Wenn man die Rückkopplungsschleifen wegläßt (Bild 3-6), so erhält man ein *rückkopplungsfreies* Netz. Der Signalfluß ist dann ausschließlich nach „vorne" (d.h. im Bild nach rechts) gerichtet. Solche Netze heißen **vorwärtsgekoppelte Netze**.

Der Begriff der Rückkopplung wird

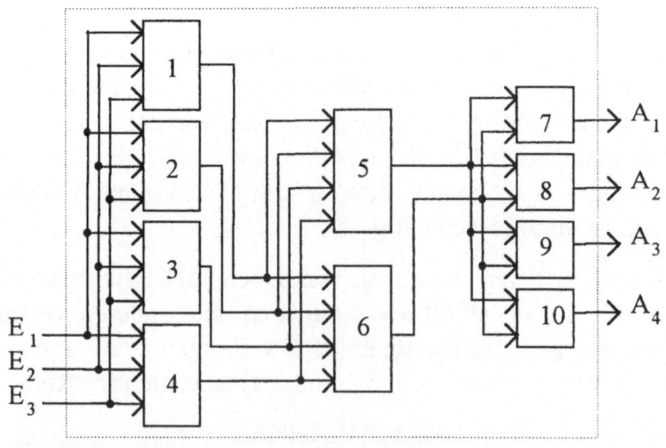

Bild 3-6 Vorwärtsgekoppeltes Netz
Dieses Netz entsteht aus Bild 3-4 durch Weglassen der Rückkopplungsschleifen 7→1 und 6→4.

in der Literatur nicht einheitlich verwendet. Läßt man etwa in Bild 3-4 die Verbindung 7→1 weg und betrachtet die Neuronen 1...6 als „Einheit", so enthält das Netz keine Rückkopplungsschleife mehr. Man muß sich daher immer vergewissern, wie „Rückkopplungsfreiheit" gemeint ist.

3.1.5 Räumlich organisierte Schichten

In der Großhirnrinde des Menschen gibt es Gebiete, die in gewisser Weise „räumlich" organisiert sind. Ein Beispiel dafür ist das somatosensorische Rindenfeld, wo Signale von den Sinnesorganen eintreffen und zu einem (wenn auch verzerrten) „Bild" der Körperoberfläche führen. Die räumliche Anordnung der Nervenzellen in diesem Rindenbereich hat daher eine wesentliche Bedeutung.

Will man die Funktion eines solchen Gehirngebietes durch ein neuronales Netz nachbilden, so ergibt sich hieraus eine grundsätzliche Fragestellung. Das Verhalten eines neuronalen Netzes ist ausschließlich durch die Eigenschaften seiner Neuronen und durch deren Verbindungen bestimmt. Die Anordnung der Neuronen in einem Raum hat nicht den geringsten Einfluß; das ist besonders deutlich bei Netzen, die durch Computersimulation realisiert sind, da dort die Neuronen lediglich als Datenstrukturen existieren. Der Begriff einer „räumlichen Anordnung" eines neuronalen Netzes ist daher zunächst sinnlos.

Ein künstliches Netz läßt sich jedoch problemlos in einen Raum einbetten. Um das zu sehen, gehen wir wieder von natürlichen Netzen aus. Die Nervenzellen sind (ebenso wie die Neuronen eines hardwaremäßig aufgebauten künstlichen Netzes) *real* an bestimmten Stellen des Raumes lokalisiert. Je näher zwei Nervenzellen beieinanderliegen, desto kürzer können ihre Verbindungen sein. Wenn in einem Gehirnbereich kurze Verbindungen häufiger sind als lange, so werden in diesem Bereich benachbarte Nervenzellen stärker miteinander kommunizieren als weiter auseinanderliegende. Dadurch wird eine Beziehung zwischen der räumlichen Anordnung der Nervenzellen und ihrer Funktion hergestellt.

Diese Situation kann man bei künstlichen Netzen nachbilden, indem man jedem Neuron einen Ort in einem *fiktiven* (meist zwei- oder dreidimensionalen euklidischen) Raum zuordnet. Um das Verhalten des Netzes mit dieser räumlichen Anordnung in Beziehung zu bringen, muß man die Verbindungen und vor allem die Gewichte an dieser Zuordnung orientieren. Im allgemeinen werden die Gewichte umso kleiner sein, je weiter die betreffenden Neuronen voneinander entfernt sind; der fiktive Abstand der Neuronen spiegelt sich also in den Gewichten wider. Wichtige Beispiele solcher Netze sind **selbstorganisierende Karten** (Abschn. 6.1).

Damit ergibt sich eine wichtige Unterscheidung neuronaler Netze bezüglich ihrer Organisation. Bei **räumlich** (auch **topologisch** oder **morphologisch**) organisierten Netzen repräsentieren die Verbindungen und ihre Gewichte die räumliche Anordnung der Neuronen. Bei den anderen Netzen repräsentieren die Verbindungen nur die funktionalen Wechselwirkungen. Solche Netze nennt man **semantisch** organisiert.

Die Schichten eines Netzes können durchaus unterschiedlich organisiert sein (einige räumlich, andere semantisch). Räumlich organisierte Schichten bieten sich für Aufgaben an, die sich im Außenraum abspielen (z.B. Robotersteuerung), sowie für abstrakte Probleme, die sich räumlich darstellen lassen.

3.1.6   Hinton-Diagramme

Zahlenwerte				Hinton-Diagramm
1	0	0,3	0,7	
-1	-0,3	0	-0,7	
	0	0,7		

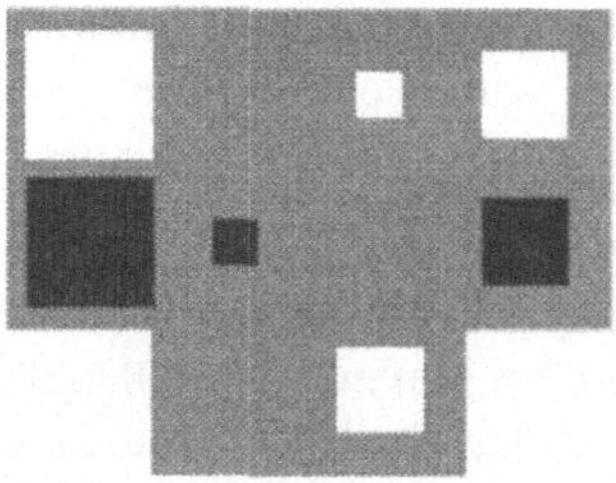

Bild 3-7 Hinton-Diagramm

Die Zustände eines Netzes (etwa Eingangswerte, Gewichte, Ausgangswerte) werden in der Regel durch reelle Zahlen beschrieben. Zur Veranschaulichung sind diese jedoch schlecht geeignet, vor allem bei größeren Netzen. Um beispielsweise eine Gewichtsmatrix graphisch darzustellen, kann man ihre Komponenten in einer Ebene anordnen. Positive Werte werden durch weiße, negative durch schwarze Quadrate repräsentiert; die Größe der Quadrate gibt den Absolutwert an. Das Ganze wird grau hinterlegt. Diese Darstellung ist unter der Bezeichnung **Hinton-Diagramm** verbreitet; Bild 3-7 zeigt ein Beispiel.

3.2   Reproduktionsmethoden

3.2.1   Struktur und Zustände eines neuronalen Netzes

Die *Struktur* eines neuronalen Netzes ist definiert, wenn Anzahl und Typ der
Neuronen sowie deren Verbindungen untereinander und mit den Ein- und Ausgängen des Netzes festgelegt sind. Der Typ eines Neurons ist durch den Typ seiner Aktivierungs- und seiner Ausgangsfunktion eindeutig bestimmt. Gewöhnlich
wird die Struktur fest vorgegeben und bleibt unverändert.

Dagegen sind die *Zustände* des Netzes und die *Kennwerte* seiner Neuronen einer
zeitlichen Entwicklung unterworfen. Der Zustand eines Netzes ist durch die
Werte an seinen Ein- und Ausgängen sowie durch die Eingänge, Aktivitäten und
Ausgänge seiner Neuronen gegeben. Zu den Kennwerten eines Neurons gehören
seine Gewichte und seine Schwelle; dazu können je nach Neurontyp noch weitere Kennwerte kommen.

3.2.2   Begriff der Reproduktion

Künstliche neuronale Netze können in mehreren *Arbeitsphasen* (in der Regel
zwei) betrieben werden. Zunächst betrachten wir die **Reproduktionsphase** (zur
Lernphase vgl. Abschn. 3.3 und 3.4).

Bei der Reproduktion werden Werte an die Netzeingänge angelegt und daraus
die Netzausgänge berechnet. Dadurch ändern sich die Zustände des Netzes im
Lauf der Zeit; dagegen werden die Kennwerte der Neuronen festgehalten.

Der Zustand eines natürlichen Netzes ändert sich kontinuierlich in der Zeit. Ein
computersimuliertes Netz kann seinen Zustand nur zu diskreten Zeitpunkten ändern. Bei Netzen, die durch Hardware realisiert sind, hängt es von ihrem Aufbau
ab, ob sie kontinuierlich oder zeitdiskret arbeiten.

3.2.3   Reproduktion in vorwärtsgekoppelten Netzen

Besonders einfach gestaltet sich die Reproduktion bei einem vorwärtsgekoppelten Netz. Als konkretes Beispiel betrachten wir wieder Bild 3-6. Zunächst legen
wir Eingangswerte an die Netzeingänge an. Damit sind die Werte an den Ein-

gängen der Neuronen 1...4 bekannt, so daß deren Ausgangswerte und damit die Eingangswerte der Neuronen 5...6 berechnet werden können. In einem zweiten Schritt berechnen wir die Ausgangswerte der Neuronen 5...6; ein dritter und letzter Schritt ergibt die Ausgangswerte der Neuronen 7...10 und damit die Ausgangswerte des Netzes. Nun ist die Reproduktion des Netzes abgeschlossen: greift man etwa ein beliebiges Neuron (z.B. Nr. 6) heraus und berechnet seinen Ausgangswert nochmals, so ändert sich am Netzzustand nichts mehr. Allgemein gilt für ein beliebiges vorwärtsgekoppeltes Netz, daß nach einer endlichen, nur von der Struktur des Netzes abhängigen Anzahl von Berechnungsschritten der endgültige Netzzustand erreicht wird.

Diese Überlegungen enthalten zwei stillschweigende Voraussetzungen. Die zu Beginn an das Netz angelegten Eingangswerte müssen während des ganzen Reproduktionsvorgangs festgehalten werden; eine Änderung der Netzeingänge führt natürlich zu einer Änderung des Netzzustandes.

Gravierender ist eine zweite Voraussetzung, welche die Aktivierungsfunktion der Neuronen betrifft. Nur dann, wenn die Aktivierungsfunktion lediglich vom effektiven Eingang, nicht aber auch von früheren Aktivitäten abhängt, geht die Reproduktion so einfach wie eben beschrieben. Andernfalls (ein Beispiel ist die BSB-Aktivierungsfunktion aus Abschn. 2.2.2) ergibt jede neuerliche Berechnung des Neurons eine neue Aktivität und damit einen neuen Ausgangswert, und zwar selbst dann, wenn die Neuroneingänge unverändert bleiben. Dadurch erhält man eine Folge von Ausgangswerten, die bestenfalls einem Grenzwert zustrebt. Der tiefere Grund für dieses Verhalten liegt darin, daß die mit der Aktivierungsfunktion berechnete Aktivität in eben diese Aktivierungsfunktion eingeht; es liegt also eine „innere Rückkopplung" vor. Die Reproduktion eines solchen Netzes muß nach demselben Schema wie bei einem rückgekoppelten Netz (Abschn. 3.2.4) erfolgen.

Reproduktion bei linearen Neuronen

Ein besonders einfacher Fall eines vorwärtsgekoppelten Netzes liegt dann vor, wenn alle seine Neuronen *linear* (s. Tabelle 2-6) sind. Da diese Situation in der Literatur häufig betrachtet wird, lohnt sich eine genauere Untersuchung. Wir beginnen mit dem einschichtigen Netz von Bild 3-8. Die Anzahl der Netzeingänge sei k (im Beispiel ist $k = 3$); n sei die Anzahl der Neuronen in der ersten Schicht (im Beispiel ist $n = 4$). An jedem dieser Neuronen liegen die Eingangswerte e_j, $j = 1...k$, welche mit den Netzeingängen E_j übereinstimmen. Die Ausgänge dieser Neuronen ergeben sich dann aus der Formel

$$a_i = \sigma_i(\varepsilon_i - \vartheta_i) \ .$$

Ersetzen wir den effektiven Eingang durch die Eingangswerte ($\varepsilon_i = \Sigma_j w_{ij} e_j$), so folgt zunächst:

$$a_i = \sigma_i \left(\sum_{j=1}^{k} w_{ij} e_j - \vartheta_i \right) =$$

$$\sum_{j=1}^{k} \sigma_i w_{ij} e_j - \sigma_i \vartheta_i$$

Mit den Abkürzungen

$$w_{ij}^1 := \sigma_i w_{ij}$$

$$\vartheta_i^1 := \sigma_i \vartheta_i$$

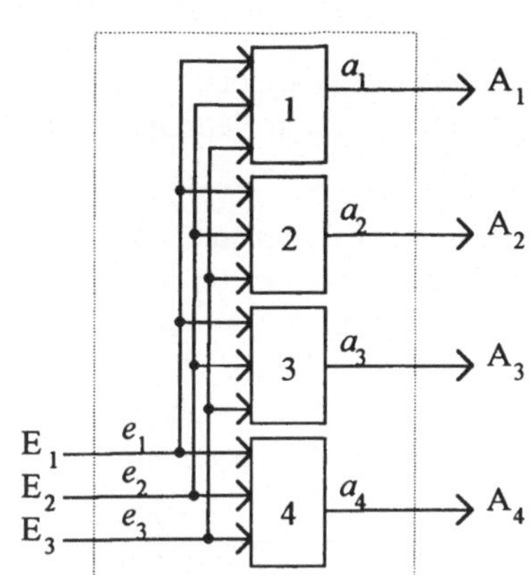

Bild 3-8 Einschichtiges Netz
Beschreibung im Text

folgt daraus:

$$a_i = \sum_{j=1}^{k} w_{ij}^1 e_j - \vartheta_i^1$$

Diese lineare Beziehung zwischen den Ein- und Ausgängen der Neuronen läßt sich kompakter in Vektorschreibweise formulieren. Dazu fassen wir die Ein- und Ausgänge sowie die Schwellen der Neuronen zu den Vektoren

$$e := (e_1 ... e_k)$$

$$a := (a_1 ... a_n)$$

$$\vartheta := (\vartheta_1 ... \vartheta_n)$$

und die Gewichte zur **Gewichtsmatrix**

$$W^1 := \left(w_{ij}^1 \right)$$

zusammen und erhalten:

$$a = W^1 e - \vartheta \qquad \qquad \text{(Gl. 3-2)}$$

Bei einem einschichtigen Netz kann man die Neuroneingänge durch den **Netzeingangsvektor** E und die Neuronausgänge durch den **Netzausgangsvektor** A ersetzen; das Verhalten des ganzen Netzes wird dann durch die lineare Gleichung

$$A = W^1 E - \vartheta$$

vollständig beschrieben. Damit wird die mathematische Untersuchung eines Netzes aus linearen Neuronen sehr einfach.

Leider bringen weitere Schichten bei einem solchen Netz keine Vorteile. Um das zu sehen, betrachten wir das zweischichtige Netz von Bild 3-9. Der eben berechnete Ausgangsvektor a der ersten Schicht bildet zugleich den Eingangsvektor der zweiten Schicht; W^2 sei die Gewichtsmatrix, b der Ausgangsvektor und ϑ^2 der Schwellenvektor der zweiten Schicht, ϑ^1 der Schwellenvektor der ersten Schicht. Dann gilt:

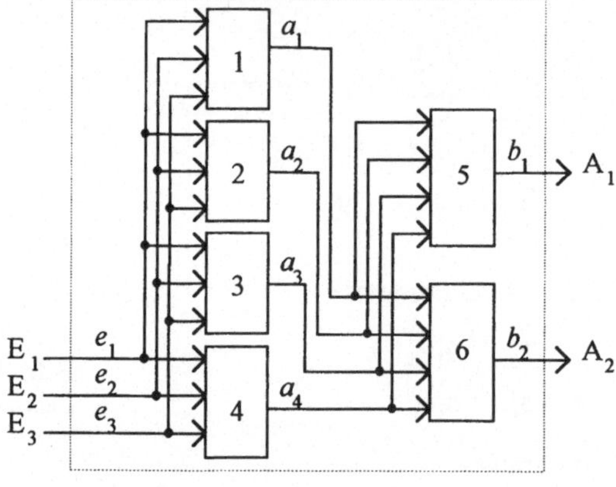

Bild 3-9 Zweischichtiges Netz
Beschreibung im Text

$$a = W^1 e - \vartheta^1$$

$$b = W^2 a - \vartheta^2$$

Beides zusammen ergibt:

$$b = W^2 a - \vartheta^2 = W^2(W^1 e - \vartheta^1) - \vartheta^2 = W^2 W^1 e - W^2 \vartheta^1 - \vartheta^2$$

Führen wir die Abkürzungen

$$W := W^2 W^1$$

$$\vartheta := W^2 \vartheta^1 + \vartheta^2$$

und die Netzein- und Ausgangsvektoren

$$E := e$$

$$A := b$$

ein, so folgt:

$$A = W E - \vartheta$$

Das stimmt mit der Gleichung für ein einschichtiges Netz überein. Ein mehrschichtiges vorwärtsgekoppeltes Netz aus linearen Neuronen kann also immer durch ein einschichtiges ersetzt werden.

Bias-Neuron

Durch Einführung eines Bias-Neurons mit dem konstanten Ausgang „1" läßt sich diese Gleichung noch weiter vereinfachen. Bild 3-10 zeigt das entsprechende Netz. Jedes Neuron erhält einen zusätzlichen Eingang e_0, der mit dem Ausgang des Bias-Neuron verbunden ist. Durch geeignete Wahl der Gewichte dieser Zusatzeingänge können die Schwellen und damit der letzte Term in Gl. 3-2 zum Verschwinden gebracht werden.

Das ursprüngliche Netz sei durch die Kennwerte σ_i, w_{ij} und ϑ_i mit $i = 1...n$ und $j = 1...k$ beschrieben. Wir setzen

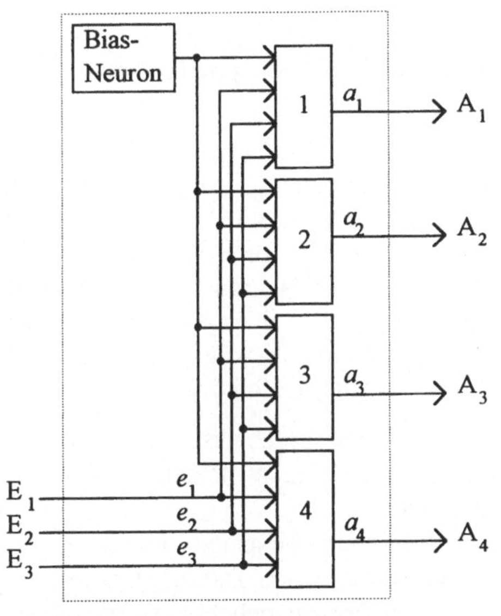

Bild 3-10 Netz mit Bias-Neuron
Beschreibung im Text

$$w_{i0} := -\vartheta_i$$

$$e_0 := 1$$

und erhalten:

$$a_i = \sigma_i(\varepsilon_i - \vartheta_i) = \sigma_i\left(\sum_{j=1}^{k} w_{ij}e_j - w_{i0}e_0\right) = \sum_{j=0}^{k} \sigma_i w_{ij}e_j$$

Mit den Abkürzungen

$$e := (e_0, e_1...e_k) = (1, e_1...e_k)$$

$$a := (a_1...a_n)$$

$$W := (\sigma_i w_{ij})$$

und den Netzein- und Ausgangsvektoren ergibt das in Vektorschreibweise:

$$A = WE$$

3.2.4   Reproduktion in rückgekoppelten Netzen

Berechnung rückgekoppelter Netze

Ein rückgekoppeltes Netz verhält sich bei der Reproduktion ganz anders als ein vorwärtsgekoppeltes. Um das zu sehen, betrachten wir wieder das Netz von Bild 3-4. Legt man die Eingangswerte an das Netz an, so stößt die Berechnung der Neuronen 2 und 3 auf keine Probleme. Dagegen benötigt Neuron 1 den Ausgang von Neuron 7 als Eingangswert; dieser ist jedoch noch gar nicht definiert. Ähnliches gilt für Neuron 4. Um ein rückgekoppeltes Netz berechnen zu können, braucht man daher einen *Startzustand*; man muß also Eingangs- und Ausgangswerte der Neuronen vorgeben. Selbst dann hängt das Reproduktionsergebnis noch von der Reihenfolge ab, in der man die Neuronen berechnet.

Um eindeutige Ergebnisse zu gewinnen, empfiehlt sich folgende Vorgangsweise:

1) Alle Neuroneingänge auf einen Startwert setzen. Dieser Startwert ist im Prinzip beliebig; es ist lediglich erforderlich, daß er in dem für das betreffende Neuron gültigen Wertebereich liegt. Wenn die Aktivierungsfunktion von der Aktivität abhängt, müssen auch die Aktivitäten der Neuronen auf Startwerte gesetzt werden.

Neuroneingänge (und Aktivitäten) auf Startwerte setzen
Eingangswerte ans Netz anlegen Nicht an Neuronen weitergeben
Neuronausgänge berechnen Nicht weitergeben
Neuroneingänge mit neuen Werten belegen
Wiederholen, bis Abbruchkriterium erfüllt

Bild 3-11 Berechnungsschema für ein rückgekoppeltes Netz

2) Eingangswerte an das Netz anlegen, aber noch *nicht* an die Eingangsneuronen weitergeben. Alle Neuroneingänge behalten daher vorerst ihre Startwerte.

3) Die Ausgänge aller Neuronen gemäß den Werten an ihren Eingängen berechnen. Die berechneten Ausgangswerte dürfen noch *nicht* an die zugehörigen Neuroneingänge weitergegeben werden. Die Neuroneingänge behalten daher vorerst ihre ursprünglichen Werte; die Reihenfolge, in der die Neuronen ausgewählt und berechnet werden, ist daher gleichgültig.

4)   Die Eingänge aller Neuronen mit den zugehörigen Werten (von den Netz-
     eingängen bzw. von Neuronausgängen) belegen
5)   Weiter bei 3).

Bild 3-11 faßt diese Vorgangsweise zu einem Struktogramm zusammen.

Diese Regeln bilden eine Endlosschleife. Das ist grundsätzlich richtig, da das
Netz infolge der Rückkopplung im allgemeinen keinen stabilen Endzustand einnehmen wird. Um die Reproduktion zu beenden, braucht man daher ein **Abbruchkriterium**. Dafür kommen in Frage:

1)   Die Reproduktion wird beendet, wenn eine vorgegebene Anzahl von *Re-
     produktionsschritten* erreicht ist. Als Reproduktionsschritt ist dabei die
     Folge 4) + 3) zu verstehen.
2)   Die Reproduktion wird beendet, wenn die Änderung der Netzausgänge eine
     vorgegebene Schranke unterschreitet. Dieses Kriterium ist für sich allein
     nicht ausreichend, da nicht garantiert ist, daß sich das Netz einem stabilen
     Endzustand annähert.
3)   Der Anwender bricht die Reproduktion ab.

Eigenschaften rückgekoppelter Netze

Der wesentliche Unterschied rückgekoppelter Netze gegenüber vorwärtsgekoppelten liegt darin, daß sie in der Regel keinen stabilen Endzustand annehmen.
Das kann man leicht sehen, wenn man in Bild 3-4 eine Rückkopplungsschleife,
etwa 6→4, betrachtet. Nachdem der Ausgang von Neuron 6 berechnet wurde,
wird er auf Neuron 4 zurückgeführt. Während im vorwärtsgekoppelten Netz der
Zustand eines einmal berechneten Neurons für alle Zeiten unverändert bleibt,
bekommt jetzt der Ausgang von Neuron 4 einen neuen Wert. Das wirkt sich auf
den Ausgang von Neuron 6 aus und damit über die Rückkopplungsschleife wiederum auf den Ausgang von Neuron 4. Dadurch ändert sich der Zustand des
Netzes und der Netzausgänge im Lauf der Zeit ständig. Ob das Netz schließlich
zu einem stationären Zustand konvergiert (was im allgemeinen erwünscht ist),
hängt von den näheren Umständen ab. Grundsätzlich kann ein rückgekoppeltes
Netz alle Verhaltensweisen zeigen, die man von anderen rückgekoppelten Sy-
stemen, etwa aus der Regelungstechnik, kennt, also beispielsweise Grenzzyklen
(d.h. Schwingungen) oder deterministisches Chaos (Brause 1991).

Während chaotisches *Verhalten* in allen Fällen zu vermeiden ist, kann die *Arbeitsweise* eines Netzes durchaus auf deterministischem Chaos beruhen (**Chaos-
Maschine**, vgl. Brause 1991).

Grenzzyklen kann man dazu verwenden, um in einem Netz Musterfolgen
(Zeitsequenzen) zu speichern (Abschn. 7.1.5).

Reproduktion vorwärtsgekoppelter Netze

Der beschriebene Berechnungsmodus kann auch bei vorwärtsgekoppelten Netzen verwendet werden und führt dann zum selben Ergebnis wie der Berechnungsmodus von Abschn. 3.2.3. Bei vorwärtsgekoppelten Netzen mit „innerer Rückkopplung" der Neuronen *muß* er angewendet werden.

3.2.5   Äquivalenz von vorwärts- und rückgekoppelten Netzen

Unter bestimmten Voraussetzungen ist ein rückgekoppeltes Netz zu einem mehrschichtigen vorwärtsgekoppelten Netz äquivalent. Um ein solches zu erhalten, ersetzt man das rückgekoppelte Netz durch *m* (eine beliebige natürliche Zahl) gleiche Exemplare, die man so zu einem vorwärtsgekoppelten Netz zusammensetzt, daß jedes Exemplar eine Schicht bildet. Die Neuronausgänge werden jedoch nicht mit der eigenen, sondern mit der *folgenden* Schicht verbunden. Bild 3-12 zeigt ein einfaches rückgekoppeltes Netz, Bild 3-13 das zugehörige vorwärtsgekoppelte Netz mit drei Schichten.

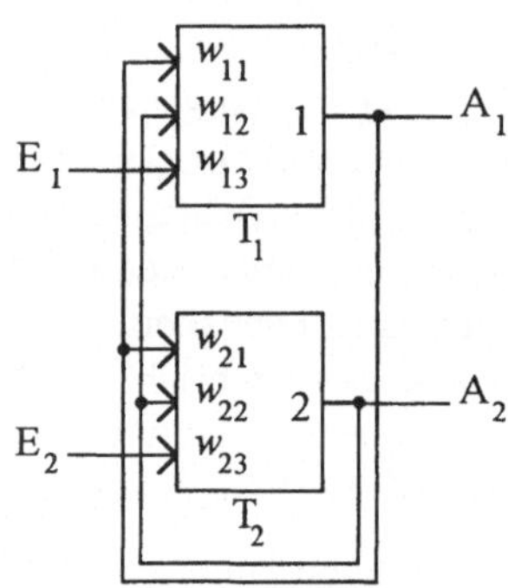

Bild 3-12 Ein einfaches rückgekoppeltes Netz

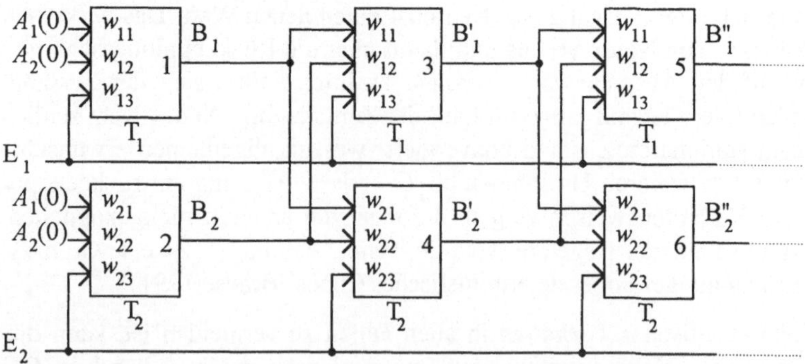

Bild 3-13 Äquivalenz von vorwärts- und rückgekoppelten Netzen
Dieses Bild zeigt ein vorwärtsgekoppeltes Netz, das zum rückgekoppelten Netz von Bild 3-12 äquivalent ist (nähere Erklärung im Text). Gezeichnet sind drei Schichten; das Netz kann nach rechts beliebig erweitert werden.

Während das rückgekoppelte Netz seine Zustände der Reihe nach annimmt und beim nächsten Schritt wieder „vergißt", pflanzt sich das Signal durch die Schichten des vorwärtsgekoppelten Netzes fort und bringt jede Schicht in einen Zustand, der sich anschließend nicht mehr ändert. Wenn die Neuronen nur auf ihre Eingangswerte reagieren und ihre früheren Aktivitäten nicht auswerten, stimmen die statischen Zustände der Schichten mit den dynamischen Zuständen des rückgekoppelten Netzes überein. Jede Schicht des vorwärtsgekoppelten Netzes speichert also einen Satz von vorübergehenden Ausgangswerten des rückgekoppelten Netzes. Nach m Schritten ist allerdings die Äquivalenz zu Ende.

Daß diese Netze tatsächlich (wenn auch in eingeschränktem Sinn) äquivalent sind, kann man sich an Hand von Bild 3-12 und Bild 3-13 plausibel machen. Seien T_i ($i = 1...2$) die Transferfunktionen der beiden Neuronen des rückgekoppelten Netzes und $t = 0,1,2...$ der Zeittakt, so erhält man die Ausgangswerte A_i der Neuronen durch

$$A_i(t + 1) = T_i(w_{i1}A_1(t) + w_{i2}A_2(t) + w_{i3}E_i) \ .$$

Dabei sind die Netzeingänge E_i fest vorgegeben und werden im weiteren Verlauf nicht geändert. Damit definierte Startbedingungen herrschen, müssen für $t = 0$ alle Neuroneingänge eindeutige Werte haben; das erreicht man etwa durch

$$A_i(0) = 0 \ .$$

Nun können die Netzausgänge für jeden Zeitschritt berechnet werden; beispielsweise gilt:

$$A_i(1) = T_i(w_{i3}E_i)$$

$$A_i(2) = T_i(w_{i1}A_1(1) + w_{i2}A_2(1) + w_{i3}E_i)$$

Im zugehörigen vorwärtsgekoppelten Netz (Bild 3-13) wurden, um Verwechslungen zu vermeiden, die Neuronausgänge mit B_i, B_i', B_i'' usw. bezeichnet. Die Neuroneingänge der ersten Schicht müssen mit denselben Werten wie beim rückgekoppelten Netz belegt werden, also mit 0 bzw. E_i. Die einzelnen Schichten müssen vollkommen gleich sein; insbesondere müssen die Gewichte w_{ij} und die Transferfunktionen T_i übereinstimmen. Die Neuronausgänge der ersten Schicht ergeben sich damit zu

$$B_i = T_i(w_{i3}E_i) \ ,$$

stimmen also mit $A_i(1)$ überein. Weiter gilt:

$$B_i' = T_i(w_{i1}B_1 + w_{i2}B_2 + w_{i3}E_i)$$

Wegen $B_i = A_i(1)$ folgt daraus:

$$B_i' = T_i(w_{i1}A_1(1) + w_{i2}A_2(1) + w_{i3}E_i)$$

Das ist gleich $A_i(2)$; die Neuronausgänge der zweiten Schicht stimmen demnach mit den Ausgängen des rückgekoppelten Netzen zur Zeit $t = 2$ überein. Ähnliches gilt für die weiteren Schichten.

Nähere Angaben zur Äquivalenz von rückgekoppelten mit vorwärtsgekoppelten Netzen findet man bei Domany (1991b) und Rumelhart (1988b).

3.2.6   Reproduktion in Wettbewerbs-Schichten

Der Ausgang eines Neurons wird mit der Ausgangsfunktion aus der Aktivität berechnet. Die bisherigen Reproduktionsmethoden benötigten dazu lediglich die Aktivität des betrachteten Neurons. Dieses Reproduktionsschema kann man erweitern, indem man bei der Berechnung des Neuronausgangs die Aktivitäten anderer Neuronen ebenfalls berücksichtigt.

Unter der Unzahl von Möglichkeiten, die sich daraus eröffnen, haben nur die **Wettbewerbs-Netze** (auch **kompetitive Netze** genannt) weitere Verbreitung gefunden. Deren Grundstruktur ist ein mehrschichtiges vorwärtsgekoppeltes Netz aus *binären* Neuronen (das sind Neuronen, die nur zwei Ausgangswerte m und M annehmen können). Die Neuronen einer Schicht teilt man in mehrere **Gruppen** (oder **Cluster**) ein. Die Neuronen einer Gruppe treten untereinander in *Wettbewerb*; das bedeutet, daß nur ein Neuron der Gruppe den maximalen Ausgangswert M bekommt, während alle anderen Neuronen der Gruppe den Ausgangswert m annehmen. Da nur ein Neuron den Wettbewerb gewinnt, spricht man auch vom „winner-take-all"-Prinzip (abgekürzt „WTA"). Dieses Verhalten erreicht man, indem man zunächst die Aktivitäten aller Neuronen der Gruppe berechnet; anschließend setzt man den Ausgang des Neurons mit maximaler Aktivität gleich M, alle anderen Ausgänge erhalten den Wert m. Wenn mehrere Neuronen die maximale Aktivität haben, gibt es mehrere „Gewinner".

Die Ausgangsfunktion hängt demnach von den Aktivitäten aller Gruppenmitglieder ab. Bezeichnen wir die Neuronen der betrachteten Gruppe mit dem Index k, so können wir schreiben:

$$a(c) = \begin{cases} M & \text{für} \quad c = \max_k c_k \\ m & \text{für} \quad c < \max_k c_k \end{cases} \qquad \text{(Gl. 3-3)}$$

Die beschriebene Realisierung eines Wettbewerbs unter Neuronen weicht vom Grundprinzip eines neuronalen Netzes ab, da sich hier die Neuronen nicht nur über synaptische Verbindungen, sondern auch direkt über ihre Aktivitäten gegenseitig beeinflussen. Bei computersimulierten Netzen bildet das programmtechnisch kein Problem. Prinzipiell läßt sich dieses Verhalten auch durch „gewöhnliche" neuronale Netze erreichen, indem man innerhalb jeder Gruppe zusätzliche Rückkopplungen einführt. Jedes Neuron koppelt seinen Ausgang über eine erregende Verbindung auf sich selbst zurück, während sich alle Neuronen der Gruppe gegenseitig hemmen. Je größer der

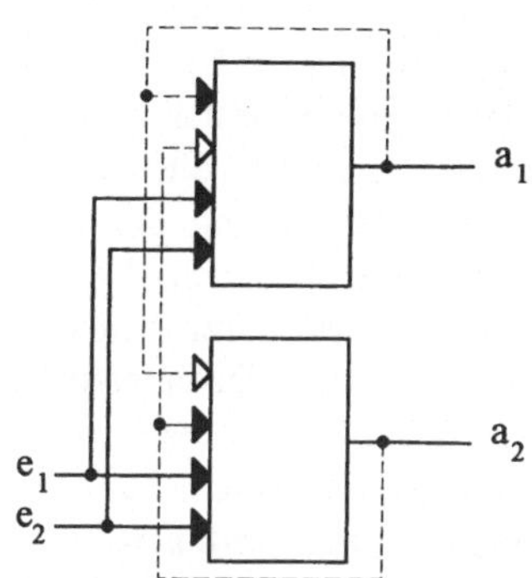

Bild 3-14 Gruppe von Neuronen in einem Wettbewerbs-Netz
Diese Gruppe aus zwei miteinander „wetteifernden" Neuronen ist als Teil eines mehrschichtigen, im Prinzip vorwärtsgekoppelten Netzes zu verstehen. Erregende Verbindungen sind durch ausgefüllte, hemmende durch helle Pfeile dargestellt. Die zusätzlichen Rückkopplungen sind gestrichelt eingezeichnet.

Ausgang eines Neurons ist, umso mehr verstärkt er sich selbst, und umso stärker hemmt er alle anderen Neuronen. Bild 3-14 zeigt eine Gruppe aus zwei Neuronen. Derartige Strukturen sind in der Neurophysiologie unter dem Begriff **Umfeldhemmung** oder **laterale Inhibition** bekannt.

In der Praxis ist allerdings besondere Sorgfalt bei der Festlegung der Gewichte und der Ausgangsfunktionen erforderlich, damit wirklich nur ein Neuron aktiv wird, und damit keine Schwingungen auftreten (Hertz 1991).

3.2.7 Beschreibung der Reproduktion durch Hamilton-Funktionen

Das Reproduktionsverhalten eines rückgekoppelten Netzes ist in der Regel kompliziert und erscheint daher zunächst undurchschaubar. In vielen Fällen kann man jedoch qualitative Aussagen über das Netzverhalten machen, ohne die Reproduktion im einzelnen zu verfolgen. Um das zu sehen, beschränken wir uns auf Netze, deren momentaner Zustand durch die Menge der Neuronausgänge a_i eindeutig definiert ist; wenn die Aktivierungsfunktionen nur von den Neuroneingängen, nicht aber von früheren Aktivitäten abhängen, ist das der Fall.

Wenn wir die Neuronausgänge zum N-dimensionalen Zustandsvektor a (N = Neuronenzahl des Netzes) zusammenfassen, so kann daraus der Zustandsvektor des nächsten Zeittaktes berechnet werden; a charakterisiert also den momentanen Netzzustand vollständig. Im N-dimensionalen Zustandsraum kann die dynamische Entwicklung durch den Punkt a beschrieben werden, der dort (möglicherweise chaotisch) hin- und herspringt. Um diesen Vorgang auf anschaulichere Weise darzustellen, betrachten wir anstelle des vektoriellen Zustands a eine skalare Zustandsfunktion H, deren genaue Definition noch festzulegen ist. Dabei handelt es sich um eine Abbildung des Zustandsraums in die Menge der reellen Zahlen. Zu jedem Netzzustand a gehört also eine Zahl H. Ist der Zustandsraum zweidimensional, so kann man sich die Zustandsfunktion als „Gebirge" über der „Zustandsebene" vorstellen.

Bild 3-15 zeigt eine Zustandsfunktion über einem eindimensionalen Zustandsraum. Eine solche Darstellung ist zwar extrem vereinfacht, doch lassen sich die wesentlichen Ideen leicht veranschaulichen. Im Bild sind die zwei Zustände **a** und **b** eingezeichnet; zu beachten ist, daß sich ein Zustand im Lauf der Zeit *auf* der Linie (im N-dimensionalen Fall auf einer N-dimensionalen Hyperfläche) bewegt.

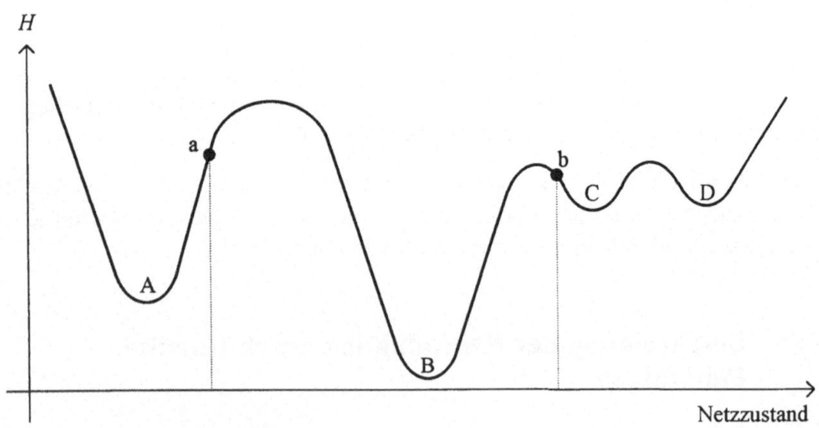

Bild 3-15 Zustandsfunktion
Gezeigt ist eine Zustandsfunktion H über einem eindimensionalen Zustandsraum. Ein Zustand (z.B. **a**) bewegt sich im Lauf der dynamischen Entwicklung auf der Linie hin und her. Wenn dabei H nur abnehmen kann, spricht man (in Analogie zur Physik) von einer Hamilton-Funktion oder Energiefunktion; **a** kann dann nur in das Tal **A** „hinabrollen".

Solange über die Zustandsfunktion keine Einzelheiten bekannt sind, ist noch nichts gewonnen; der Zustand bewegt sich auf der Linie beliebig hin und her. In vielen wichtigen Fällen (dazu gehört das Hopfield-Netz, vgl. Abschn. 4.5) gibt es jedoch eine Zustandsfunktion, die im Lauf der dynamischen Entwicklung nur abnehmen kann (oder konstant bleibt, falls sich der Zustand nicht ändert). Eine solche Zustandsfunktion wird oft als **Hamilton-Funktion** bezeichnet.

Was die Existenz einer solchen Funktion bedeutet, ist aus dem Bild sofort erkennbar. Der Zustand **a** wird sich in Richtung auf kleinere H-Werte hin entwickeln und früher oder später im lokalen Minimum **A** der Hamilton-Funktion ankommen. Analog strebt der Zustand **b** dem Minimum **C** zu. Allgemein gilt, daß ein beliebiger Anfangszustand schließlich in einem lokalen Minimum der Hamiltonfunktion landet, also einem stabilen Endzustand zustrebt. *Welches* Minimum erreicht wird, hängt allein vom Startzustand ab.

Eine typische Form einer Hamilton-Funktion ist durch

$$H(a) = -\frac{1}{2}\sum_{i,j=1}^{N} w_{ij} a_i a_j$$

gegeben, wobei die Gewichte fest vorgegeben sind. Die Gestalt der Hamilton-Funktion und damit insbesondere die Position der Minima ist durch die Gewichte bestimmt. Durch geeignete Wahl der Gewichte kann man somit das Netz veranlassen, ganz bestimmte Ausgangsmuster zu produzieren, diese also zu „lernen". Methoden, solche Gewichte zu finden, sind Gegenstand von Abschn. 3.3.

Die Anwendung der Hamilton-Funktion auf neuronale Netze hat ihre historische Wurzel in physikalischen Überlegungen (Hopfield 1982). In Hopfield-Netzen ist sie nämlich *formal* äquivalent zur Energie von Spingläsern, so daß man viele Ergebnisse aus der Physik direkt übernehmen kann. Die Existenz stabiler Endzustände ist ein Beispiel dafür. Daher bezeichnet man die Hamilton-Funktion häufig als **Energie-Funktion**. Mit einer „echten" physikalischen Energie des neuronalen Netzes hat das natürlich nichts zu tun.

3.2.8 Stochastische Reproduktion

Im vorigen Abschnitt wurde die Reproduktion mit einer Hamilton-Funktion beschrieben. Ein vorgegebener Startzustand entwickelt sich dabei auf das nächstgelegene Minimum hin. Manchmal möchte man jedoch, daß das Netz das *globale* Minimum der Hamilton-Funktion findet (ein typisches Beispiel ist das Vertreterproblem, vgl. Abschn. 7.3.3). Um zu sehen, wie man das erreichen kann, betrachten wir wieder Bild 3-15. In der bisherigen Dynamik strebt der Zustand **b** dem Minimum **C** zu; um das globale Minimum **B** zu erreichen, müßte er den dazwischenliegenden Gipfel überwinden.

Wir müssen also dem Netz gestatten, seinen H-Wert gelegentlich auch anwachsen zu lassen. Eine Möglichkeit, das zu erreichen, besteht darin, die deterministische Ausgangsfunktion durch eine stochastische zu ersetzen. Der Einfachheit halber beschränken wir uns auf McCulloch-Pitts-Neuronen (Tabelle 2-6), die nur die Ausgangswerte „0" und „1" annehmen können. Ausgangsfunktion ist jetzt jedoch die Boltzmann-Ausgangsfunktion (Gl. 2-14); wenn wir gleich den effektiven Eingang einsetzen, lautet sie:

$$P(a = 1) = \frac{1}{1 + e^{-(\varepsilon - \vartheta)/T}}$$

Ihre graphische Darstellung stimmt mit Bild 2-5 überein; für $T = 0$ geht sie in die McCulloch-Pitts-Funktion über. $P(a = 1)$ ist die Wahrscheinlichkeit, daß das Neuron den Ausgangswert a annimmt. Im deterministischen Fall wird der Ausgang gleich „1", wenn ε die Schwelle überschreitet; bei $T > 0$ kann der Ausgang (mit einer Wahrscheinlichkeit $P < 0,5$) auch den Wert „0" haben.

Diese Ausgangsfunktion erlaubt also dem Netz, Gipfel in der Hamilton-Funktion zu überwinden und in das globale Minimum zu gelangen: Während in der deterministischen Dynamik der H-Wert auf jeden Fall abnimmt, kann jetzt ein Neuron auch den entgegengesetzten Ausgangswert annehmen, so daß H größer wird.

Am Ende der Reproduktionsphase sollte das Netz im globalen Minimum zur Ruhe kommen. Daher beginnt man mit einem hohen Wert der „Temperatur" T und „kühlt" das Netz allmählich ab, verringert also T schrittweise bis auf „0". Diese Vorgangsweise bezeichnet man als **simuliertes Kühlen**. Angaben, unter welchen Bedingungen man dabei wirklich zum globalen Minimum gelangt, findet man in der Literatur (Schöneburg 1990, Brause 1991).

Selbstverständlich ist der Begriff *Temperatur* nur eine formale Analogie zur Physik; mit einer „Temperatur" eines neuronalen Netzes hat das nichts zu tun.

3.3 Lernmethoden für überwachtes Lernen

3.3.1 Begriff des Lernens

Wie ein Netz in der Reproduktionsphase arbeitet, hängt von seiner Struktur und
von den Werten seiner inneren Parameter ab. Der Vorgang, bei dem Struktur
und Parameter eines Netzes so bestimmt werden, daß es bei der Reproduktion
eine vorgegebene Aufgabe wunschgemäß erfüllt, wird als **Lernen** bezeichnet.
Grundsätzlich kann man zwei Arten des Lernens unterscheiden, nämlich Lernen
der *Struktur* und Lernen der *Kennwerte*. Meist ist die Struktur eines Netzes
(dazu gehören u.a. Anzahl und Typ der Neuronen, die Verbindungen der Neuronen untereinander und die Anzahl seiner Schichten) unveränderlich vorgegeben,
so daß Strukturanpassungen in den Lernvorgang gewöhnlich nicht einbezogen
werden; daher wollen wir Lernmethoden, welche die Struktur eines Netzes ändern, hier nicht weiter behandeln.

Zu den Kennwerten gehören vor allem die *Gewichte* der Neuronen. Gewöhnlich
werden beim Lernen nur diese geändert; auf die Möglichkeit, auch andere
Kennwerte wie etwa die Schwellen und Steigungen der Ausgangsfunktionen anzupassen, soll hier nur hingewiesen werden. Der Lernvorgang besteht aus einzelnen *Lernschritten;* bei jedem Lernschritt werden die Gewichte w_{ij} um einen
bestimmten Betrag δw_{ij} geändert. Gemäß

$$w_{ij}^{\text{neu}} = w_{ij}^{\text{alt}} + \delta w_{ij}$$

erhält man also die neuen Gewichte aus den alten. Dafür kann man auch

$$w_{ij} \rightarrow w_{ij} + \delta w_{ij}$$

schreiben. Die Zahlenwerte δw_{ij} sind durch die jeweilige Lernregel bestimmt.
Meist benötigt man sehr viele Lernschritte, bis das Netz das gewünschte Verhalten zeigt.

Stabilität und Plastizität

Gegeben sei ein Netz, das bereits einige Muster gelernt hat. Gewöhnlich wird
man verlangen, daß dieses Netz weitere Muster lernen kann, also *plastisch* ist.
Vor allem dann, wenn die neuen Muster zu den bereits gelernten ähnlich sind,
können Konflikte auftreten, so daß bekannte Muster wieder verlernt werden; das

Netz ist dann nicht *stabil*. Das Problem, beide Eigenschaften „unter einen Hut" zu bringen, bezeichnet man als **Stabilitäts-Plastizitäts-Dilemma**.

3.3.2   Begriff des überwachten Lernens

Zunächst behandeln wir das **überwachte Lernen**, das auch als **Lernen mit Lehrer** bezeichnet wird. Wesentlich hierbei ist, daß man das gewünschte Verhalten des Netzes genau kennt; dadurch läßt sich ein Fehlverhalten gezielt korrigieren. Um das Grundsätzliche zu zeigen, beschränken wir uns auf den einfachsten Fall; Abweichungen sind bei den jeweiligen Netztypen beschrieben.

Das Netz soll die p Musterpaare

$$(E_j^\mu, S_i^\mu), \quad \mu = 1...p$$

lernen. Das bedeutet: wird an das Netz eines der Eingangsmuster E_j^μ angelegt, so soll am Ausgang das zugehörige Ausgangsmuster (Sollmuster) S_i^μ erscheinen. Ein Lernschritt läuft nun wie folgt ab: Man wählt das m-te Eingangsmuster E_j^m aus, legt es an das Netz an und berechnet das zugehörige tatsächliche Ausgangsmuster A_i^m. Meist wird dieses vom Sollmuster S_i^m verschieden sein. Daher ändert man die Gewichte derart ab, daß die Abweichung zwischen Ausgangs- und Sollmuster kleiner wird. Wie man die Gewichtsänderungen δw_{ij} wählen muß, bestimmt die verwendete Lernregel. Damit ist der Lernschritt beendet.

Nach diesem Schema müssen alle p Musterpaare gelernt werden. In welcher Reihenfolge und wie oft das zu geschehen hat, ergibt sich ebenfalls aus der Lernregel.

3.3.3   Hebbsche Lernregel

In diesem und in den folgenden Abschnitten werden einige Lernregeln vorgestellt. Besonders einfach ist die **Hebbsche Lernregel**. Ausgangspunkt dieser Regel war eine Vermutung von Hebb (1949) über die Veränderung von Synapsen in Nervensystemen. Man betrachte zwei Nervenzellen, die durch eine Synapse miteinander verbunden sind. Die Hebbsche Vermutung besagt, daß dann, wenn diese Nervenzellen gleichzeitig feuern, diese Synapse stärker wird. Da die Synapsenstärken den Gewichten entsprechen, läßt sich diese Idee auf künstliche neuronale Netze übertragen. Dazu betrachten wir das Neuron i. Wenn ein Eingang e_j und der Ausgang a_i dieses Neurons gleichzeitig "feuern", also positiv sind, soll das Gewicht w_{ij} vergrößert werden. Versuchsweise können wir daher zunächst

$$\delta w_{ij} = \eta a_i e_j \qquad \text{(Gl. 3-4)}$$

ansetzen, wobei η eine positive reelle Zahl ist.

In dieser Formel kommen jedoch die tatsächlichen Ausgangswerte a_i und nicht die Sollwerte vor, so daß sie zum überwachten Lernen nicht direkt verwendbar ist. Sie kann jedoch als Grundlage für unüberwachtes Lernen (Abschn. 3.4.2) dienen.

Um eine überwachte Lernregel zu finden, kann man vom neurophysiologischen Vorbild abweichen und statt der Ausgangswerte die Sollwerte S_i einsetzen. Dies führt jedoch zu einer wesentlichen Einschränkung, da die Sollwerte ja für das *Netz* definiert und daher nur bei den Ausgangsneuronen (deren Ausgänge mit den Netzausgängen übereinstimmen) verfügbar sind. Folglich gilt diese Überlegung nur für *einschichtige* Netze. Bei diesen stimmen die Neuroneingänge mit den Netzeingängen überein, so daß man noch die Neuroneingangswerte e_j durch die Netzeingangswerte E_j ersetzen kann. Auf diese Weise erhält man die **Hebbsche Lernregel**:

$$\delta w_{ij} = \eta S_i E_j \qquad \text{(Gl. 3-5)}$$

Der Faktor η heißt **Lernrate**. Diese Lernregel kann nur auf Ausgangsneuronen angewendet werden; für Netze mit verborgenen Neuronen ist sie nicht brauchbar.

Die angegebene Formel gilt für ein einzelnes Musterpaar, das einmal gelernt wird. Initialisiert man die Gewichte vor dem Lernvorgang mit

$$w_{ij} = 0$$

und lernt jedes Muster einmal, so kann man die einzelnen Gewichtsänderungen aufsummieren und erhält:

$$w_{ij} = \eta \sum_{\mu=1}^{p} S_i^{\mu} E_j^{\mu} \qquad \text{(Gl. 3-6)}$$

Man sieht, daß die Reihenfolge des Lernens keine Rolle spielt und daß mehrmaliges Lernen aller Muster alle Gewichte um einen konstanten Faktor vergrößert, den man prinzipiell zur Lernrate η dazuschlagen kann. Bei Anwendung der

Hebbschen Lernregel hat man daher keine Verbesserung des Lernerfolgs zu erwarten, wenn man die Muster mehrmals lernt.

Als Besonderheit ist zu vermerken, daß keine Reproduktion des Netzes stattfindet, da die Gewichte direkt gemäß den Eingangs- und Sollwerten gesetzt werden. Daraus ergibt sich aber, daß beim Lernen keine Berechnung der Ausgangswerte erfolgt; die Abweichung zwischen Soll- und Ausgangsmustern wird also gar nicht berücksichtigt. Das ist ein Nachteil, der die Anwendbarkeit dieser Lernregel zusätzlich einschränkt.

3.3.4 Delta-Lernregel

Eine Lernregel, welche die Abweichung zwischen Soll- und Istwert berücksichtigt, ist die Delta-Lernregel. Um sie zu erhalten, betrachten wir wieder ein einschichtiges Netz und darin zunächst ein einzelnes Neuron. Der effektive Eingang dieses Neurons lautet in Vektorschreibweise:

$$\varepsilon = wE$$

Der Ausgang des Neurons wird umso größer, je größer ε ist; die genaue Form der Aktivierungs- und der Ausgangsfunktion ist für die folgenden Überlegungen ohne Bedeutung.

Wenn der berechnete Ausgang zu klein ist ($A < S$), so muß ε vergrößert werden; das kann man durch Vergrößern der w_j (j numeriert die Komponenten des Neuroneingangs) erreichen. Die Vergrößerung sollte umso stärker ausfallen, je weiter A und S auseinanderliegen; bei $S = A$ brauchen die Gewichte nicht geändert zu werden. Das bedeutet einen Faktor $(S - A)$.

Wenn ein Eingang keinen Beitrag zum Ausgang liefert ($E_j = 0$), dann bringt es nichts, wenn das zugehörige Gewicht w_j vergrößert wird, wohl aber im Fall $E_j > 0$. Das kann man durch einen Faktor E_j erreichen. Führt man noch einen positiven Proportionalitätsfaktor, die Lernrate η, ein, so erhält man für ein einzelnes Neuron:

$$\delta w = \eta(S - A)E$$

Diese Formel führt auch dann zu einer Vergrößerung von ε, wenn einige oder alle E_j negativ sind, denn es gilt:

$$\varepsilon^{neu} = w^{neu}E = (w^{alt} + \delta w)E = (w^{alt} + \eta(S - A)E)E =$$
$$w^{alt}E + \eta(S - A)E^2 = \varepsilon^{alt} + \eta(S - A)E^2$$

Wegen $S > A$ ist der letzte Term positiv (der Fall $E^2 = 0$ kann außer Betracht bleiben) und damit $\varepsilon^{neu} > \varepsilon^{alt}$.

Analog ergibt sich für $A > S$ eine Verkleinerung von ε und damit des Ausgangs.

Stellt man das Skalarprodukt in Komponentenschreibweise dar (Index j) und indiziert die Neuronen mit i, so folgt die **Delta-Lernregel** (auch *Widrow-Hoff-Lernregel* genannt):

$$\delta w_{ij} = \eta(S_i - A_i)E_j \qquad \text{(Gl. 3-7)}$$

Diese Lernregel kann (wie die Hebbsche Lernregel) nur für einschichtige Netze verwendet werden.

3.3.5   Herleitung von Lernregeln aus Kostenfunktionen

Für die Herleitung überwachter Lernregeln gibt es ein systematisches Verfahren. Ziel des Lernens ist es, die Gewichte so zu bestimmen, daß die Abweichung zwischen Ausgangs- und Sollmustern möglichst klein wird. Um eine Lernregel zu finden, kann man von einer **Kostenfunktion** ausgehen; eine solche nimmt ihr Minimum genau dann an, wenn

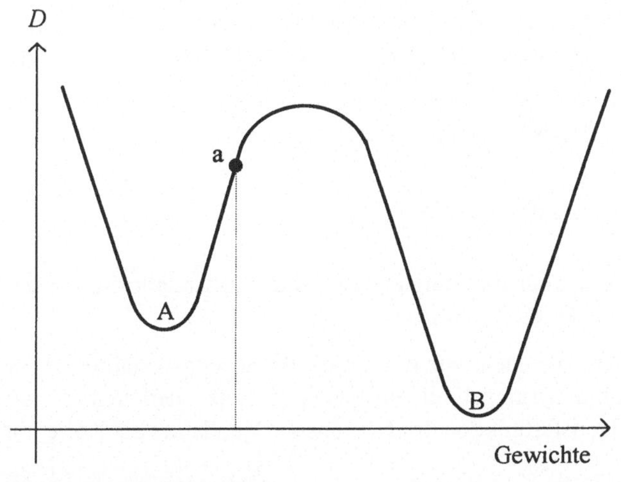

Bild 3-16   Kostenfunktion
Gezeigt ist eine Kostenfunktion D über einem eindimensionalen Gewichtsraum. Der momentane Lernzustand wird durch einen Punkt auf der Linie (z.B. **a**) repräsentiert. Der bestmögliche Lernzustand befindet sich an der tiefsten Stelle (im Bild: **B**).

alle Ausgangs- und Sollmuster exakt übereinstimmen.

Eine häufig verwendete (aber nicht die einzig mögliche) Kostenfunktion ist durch

$$D = \frac{1}{2}\sum_{\mu=1}^{P}\sum_{\nu=1}^{N_E}\left(A_\nu^\mu - S_\nu^\mu\right)^2$$

gegeben. Die Netzausgänge A_ν^μ hängen von den Netzeingängen E_ν^μ und von den Gewichten ab; da die E_ν^μ und die S_ν^μ vorgegeben sind, ist D eine Funktion der Gewichte. Daher läßt sich die Kostenfunktion „anschaulich" als ein „Gebirge" über dem hochdimensionalen Gewichtsraum vorstellen. In einer Dimension könnte sie wie in Bild 3-16 aussehen.

Um das Minimum der Kostenfunktion zu finden, kann man ein **Gradienten-abstiegsverfahren** verwenden. Der momentane Lernzustand des Netzes ist durch die Werte der Gewichte gegeben und wird daher durch einen Punkt auf dem „Gebirge" (etwa **a** in Bild 3-16) repräsentiert. Wenn man die Gewichte so ändert, daß sich der Lernzustand in Richtung des stärksten Gefälles verschiebt, wird man sich auf ein Minimum hinbewegen. Der wesentliche Nachteil des Verfahrens ist sofort erkennbar: startet man von einem ungünstigen Punkt, so wird der Lernzustand von einem lokalen Minimum „eingefangen".

Wenn das „Gebirge" im betrachteten Punkt ansteigt (etwa **a** in Bild 3-16), so muß das Gewicht verkleinert werden; die Lernregel lautet daher:

$$\delta w_{ij} = -\eta\frac{\partial D}{\partial w_{ij}}$$

Je stärker die Steigung ist, desto größer fällt die Gewichtsänderung aus. η ist wieder die *Lernrate*.

Um zu sehen, wie das Gradientenabstiegsverfahren anzuwenden ist, wollen wir eine Lernregel für einschichtige Netze herleiten. f_ν sei die (differenzierbare) Transferfunktion des Neurons ν. Dann lautet die Kostenfunktion:

$$D = \frac{1}{2}\sum_{\mu}\sum_{\nu}\left[f_\nu(\varepsilon_\nu^\mu) - S_\nu^\mu\right]^2 \tag{Gl. 3-8}$$

Zunächst bestimmen wir die Ableitungen des effektiven Eingangs:

$$\frac{\partial}{\partial w_{ik}}\varepsilon_\nu^\mu = \frac{\partial}{\partial w_{ik}}\sum_{j=1}^{N}w_{\nu j}E_j^\mu = \sum_{j=1}^{N}\delta_{i\nu}\delta_{kj}E_j^\mu = \delta_{i\nu}E_k^\mu$$

Damit erhalten wir:

$$\frac{\partial D}{\partial w_{ik}} = \frac{1}{2}\sum_{\mu}\sum_{\nu} 2\left[f_{\nu}(\varepsilon_{\nu}^{\mu}) - S_{\nu}^{\mu}\right]f_{\nu}'(\varepsilon_{\nu}^{\mu})\delta_{i\nu}E_{k}^{\mu} = \sum_{\mu}E_{k}^{\mu}\left[f_{i}(\varepsilon_{i}^{\mu}) - S_{i}^{\mu}\right]f_{i}'(\varepsilon_{i}^{\mu})$$

Berücksichtigt man $f_{i}(\varepsilon_{i}^{\mu}) = A_{i}^{\mu}$, so folgt:

$$\delta w_{ik} = -\eta\frac{\partial D}{\partial w_{ik}} = \eta\sum_{\mu}(S_{i}^{\mu} - A_{i}^{\mu})E_{k}^{\mu}f_{i}'(\varepsilon_{i}^{\mu})$$

Bei linearen Neuronen ergibt f' einen konstanten Faktor, den man zur Lernrate η dazuschlagen kann; wenn man nur ein einzelnes Musterpaar lernt, kann man die Summe weglassen und erhält die Delta-Lernregel in der Formulierung von Gl. 3-7.

Das Gradientenabstiegsverfahren kann auch auf Netze mit verborgenen Neuronen angewendet werden; das ergibt die *Fehlerrückführungs-Lernregel* (Abschn. 4.4).

Die Kostenfunktion darf keineswegs mit der Hamilton-Funktion verwechselt werden; letztere ist für die Reproduktion zuständig.

3.3.6   Lernen durch Lohn und Strafe

Lernen durch Lohn und Strafe ist eine Sonderform des überwachten Lernens, die auf verborgene Neuronen anwendbar ist. Wir betrachten wieder ein Netz, das die Musterpaare

$$(E_{j}^{\mu}, S_{i}^{\mu}), \quad \mu = 1...p$$

zu lernen hat. Neben den Ausgangsneuronen soll dieses Netz auch verborgene Neuronen enthalten.

Für die Netzausgänge gibt es die Sollwerte S^{μ}; die Ausgangsneuronen können daher mit der Delta-Lernregel lernen. Die verborgenen Neuronen haben keine Sollwerte; man kann jedoch ein pauschales Fehlersignal

$$r := \frac{1}{n}\sum_{i=1}^{N_A}(S_i - A_i)^2$$

definieren und den einzelnen verborgenen Neuronen zuführen. Der Normierungsfaktor n ist hier so zu wählen, daß r im Bereich $[0,1]$ liegt. Bei $r = 0$ ist dann der Ausgang korrekt, bei $r = 1$ völlig verkehrt. Die verborgenen Neuronen müssen dann ihre Gewichte so anpassen, daß r verringert wird. Das gelingt mit einer Variante der Hebbschen Lernregel.

Für die folgenden Überlegungen beschränken wir uns auf Netze, deren Ein- und Ausgänge nur die Werte „0" und „1" annehmen können. Der Normierungsfaktor des Fehlersignals ist dann $n = N_A$. Die Ausgangsneuronen unterliegen keinen weiteren Einschränkungen; dagegen fordern wir für die verborgenen Neuronen:

1)	Der effektive Eingang ist durch das Skalarprodukt gegeben.

2)	Aktivierungsfunktion ist die Fermi-Funktion (der Index i numeriert die verborgenen Neuronen):

$$c_i = \frac{1}{1 - e^{-\varepsilon_i}}$$

3)	Die Ausgangsfunktion ist stochastisch, und zwar:

$$P(a_i = 1) = c_i$$

Um eine Lernregel zu finden, betrachten wir zuerst den Fall, daß das Netz korrekt reproduziert, also $r = 0$. Gemäß der Grundidee der Hebbschen Lernregel sollen die Gewichte wachsen, wenn das Neuron aktiv war, und andernfalls abnehmen. Die Formulierung

$$\delta w_{ij} = \eta(a_i - c_i)e_j$$

erfüllt wegen $0 < c_i < 1$ diese Bedingungen. Wenn das Netz dagegen falsch reproduziert, sollen sich die Gewichte gerade umgekehrt verhalten; das ist durch

$$\delta w_{ij} = \eta'(1 - a_i - c_i)e_j$$

zu erreichen.

Diese beiden Fällen lassen sich zu folgender Lernregel für die verborgenen Neuronen zusammenfassen:

$$\delta w_{ij} = (1 - r)\eta(a_i - c_i)e_j + r\eta'(1 - a_i - c_i)e_j$$

Weitere Einzelheiten zu diesem Thema findet man etwa bei Müller (1990).

3.4 Lernmethoden für unüberwachtes Lernen

3.4.1 Begriff des unüberwachten Lernens

Wenn bekannt ist, welchen Ausgang ein Netz produzieren soll, können überwachte Lernmethoden eingesetzt werden. Häufig hat man jedoch eine Menge von Eingangsmustern, die man analysieren möchte. Dann erwartet man vom Netz, daß es diese Muster in Klassen einteilt. Ist die Klasseneinteilung nicht bekannt, so muß das Netz Ähnlichkeiten in den Mustern herausfinden und geeignete Klassen selbst festlegen. Da die Netzausgänge nicht vorgegeben sind, spricht man von *Lernen ohne Lehrer* oder von **unüberwachtem Lernen**.

3.4.2 Unüberwachtes Lernen durch Wettbewerb

Auf Netze oder Neuronenschichten (auch verborgene), die durch Wettbewerb reproduzieren, läßt sich die Hebbsche Lernregel erfolgreich übertragen. Die Art des Lernens, die man dadurch erhält, heißt **Wettbewerbslernen** (*kompetitives Lernen*).

In der unüberwachten Formulierung (Gl. 3-4) kombiniert die Hebbsche Lernregel die Eingänge mit den *tatsächlichen* Ausgängen. Für einen Lernschritt führt man daher zunächst eine Reproduktion durch (Gl. 3-3) und erhält damit die Ausgangswerte a_i. Der naheliegende Ansatz

$$w_{ij}^{\text{neu}} = w_{ij} + \eta e_j a_i$$

kann zu beliebig wachsenden Gewichten führen. Das läßt sich vermeiden, wenn man verlangt, daß die Gewichte immer normiert sind. Dazu braucht man lediglich den Ansatz durch eine Norm zu dividieren:

$$w_{ij}^{\text{neu}} = \frac{w_{ij} + \eta' e_j a_i}{\|w_i + \eta' e a_i\|} \qquad \text{(Gl. 3-9)}$$

Dabei ist $\eta' > 0$. Wenn man die euklidische Norm

$$\|e\| = \sqrt{\sum_k (e_k)^2}$$

verwendet, erhält man einen recht komplizierten Ausdruck. Daher ist es üblich, die folgenden Voraussetzungen zu machen, die zu einer einfacheren Form der Wettbewerbs-Lernregel führen:

1) Der Eingangsvektor e sowie die Gewichtsvektoren w_i aller Neuronen sind Einheitsvektoren. Die Normierung erfolgt jedoch nicht nach der üblichen euklidischen, sondern nach der sogenannten *1-Norm* (das ist die Summe der Absolutbeträge, vgl. Kerner 1988):

$$\|e\| = \sum_k |e_k| = 1$$

$$\|w_i\| = \sum_k |w_{ik}| = 1$$

Bild 3-17 zeigt, wie der „Einheitskreis" im zweidimensionalen Fall bei dieser Norm aussieht.

2) Die Eingänge e_j und die Gewichte w_{ij} sind nicht negativ; dann können in der Norm die Absolutstriche entfallen, z.B.:

$$\|e\| = \sum_k e_k$$

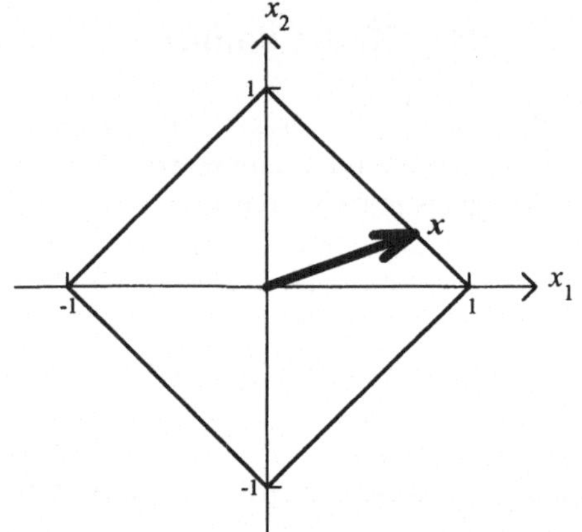

Bild 3-17 Einheitskreis in der 1-Norm
Das Bild zeigt den „Einheitskreis" bezüglich der 1-Norm in der x_1x_2-Ebene. Die Gleichung des Einheitskreises lautet $|x_1| + |x_2| = 1$; er ist also aus Geradenstücken zusammengesetzt. Die Einheitsvektoren liegen auf diesem Einheitskreis; ein Beispielvektor x ist eingezeichnet.
In drei Dimensionen ist der Einheitskreis ein Quadrat, in höheren Dimensionen ein Hyperwürfel.

3) Die Neuronausgänge a_i sind $\in \{0,1\}$.

Unter diesen Voraussetzungen lautet jetzt die Lernregel (Gl. 3-9):

$$w_{ij}^{neu} = \frac{w_{ij} + \eta\, e_j a_i}{\sum_k (w_{ik} + \eta\, e_k a_i)}$$

Im Nenner können die Absolutstriche weggelassen werden, da alle dort vorkommenden Größen positiv sind. Man sieht auch, daß die Gewichte niemals negativ werden, so daß die Voraussetzung 2) während des Lernens immer erfüllt bleibt.

Diese Lernregel läßt sich leicht in die gewohnte Form bringen. Eine elementare Rechnung, welche die Normierungen $\Sigma_k e_k = 1$ und $\Sigma_k w_{ik} = 1$ ausnützt, ergibt zunächst:

$$w_{ij}^{\text{neu}} = w_{ij} + \frac{\eta'}{1 + \eta' a_i}(e_j - w_{ij})a_i$$

Daraus liest man ab:

$$\delta w_{ij} = \frac{\eta'}{1 + \eta' a_i}(e_j - w_{ij})a_i$$

Berücksichtigt man, daß a_i nur die Werte „0" und „1" annehmen kann, und setzt

$$\eta := \frac{\eta'}{1 + \eta'}$$

als Lernrate, so erhält man die endgültige Form der Wettbewerbs-Lernregel:

$$\delta w_{ij} = \eta(e_j - w_{ij})a_i \tag{Gl. 3-10}$$

Das läßt sich auch als

$$\delta w_{ij} = \begin{cases} \eta(e_j - w_{ij}) & \text{falls Neuron } i \text{ aktiv ist} \\ 0 & \text{sonst} \end{cases}$$

oder in Vektorschreibweise als

$$\delta w_i = \begin{cases} \eta(e - w_i) & \text{falls Neuron } i \text{ aktiv ist} \\ 0 & \text{sonst} \end{cases} \tag{Gl. 3-11}$$

darstellen. Es lernt also nur das Neuron, das bei der Reproduktion den Wettbewerb gewonnen hat.

Wegen $\eta' > 0$ überzeugt man sich leicht, daß $0 < \eta < 1$ sein muß.

Zusammenfassung des Lernvorgangs

1) Voraussetzungen:
    a) Der Eingangsvektor und die Startgewichtsvektoren sind Einheitsvektoren im Sinn der *1-Norm*. Die Gewichte *müssen* also normiert initiali-

siert werden (z.B. mit Zufallswerten); eine Initialisierung mit „0" ist nicht zulässig.

b) Die Eingangswerte und die Gewichte sind nicht negativ.

c) Die Neuronausgänge sind $\in \{0,1\}$.

Die Notwendigkeit dieser Voraussetzungen ist aus der Herleitung der Lernregel ersichtlich.

2) Einzelner Lernschritt:
a) Eingangsvektor anlegen und Ausgänge berechnen
b) Mit der Lernregel (Gl. 3-10) die Gewichte ändern

Anschauliche Deutung des Lernvorgangs

Die Lernregel läßt eine einfache anschauliche Deutung zu: Der Gewichtsvektor des gewinnenden Neurons wird in Richtung zum Eingangsvektor hin gedreht (Bild 3-18).

Mit Hilfe von Gl. 3-11 läßt sich das leicht nachweisen: Für das gewinnende Neuron ist $a_i = 1$. Wegen $0 < \eta < 1$ gilt $0 < 1-\eta < 1$ und daher

$$|w_i - e| > (1 - \eta)\, |w_i - e| = |w_i + \eta(e - w_i)a_i - e|$$

oder

$$\left|w_i^{\text{neu}} - e\right| < \left|w_i - e\right|$$

Dabei haben wir die gewöhnliche euklidische Norm verwendet. Der neue Gewichtsvektor liegt also näher beim Eingangsvektor als der alte.

Dieser Mechanismus führt zu einer Klasseneinteilung der Eingangsvektoren durch „Großmutterzellen"; jedes Neuron ist dann für eine bestimmte Klasse zuständig. Um das zu sehen, betrachten wir zunächst einen Trainingssatz E^μ, dessen Größe p kleiner als die Neuronenzahl N des Netzes ist. Lernt man einen einzelnen Eingangsvektor, so wird das Neuron, dessen Gewichtsvektor ihm am nächsten ist, seinen Gewichtsvektor noch weiter auf ihn zubewegen. Am Ende des Lernens wird es also zu jedem Eingangsvektor genau ein mit ihm übereinstimmendes Neuron geben.

Legt man nun einen Eingangsvektor an, der nicht gelernt wurde, und führt die Reproduktion durch, so wird das Neuron aktiv werden, dessen Gewichtsvektor dem angelegten Vektor am ähnlichsten ist. Das bedeutet also eine Klasseneinteilung der Eingangsvektoren.

Interessanter wird es, wenn der Trainingssatz wesentlich mehr Elemente enthält, als das Netz Neuronen hat. Dann führt bereits das Training zu einer Klasseneinteilung des Trainingssatzes, wobei ähnliche Eingangsvektoren jeweils zu einer Klasse zusammengefaßt werden. Jeder Gewichtsvektor kann dann als „Prototyp" aufgefaßt werden. Ein nicht gelernter Eingangsvektor wird derjenigen Klasse zugeteilt, deren Prototyp ihm am ähnlichsten ist.

Selbstorganisation

Beim Wettbewerbslernen paßt sich das Netz selbsttätig an die Umgebungsbedingungen an. Diese Form der „Selbstorganisation" kann verfeinert werden; ein wichtiges Beispiel dafür sind selbstorganisierende Karten (Abschn. 6.1).

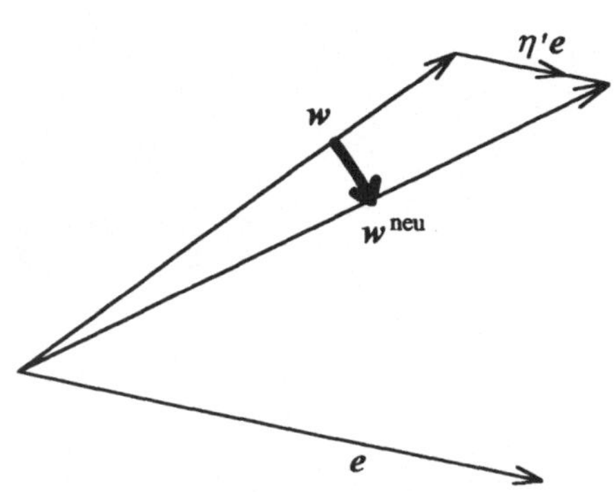

Bild 3-18 Wirkung der Wettbewerbs-Lernregel auf den Gewichtsvektor
Es wird gezeigt, wie der Gewichtsvektor des gewinnenden Neurons durch die Wettbewerbs-Lernregel in Richtung zum Eingangsvektor gedreht wird. Das Bild veranschaulicht die Beziehung $w^{\text{neu}} = w + \eta'e$, welche auf Gl. 3-9 beruht; dabei wurde allerdings die Normierung vernachlässigt (für kleine η' wirkt sich das nur unwesentlich aus) und lediglich das gewinnende Neuron berücksichtigt, so daß man $a_i = 1$ setzen und den Index i weglassen kann.

II NETZE

4 Einfache überwacht lernende Netze

4.1 Muster-Assoziator

4.1.1 Allgemeiner Muster-Assoziator

Aufbau

Ein **Muster-Assoziator** ist ein einschichtiges, vorwärtsgekoppeltes Netz mit N_E Eingängen und N_A Ausgängen. Jedes Neuron ist mit allen Netzeingängen verbunden; die Anzahl n der Neuroneingänge ist daher für alle Neuronen dieselbe, nämlich gleich N_E. Ferner gibt jedes Neuron seinen Ausgang lediglich an den Netzausgang weiter; daher ist die Anzahl N der Neuronen des Netzes gleich N_A. Bild 4-1 zeigt einen Muster-Assoziator mit den drei Eingängen $E_1...E_3$ und den vier Ausgängen $A_1...A_4$.

Da die Neuroneingänge mit den Netzeingängen verbunden sind, braucht man zwischen den Netzeingangswerten E_j und den Eingangswerten e_j der einzelnen Neuronen nicht zu unterscheiden; der effektive Eingang des Neurons i (Gl. 3-1) ist daher durch

$$\varepsilon_i = \sum_{j=1}^{n} w_{ij} E_j \,, \ i = 1...N \qquad\qquad \text{(Gl. 4-1)}$$

gegeben.

Die Aktivität der Neuronen spielt beim Muster-Assoziator keine direkte Rolle, so daß man die Identität als Aktivierungsfunktion verwenden kann. Die Ausgangsfunktion (vgl. Abschn. 2.3) ist beliebig; da die Neuronausgänge mit den Netzausgängen übereinstimmen, gilt für den Muster-Assoziator folgende einfache Beziehung:

$$A_i = a_i \left(\sum_{j=1}^{n} w_{ij} E_j \right), \ i = 1...N$$

$$\text{(Gl. 4-2)}$$

Hier bezeichnet a_i die Ausgangsfunktion; der Index i trägt der Tatsache Rechnung, daß jedes Neuron eine andere Ausgangsfunktion haben kann.

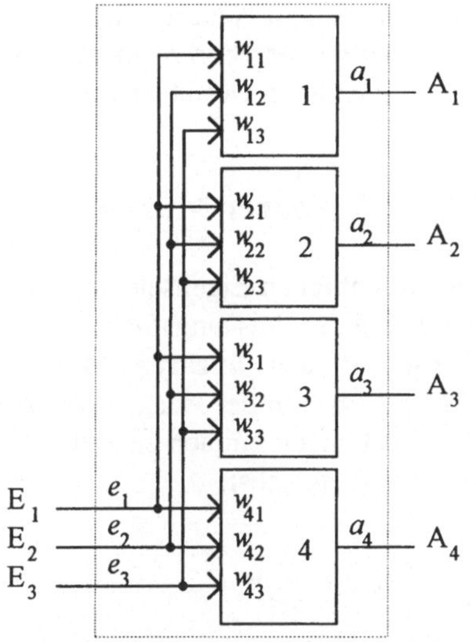

Lernaufgabe

Der Muster-Assoziator ergibt für jedes angelegte Eingangsmuster ein zugehöriges Ausgangsmuster; er stellt also eine Assoziation zwischen Musterpaaren her (**heteroassoziatives Netz**). Gibt man einen Satz von Musterpaaren

$$(E_j^{\mu}, S_i^{\mu}), \ \mu = 1...p \qquad\qquad \text{(Gl. 4-3)}$$

vor, so besteht die Lernaufgabe darin, die Gewichte w_{ij} so zu bestimmen, daß für jedes μ das Eingangsmuster E_j^{μ} zum Ausgangsmuster S_i^{μ} führt.

Muster-Assoziator als Klassifizierer

Da keine Rückkopplung vorhanden ist, sind die einzelnen Neuronen voneinander unabhängig. Ein Muster-Assoziator aus einem einzigen Neuron verhält sich

Bild 4-1 Muster-Assoziator
Das Bild zeigt ein Beispiel mit den drei Eingängen $E_1...E_3$ und den vier Ausgängen $A_1...A_4$. Eingezeichnet sind die Eingangswerte e_j sowie für jedes Neuron i die Gewichte w_{ij} und die Ausgangswerte a_i.

daher im Prinzip nicht anders als einer aus mehreren Neuronen. Demnach genügt die Betrachtung eines einzelnen Neurons, um die Eigenschaften des Muster-Assoziators zu untersuchen.

Wenn jeder Ausgang nur zwei verschiedene Werte annehmen kann (was bei einigen nichtlinearen Ausgangsfunktionen der Fall ist), so teilt ein Muster-Assoziator aus einem Neuron die Eingangsmuster in zwei Klassen ein, arbeitet also als Klassifizierer. Sind mehrere Neuronen vorhanden, so klassifiziert jedes Neuron nach anderen Gesichtspunkten.

4.1.2   Linearer Muster-Assoziator mit Hebbscher Lernregel

Die wesentlichen Eigenschaften eines Muster-Assoziators lassen sich bereits an Hand linearer Ausgangsfunktionen erkennen. Daher beschränken wir uns zunächst auf den **linearen Muster-Assoziator**, der aus linearen Neuronen (Tabelle 2-6) mit der Ausgangsfunktion $a_i = \sigma_i(\varepsilon_i - \vartheta_i)$ besteht. Um die weiteren Untersuchungen einfach zu halten, setzen wir die Schwellen $\vartheta_i = 0$; mit Gl. 4-2 ergibt sich zunächst:

$$A_i = \sigma_i \sum_{j=1}^{n} w_{ij} E_j$$

Schlägt man noch die Steigungen σ_i zu den Gewichten dazu, so kann man für den linearen Muster-Assoziator schreiben:

$$A_i = \sum_{j=1}^{n} w_{ij} E_j, \; i = 1...N$$

Die Anwendung der Hebbschen Lernregel (Gl. 3-6) auf die Lernaufgabe von Gl. 4-3 ergibt

$$w_{ij} = \eta \sum_{\mu=1}^{p} S_i^{\mu} E_j^{\mu} \qquad\qquad\qquad \text{(Gl. 4-4)}$$

Die Hebbsche Lernregel führt jedoch nur in Sonderfällen zu brauchbaren Ergebnissen. E^m sei eines der gelernten Muster; legen wir es an das Netz an, so erhalten wir:

$$A_i = \sum_{j=1}^{n} w_{ij} E_j^m = \sum_{j=1}^{n} \eta \sum_{\mu=1}^{p} S_i^\mu E_j^\mu E_j^m = \eta \sum_{\mu} S_i^\mu \sum_j E_j^\mu E_j^m = \eta \sum_{\mu} S_i^\mu E^\mu E^m$$

Das läßt sich weiter vereinfachen, wenn die gelernten Eingangsmuster ein Orthonormalsystem bilden; dann ist nämlich $E^\mu E^m = \delta_{\mu m}$ (zum Kroneckersymbol δ_{ij} s. das Symbolverzeichnis Abschn. 9.4). Setzen wir noch $\eta = 1$, so erhalten wir:

$$A_i = \sum_{\mu} S_i^\mu \delta_{\mu m} = S_i^m$$

Das gelernte Musterpaar wird also korrekt reproduziert.

Als wesentliche Erkenntnis ist anzumerken, daß die Hebbsche Lernregel beim Muster-Assoziator nur dann sinnvoll verwendbar ist, wenn die Eingangsmuster ein Orthonormalsystem bilden. Das ist bei den Anwendungen gewöhnlich nicht der Fall. Zwar läßt sich mit Standardmethoden ein Satz von linear unabhängigen Mustern in ein Orthonormalsystem umwandeln, doch ist es im allgemeinen günstiger, statt dessen die Delta-Lernregel (s. Abschn. 4.1.3) einzusetzen.

Literaturhinweise zur linearen Algebra

Näheres über die hier verwendete lineare Algebra steht in den Lehrbüchern über Vektorrechnung; Darstellungen, die speziell auf die Bedürfnisse bei neuronalen Netzen Bezug nehmen, findet man z.B. bei Jordan (1988), Kohonen (1978), Kohonen (1988) und Schöneburg (1990).

4.1.3 Linearer Muster-Assoziator mit Delta-Lernregel

Die Einschränkungen, denen der Muster-Assoziator bei Verwendung der Hebbschen Lernregel unterworfen ist, lassen sich mit der Delta-Lernregel weitgehend vermeiden. Die Lernaufgabe ist wiederum durch Gl. 4-3 gegeben; die Lernregel (Gl. 3-7) lautet:

$$\delta w_{ij} = \eta (S_i - A_i) E_j \tag{Gl. 4-5}$$

Während bei der Hebbschen Lernregel die Gewichte in einem einzigen Schritt berechnet werden konnten, ist die Delta-Lernregel iterativ anzuwenden. Zunächst setzt man die Gewichte auf Anfangswerte, üblicherweise $w_{ij} = 0$. Dann legt man der Reihe nach die einzelnen Eingangsmuster E_j^μ an, berechnet das

Ausgangsmuster A_i und ändert die Gewichte gemäß der Lernregel. Nach Abarbeitung aller zu lernenden Musterpaare ist ein Lernschritt beendet.

Nach dem ersten Lernschritt werden die Gewichte im allgemeinen noch nicht ihre endgültigen Werte erreicht haben. Vielmehr ist meist eine große Zahl von Lernschritten erforderlich, bis die Musterpaare mit ausreichender Genauigkeit gelernt sind.

Drückt man die Netzausgänge durch die Eingänge aus, so lautet die Lernregel:

$$\delta w_{ij} = \eta(S_i - \sum_{j=1}^{n} w_{ij} E_j^{\mu})E_j^{\mu} \qquad\qquad \text{(Gl. 4-6)}$$

Eine Variante des beschriebenen Lernschritts erhält man, wenn man die Gewichte nicht nach jedem Musterpaar ändert, sondern zunächst die Änderungen für sämtliche Musterpaare aufsummiert:

$$\delta w_{ij} = \eta\sum_{\mu} (S_i - \sum_{j=1}^{n} w_{ij} E_j^{\mu})E_j^{\mu} \qquad\qquad \text{(Gl. 4-7)}$$

Erst am Ende des Lernschritts paßt man dann die Gewichte an.

Wenn die Eingangsmuster linear unabhängig sind, konvergiert die Anwendung der Delta-Lernregel zu einer exakten Lösung der Lernaufgabe.

Literaturhinweis

Eine ausführliche Analyse der Delta-Lernregel findet man bei Stone (1988).

4.1.4   Willshaw-Netze

Ein **Willshaw-Netz** ist ein Muster-Assoziator mit einer speziellen Lernregel. Das Netz ist durch folgende Bedingungen gekennzeichnet:
1)   Die Eingangszahl n ist sehr groß.
2)   Die Neuronenzahl N ist beliebig.
3)   Die Komponenten der Musterpaare liegen in der Menge $\{0,1\}$.
4)   Jedes Eingangsmuster enthält genau k Einsen, wobei k eine vorgegebene Zahl ist ($k \ll n$).
5)   Die Neuronen sind McCulloch-Pitts-Neuronen (Tabelle 2-6), allerdings mit der Schwelle $k - \frac{1}{2}$:

$$A_i = \Theta\left(\sum_{j=1}^{n} w_{ij}E_j - k + \frac{1}{2}\right)$$

Die Lernregel lautet:

$$w_{ij} = \max_{\mu} S_i^{\mu} E_j^{\mu}$$

Eine Analyse von Willshaw-Netzen findet man bei Ritter (1991).

4.1.5 Grenzen des Muster-Assoziators

Ein linearer Muster-Assoziator kann nur solche Musterpaare lernen, deren Eingangsmuster linear unabhängig sind. Diese Einschränkung ist eine Folge des linearen Ausdrucks $w_{ij}E_j$, mit dem der effektive Eingang und damit der Ausgang der Neuronen berechnet wird. Da jede Ausgangsfunktion monoton wachsen muß, ist nicht zu erwarten, daß nichtlineare Neuronen diese Einschränkung aufheben werden.

Am extremen Beispiel des **XOR-Problems** (Exklusiv-ODER-Problems) wollen wir diese Situation veranschaulichen. Tabelle 4-1 enthält die zu lernenden Musterpaare $(E^1,S^1)...(E^4,S^4)$. Die Eingangsmuster sind linear abhängig, da sie nur zwei Komponenten besitzen. Der zugehörige Muster-Assoziator besteht aus einem einzigen Neuron mit zwei Eingängen. Wir verwenden ein McCulloch-Pitts-Neuron mit einer Schwelle; die Gleichung für das Netz lautet daher:

Tabelle 4-1 XOR-Problem

Musterpaar	E_1	E_2	S
1	0	0	0
2	1	0	1
3	0	1	1
4	1	1	0

$$A = \Theta(w_1 E_1 + w_2 E_2 - \vartheta)$$

Setzt man hier die zu lernenden Muster ein, so erhält man vier Ungleichungen, hat aber nur die drei Parameter w_1, w_2 und ϑ zur Verfügung. Eine einfache Rechnung zeigt die Unlösbarkeit dieses Problems (Hoffmann 1992).

Das kann man sich an Hand von Bild 4-2 auch anschaulich klarmachen. Da die Eingangsmuster zweikomponentige Vektoren sind, kann man sie als Punkte in der E_1E_2-Ebene darstellen. Die Muster mit Sollwert „1" sind als ausgefüllte, diejenigen mit Sollwert „0" als offene Kreise eingetragen.

Der Ausgang des Neurons kann nur die Werte „0" und „1" annehmen. Die Ausgangsfunktion macht einen Sprung an der Stelle 0, also für

$$w_1 E_1 + w_2 E_2 - \vartheta = 0 \ .$$

Das ist die Gleichung einer Geraden; als Beispiel ist der Fall $w_1 = 2$, $w_2 = 6$ und $\vartheta = 3$ eingezeichnet. Alle Eingangsmuster, die auf oder oberhalb dieser Geraden liegen, führen zum Ausgang „1", alle anderen zum Ausgang „0". Die Gerade trennt also die Ebene in zwei Bereiche mit unterschiedlichem Netzausgang.

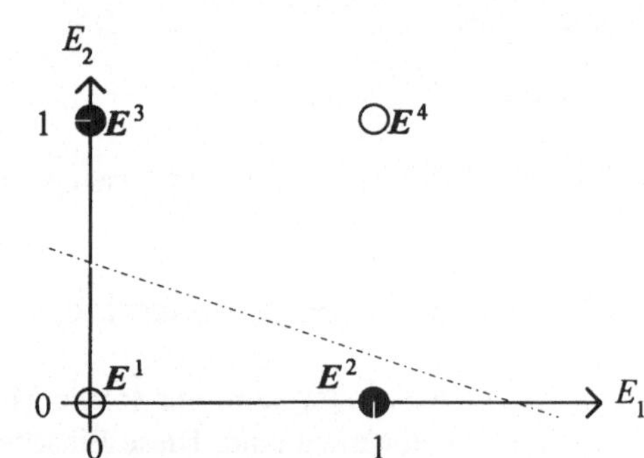

Bild 4-2 XOR-Problem
In der E_1E_2-Ebene sind die vier Musterpaare des XOR-Problems eingetragen. Zu den ausgefüllten Kreisen gehört der Sollwert „1", zu den offenen der Sollwert „0". Zusätzlich ist eine der möglichen Schwellengeraden eingezeichnet.

Anschaulich ist klar, daß es beim XOR-Problem keine Gerade gibt, welche die Ebene so trennt, daß auf der einen Seite nur die offenen, auf der anderen nur die ausgefüllten Kreise liegen. Dieses Problem ist also nicht **linear teilbar** (*linear trennbar*, *linear separierbar*).

Diese Überlegung läßt sich auf Muster-Assoziatoren mit n-komponentigen Eingangsmustern erweitern. Statt der Ebene hat man dann einen n-dimensionalen Raum, in dem die Eingangsmuster liegen; anstelle der Geraden braucht man eine $(n-1)$-dimensionale Hyperebene. Allgemein gilt, daß nur linear teilbare Probleme mit Muster-Assoziatoren behandelt werden können.

4.2 Spezielle Muster-Assoziatoren

4.2.1 Perzeptron

Aufbau

Das **Perzeptron** (erstmals vorgestellt in Rosenblatt 1958) war eines der ersten näher untersuchten neuronalen Netze. Es ist ein spezieller Muster-Assoziator aus McCulloch-Pitts-Neuronen, dessen Eingangsmuster einer Vorverarbeitung unterworfen werden. In seiner ursprünglichen Form ist das Perzeptron ein dreischichtiges Netz. Bild 4-3 zeigt ein Beispiel mit vierzehn Eingängen $E'_1...E'_{14}$ und zwei Ausgängen A_1 und A_2.

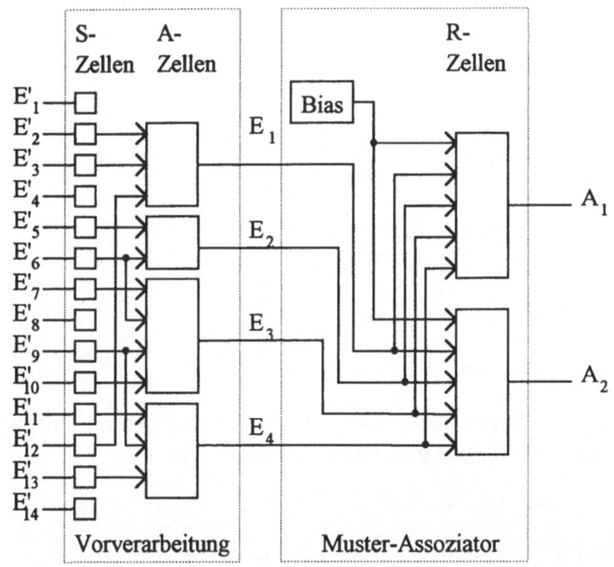

Bild 4-3 Aufbau eines klassischen Perzeptrons
Das Perzeptron besteht aus einem Muster-Assoziator (rechts im Bild), dem ein Vorverarbeitungsnetz vorgeschaltet ist. Näheres im Text

Die Neuronen der ersten Schicht (der **Retina**) heißen **S-Zellen** (auch *S-Units* oder *Stimulus-Zellen*). Ihre einzige Aufgabe besteht darin, das Eingangsmuster *E'* an die sogenannten **A-Zellen** (auch *A-Units* oder *Assoziations-Zellen*) der **Assoziationsschicht** zu verteilen; die S-Zellen sind demnach Verteilungsneuronen im Sinn von Abschn. 3.1.1 (Bild 3-5). Dagegen sind die A-Zellen McCulloch-Pitts-Neuronen; die Verbindungen zwischen den S- und den

A-Zellen sowie die Gewichte der A-Zellen werden nach Zufallskriterien ausgewählt und sind fest vorgegeben. Diese beiden Schichten bilden daher jedes Eingangsmuster auf ein „Zwischenmuster" E ab, führen also eine „Vorverarbeitung" durch.

Das eigentliche Perzeptron wird von der dritten Schicht (**Perzeptron-Schicht,** auch *Verarbeitungsschicht* oder *Response-Schicht* genannt) gebildet. Diese Schicht ist ein Muster-Assoziator mit Bias-Neuron und verarbeitet den Eingangsvektor E; ihre Neuronen heißen **R-Zellen** (*R-Units*, *Response-Zellen*) und sind (wie die A-Zellen) McCulloch-Pitts-Neuronen (Tabelle 2-6), werden also gemäß

$$\varepsilon_i = \sum_{j=0}^{n} w_{ij} e_j$$

$$a_i = \begin{cases} 0 & \text{für } \varepsilon_i < 0 \\ 1 & \text{für } \varepsilon_i \geq 0 \end{cases}$$

berechnet.

Lernregel

Der Lernvorgang erstreckt sich beim Perzeptron nur auf die R-Zellen und erfolgt gemäß der Delta-Lernregel (Abschn. 3.3.4):

$$\delta w_{ij} = \eta(S_i - A_i)E_j$$

Häufig findet man dafür die Formulierung

$$\delta w_{ij} = \begin{cases} 0 & \text{für } S_i = A_i \\ \eta(2S_i - 1)E_j & \text{für } S_i \neq A_i \end{cases}$$

oder

$$\delta w_{ij} = \begin{cases} 0 & \text{für } S_i = A_i \\ \eta E_j & \text{für } S_i = 1, A_i = 0 \\ -\eta E_j & \text{für } S_i = 0, A_i = 1 \end{cases}$$

(*Perzeptron-Lernregel*). Wegen $S_i, A_i \in \{0,1\}$ sind diese beiden Formen zur Delta-Lernregel äquivalent.

Durch das Bias-Neuron sind auch die Schwellen in den Lernvorgang einbezogen.

Konvergenzsatz

Es gilt der **Perzeptron-Konvergenzsatz**: Gegeben seien die p Musterpaare

$$(E_j^\mu, S_j^\mu),\ \mu = 1...p\ ;$$

das Perzeptron soll für jedes μ eine Assoziation zwischen dem Eingangsmuster E_j^μ und dem Sollmuster S_j^μ herstellen. *Wenn* es eine Lösung dieses Problems gibt, dann findet sie die Perzeptron-Lernregel nach endlich vielen Lernschritten. Die Lernrate η muß dabei allerdings klein genug sein (Ritter 1991). Den Beweis dieses Satzes findet man in der Literatur (Minsky 1988, Block 1962, Kratzer 1990, Ritter 1991).

Der Konvergenzsatz sagt nichts über die erforderliche Anzahl von Lernschritten aus.

Grenzen des Perzeptrons

Die Grenzen des Perzeptrons sind grundsätzlich dieselben wie beim Muster-Assoziator. Der Versuch, die Gewichte der Assoziationsschicht sowie deren Verbindungen mit der Retina geeignet zu wählen, um diese Grenzen zu überwinden, führt nicht zum Ziel (Brause 1991, Minsky 1988, Schöneburg 1990).

Hinweis zur Terminologie

Oft bezeichnet man ein beliebiges (auch mehrschichtiges) vorwärtsgekoppeltes neuronales Netz als „Perzeptron".

4.2.2   ADALINE

Das **ADALINE** (*adaptive linear element, adaptive linear neuron*) ist ein spezieller Muster-Assoziator mit Bias-Neuron; sein Aufbau ist aus Bild 3-10 ersichtlich. Es besteht aus ADALINE-Neuronen (Tabelle 2-6). Die Ein- und Ausgangswerte liegen also in der Menge

$$\{-1,+1\}\ ;$$

die Berechnungsformeln lauten:

$$\varepsilon_i = \sum_{j=0}^{n} w_{ij} e_j$$

$$c_i = \varepsilon_i$$

$$a_i = \begin{cases} -1 & \text{für } \varepsilon_i < 0 \\ 1 & \text{für } \varepsilon_i \geq 0 \end{cases}$$

Manchmal wird $a(0) = -1$ gesetzt.

Als Lernregel dient eine Variante der Delta-Lernregel, bei der statt des Ausgangs die Aktivität zur Bestimmung des Fehlers genutzt wird:

$$\delta w_{ij} = \eta(S_i - c_i)E_j$$

Das ist günstig für die Stabilität des Netzes: Ein Neuron, dessen Aktivität in unmittelbarer Nähe der Schwelle liegt, kann noch lernen, auch wenn der Ausgang wegen der Signum-Funktion bereits korrekt ist.

Für diese Lernregel findet man eine Reihe von Varianten, z.B.:

$$\delta w_{ij} = \frac{\eta(S_i - c_i)E_j}{n+1}$$

$$\delta w_{ij} = \frac{\eta(S_i - c_i)E_j}{E^2}, \quad E = (E_0, ..., E_n)$$

4.2.3 MADALINE

Das **MADALINE** (_multiple ADALINE_) wurde entwickelt, um das Problem der linearen Teilbarkeit beim ADALINE zu überwinden Es ist ein zweischichtiges Netz (Bild 4-4). Die erste Schicht (**ADALINE-Schicht**) stimmt mit dem ADALINE (Abschn. 4.2.2) überein; daran schließt sich eine weitere Schicht, die **MADALINE-Schicht**, an. Jeder Ausgang eines Neurons der ADALINE-Schicht führt zu genau einem Neuron der MADALINE-Schicht; die Gewichte dieser Verbindungen haben alle den festen Wert „1". Die Ausgänge der Neuronen der MADALINE-Schicht haben wie die Ein- und Ausgänge der Neuronen der ADALINE-Schicht den Wertebereich $\{-1,+1\}$.

Die Neuronen der ADALINE-Schicht berechnen ihren Ausgang wie beim ADALINE. Für die Neuronen der MADALINE-Schicht sind folgende Transferfunktionen (beim MADALINE auch **Verdichtungsverfahren** genannt) üblich:

1) **Mehrheitsverfahren**: Der Ausgang a wird gleich „+1" gesetzt, wenn die Anzahl der aktiven Eingänge ($e = +1$) größer als die Anzahl der inaktiven Eingänge ($e = -1$) ist. Da alle Gewichte gleich „1" sind, läßt sich das auch in der Form

$$a = \text{sgn}(\sum_j e_j) = \text{sgn}(\sum_j w_j e_j) = \text{sgn}\,\varepsilon$$

schreiben. Das Neuron ist also ein ADALINE-Neuron (Tabelle 2-6).

2) **Einstimmigkeitsverfahren**: Der Ausgang wird gleich „+1" gesetzt, wenn alle Eingänge aktiv sind (logisches UND):

$$a = \min_j e_j$$

3) **Singulärverfahren**: Der Ausgang wird gleich „+1" gesetzt, wenn mindestens ein Eingang aktiv ist (logisches ODER):

$$a = \max_j e_j$$

Gelernt werden die Gewichte der ADALINE-Schicht. Die Formel ist dieselbe wie beim ADA-LINE; wesentlich ist jedoch beim MADALINE, *welche* Gewichte angepaßt werden. Wenn ein Neuron der MADALINE-Schicht den falschen Ausgang liefert, so betrachte man zunächst alle Neuronen der ADALINE-Schicht, die mit diesem Neuron verbunden sind. Unter diesen wähle man diejenigen aus, die das falsche Vorzeichen haben. Nur bei dem Neuron, dessen Aktivität am nächsten bei „0" liegt, werden die Gewichte angepaßt.

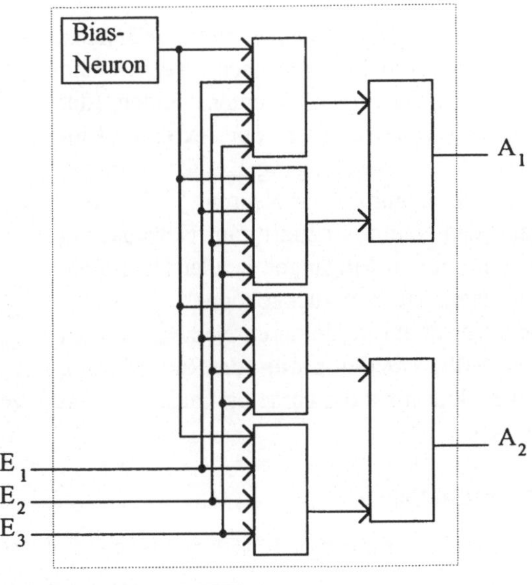

Bild 4-4 MADALINE

4.3   Auto-Assoziator

4.3.1   Allgemeiner Auto-Assoziator

Aufbau

Der **Auto-Assoziator** ist ein einschichtiges, vollständig verbundenes Netz. Im Gegensatz zum Muster-Assoziator speichert er einzelne Muster. Daher ist die Anzahl der Netzeingänge (N_E) gleich der Anzahl der Netzausgänge (N_A). Seine Struktur kann durch Angabe einer einzigen Zahl, etwa der Neuronenzahl N ($N = N_E = N_A$), charakterisiert werden.

Bild 4-5 zeigt ein Beispiel mit $N = 3$. Hier ist es zweckmäßig, zwischen *externen* und *internen Eingängen* zu unterscheiden (der Muster-Assoziator hat nur externe Eingänge!). Der Netzeingang E_j führt zum externen Eingang e_0 des Neurons j; der Ausgang des Neurons i führt zum Netzausgang A_i und zu den Eingängen e_i aller Neuronen. Das Netz ist also rückgekoppelt. Gewöhnlich, vor allem in kleineren Netzen, schließt man **Selbstrückkopplung** (die Rückwirkung eines Neurons auf sich selbst) aus; dann ist $w_{ii} = 0$.

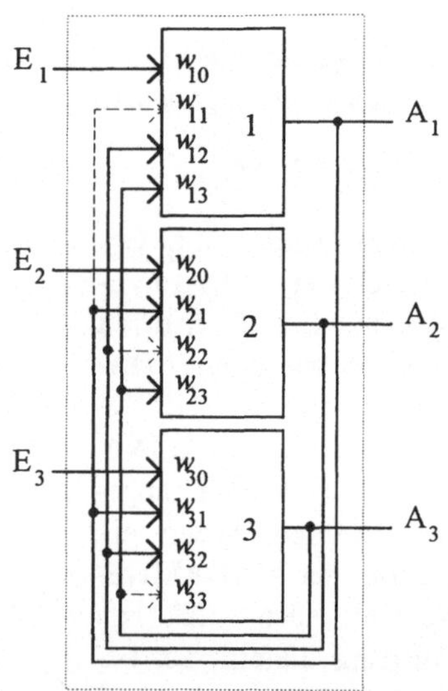

Bild 4-5 Auto-Assoziator
Beispiel für einen Auto-Assoziator aus drei Neuronen. Die Selbstrückkopplungen sind gestrichelt eingezeichnet.

Reproduktion

Der effektive Eingang läßt sich aus Bild 4-5 ablesen:

$$\varepsilon_i = w_{i0}E_i + \sum_{j=1}^{N} w_{ij}A_j, \quad i = 1...N \qquad \text{(Gl. 4-8)}$$

Der Neurontyp ist beliebig. Wegen der Rückkopplung ändert sich der Ausgang bei jedem Reproduktionsschritt; in der Regel kann man erwarten, daß asymptotisch (bei binären Neuronen exakt) ein Endzustand erreicht wird. Zu beachten ist, daß die Reproduktion mit einem definierten Startzustand beginnen muß.

Schwierigkeiten gibt es allerdings, wenn die Transferfunktion unbegrenzt ist, da sich die Ausgänge durch aufeinanderfolgende Reproduktionen beliebig aufsummieren können. Ein typisches Beispiel ist der **lineare Auto-Assoziator**, der die lineare Ausgangsfunktion (Tabelle 2-4) verwendet; hier sollte man eine Aktivierungsfunktion mit einem Abklingterm einsetzen, etwa die BSB-Aktivierungsfunktion

$$c_i(t-1) = c_i(t) + s\varepsilon_i - d[c_i(t) - c_0] \qquad\qquad \text{(Gl. 4-9)}$$

(Tabelle 2-3).

Lernaufgabe

Zum Lernen gibt man dem Auto-Assoziator einen Satz von Mustern

$$S_j^\mu, \mu = 1...p$$

vor. Wird dem Netz anschließend eines dieser Muster angeboten, so soll am Ausgang dasselbe Muster erscheinen. Der Auto-Assoziator assoziiert also die Muster mit sich selbst (**autoassoziatives Netz**).

Legt man ein beliebiges Muster an den Eingang des trainierten Netzes an, so ergibt die Reproduktion im Idealfall eines der gelernten Muster. Das kann man für folgende Aufgaben ausnützen:

1) **Ergänzung**: Ein Teilmuster eines gelernten Musters (bei dem man einen Teil der Komponenten etwa gleich „0" gesetzt hat) wird an das Netz angelegt. Am Ausgang erscheint das vollständige Muster.

2) **Rekonstruktion**: Eine „verstümmelte" Variante eines gelernten Musters (bei dem die einzelnen Komponenten geringfügig verändert wurden) wird angelegt; am Ausgang erscheint das korrekte Muster.

3) **Generalisierung**: Ein Muster, das nicht gelernt wurde, aber einem gelernten Muster ähnlich ist, wird angelegt. Am Ausgang erscheint dasjenige gelernte Muster, das dem angebotenen am ähnlichsten ist.

Hebbsche Lernregel

Da die Sollwerte mit den Eingängen übereinstimmen, nimmt die Hebbsche Lernregel (Gl. 3-5) die Gestalt

$$\delta w_{ij} = \eta E_i E_j, i,j = 1...N \qquad\qquad \text{(Gl. 4-10)}$$

an. Die externen Gewichte w_{i0} werden nicht gelernt, sondern auf einen festen Wert (gewöhnlich „1") gesetzt.

Wenn die Gewichte anfangs gleich Null waren, ist die Gewichtsmatrix symmetrisch ($w_{ij} = w_{ji}$ für $i, j \neq 0$).

Delta-Lernregel

Die Standardform der Delta-Lernregel (Gl. 3-7) lautet:

$$\delta w_{ij} = \eta(S_i - A_i)E_j$$

Hier bezeichnet der Faktor ($S_i - A_i$) den Lernfehler. Beim Auto-Assoziator ist es günstig, als Lernfehler die Differenz zwischen dem externen und dem internen Anteil des effektiven Eingangs anzusetzen; die Lernregel lautet dann:

$$\delta w_{ij} = \eta(w_{i0}E_i - \sum_{k=1}^{N} w_{ik} A_k)E_j, \; i,j = 1...N \qquad \text{(Gl. 4-11)}$$

Diese Formulierung ist zunächst nicht vollständig. Die Ausgangswerte A_k werden unter Verwendung der bisherigen Gewichte berechnet und streben im Extremfall nur asymptotisch ihren Endwerten zu. Daher ist es günstig, eine Zahl m vorzugeben, das Netz m-mal zu reproduzieren und dann die Gewichte gemäß der Formel anzupassen. In der Praxis genügen meist kleine m für einen Lernerfolg, oft sogar $m = 1$.

4.3.2 BSB-Modell

Das BSB-Modell (*brain state in the box*) ist ein Auto-Assoziator mit folgenden Eigenschaften:
1) Die Komponenten der Eingangsmuster liegen in der Menge $\{-1,+1\}$; die Ausgänge können Werte im abgeschlossenen Intervall $[-1,+1]$ annehmen.
2) BSB-Aktivierungsfunktion (Gl. 4-9) mit dem Ruhewert $c_0 = 0$:

$$c_i(t-1) = c_i(t) + s\varepsilon_i - dc_i(t)$$

3) Rampenfunktion (Gl. 2-11) mit $m = -1$, $M = +1$ und $\vartheta = 0$ als Ausgangsfunktion; dadurch erfolgt die Begrenzung der Ausgänge:

$$a(c) = \begin{cases} m & \text{für } c < -\dfrac{1}{\sigma} \\[2mm] \sigma c & \text{für } -\dfrac{1}{\sigma} \le c \le \dfrac{1}{\sigma} \\[2mm] M & \text{für } c > \dfrac{1}{\sigma} \end{cases}$$

4.3.3 DMA-Modell

Das DMA-Modell (_distributed_ _memory_ _and_ _amnesia_) ist ein Auto-Assoziator, der seine Aktivität und damit die Ausgänge mit der DMA-Aktivierungsfunktion begrenzt. Es ist wie folgt charakterisiert:

1) Die Komponenten der Eingangsmuster liegen in der Menge $\{-1,+1\}$; die Ausgangswerte sind beliebig.
2) DMA-Aktivierungsfunktion (Gl. 2-6) mit $m = -1$, $M = +1$ und $c_0 = 0$
3) Lineare Ausgangsfunktion (Gl. 2-13) mit $\sigma = 1$ und $\vartheta = 0$

Zusammengefaßt lautet die Transferfunktion:

$$a(t+1) = \begin{cases} a(t) + s\varepsilon\big[1 + a(t)\big] - da(t) & \text{für } \varepsilon < 0 \\[1mm] a(t) + s\varepsilon\big[1 - a(t)\big] - da(t) & \text{für } \varepsilon \ge 0 \end{cases}$$

4.4 Fehlerrückführungs-Netz

4.4.1 Aufbau des Netzes

Ein **Fehlerrückführungs-Netz** ist ein mehrschichtiges Netz. Bild 3-6 zeigt ein typisches Beispiel. Von anderen Netzen unterscheidet es sich weniger durch seine Struktur als vielmehr durch die verwendete Lernregel (nämlich die Fehler-rückführungs-Lernregel), die im Gegensatz zur Hebbschen und zur Delta-Lern-regel auch auf verborgene Neuronen anwendbar ist.

Die Aussagen in diesem Abschnitt gelten unter den folgenden Voraussetzungen:
1) Das Netz ist **vorwärtsgekoppelt**.
2) Effektiver Eingang für alle Neuronen ist das Skalarprodukt (Gl. 3-1), Akti-vierungsfunktion die Identität. Die Aktivität des Neurons i lautet daher:

$$c_i = \sum_j w_{ij} e_j$$

Dabei sind die e_j die Eingangswerte des Neurons.

3)   Die Ausgangsfunktion ist nichtlinear. Das ist zwar nicht notwendig, aber sinnvoll, da ein mehrschichtiges Netz aus linearen Neuronen immer durch ein einschichtiges ersetzt werden kann (Abschn. 3.2.3). Meist wird die Fermi-Funktion (Gl. 2-9) verwendet.

4)   Die Ausgangsfunktion ist differenzierbar. Das ist notwendig, da in der Lernregel die Ableitung der Ausgangsfunktion vorkommt. Schwellenwert-neuronen u. dgl. sind daher ungeeignet.

4.4.2   Lernregel für die Gewichte

Wie in Abschn. 3.3.5 gezeigt wurde, kann man mit Hilfe eines Gradienten-abstiegsverfahrens eine Lernregel herleiten, falls man eine Kostenfunktion für das betreffende Netz zur Verfügung hat. Eine solche läßt sich für die hier be-trachteten Netze leicht angeben (vgl. Gl. 3-8):

$$D = \frac{1}{2} \sum_\mu \sum_\nu (A_\nu^\mu - S_\nu^\mu)^2$$

Die Summation erstreckt sich dabei über alle Ausgangsneuronen ν und alle zu lernenden Musterpaare μ. Da das Netz vorwärtsgekoppelt ist, kann man die Ausgangswerte A_ν^μ durch die Netzeingänge E_j^μ ausdrücken; D hängt daher u.a. von den Gewichten der Neuronen ab. Nach dem Gradientenabstiegsverfahren ergibt sich dann die Lernregel:

$$\delta w_{ik} = -\eta \frac{\partial D}{\partial w_{ik}}$$

Die Berechnung der Ableitungen ist eine triviale Rechenaufgabe; man findet sie in den Lehrbüchern. Als Ergebnis erhält man die **Fehlerrückführungs-Lernre-gel**:

$$\delta w_{ij} = \eta \sum_\mu \delta_i^\mu e_j^\mu \qquad\qquad\qquad \text{(Gl. 4-12)}$$

Hier ist η die Lernrate, e_j^μ der Wert am Eingang j des Neurons i und δ_i^μ ein für das Neuron i charakteristisches Fehlermaß.

Die Berechnung des Fehlermaßes erfolgt für die einzelnen Schichten auf verschiedene Weise. Zunächst sind die Fehlermaße für die Ausgangsneuronen gemäß

$$\delta_i^\mu = (S_i^\mu - a_i^\mu)a'_i(c_i^\mu) \qquad\qquad \text{(Gl. 4-13)}$$

zu ermitteln. Dabei ist S_i^μ der Sollwert, a_i^μ der Ausgang, c_i^μ die Aktivität und a'_i die Ableitung der Ausgangsfunktion des Neurons i.

Für die Fehlermaße der vorletzten Schicht des Netzes benötigt man die Fehlermaße der Ausgangsschicht; mit diesen kann man die Fehlermaße der drittletzten Schicht berechnen. Das setzt man fort, bis man die erste Schicht erreicht hat. Die Formel ist bei allen verborgenen Schichten gleich und lautet:

$$\delta_i^\mu = a'_i(c_i^\mu)\sum_k \delta_k^\mu w_{ki} \qquad\qquad \text{(Gl. 4-14)}$$

Die Summe erstreckt sich dabei über die Neuronen k der folgenden Schicht; die w_{ki} sind die Gewichte der folgenden Schicht *vor* der Gewichtsanpassung.

Der Lernfehler wird also durch die einzelnen Schichten des Netzes zurückgeführt; daher der Name „Fehlerrückführung".

4.4.3   Initialisierung der Gewichte

Auf die Initialisierung der Gewichte ist besonderes Augenmerk zu richten. Bei der Delta-Lernregel konnte man zu Beginn alle Gewichte gleich „0" setzen. Falls alle Neuronen dieselbe Ausgangsfunktion a haben (das wird bei den meisten Netzmodellen stillschweigend vorausgesetzt), verlangt die Fehlerrückführungs-Lernregel jedoch Startgewichte, die nicht nur $\neq 0$, sondern sogar untereinander verschieden sein müssen. Gewöhnlich wählt man die Gewichte durch einen Zufallsgenerator.

Um die Notwendigkeit dieser Maßnahme einzusehen, betrachten wir die erste (verborgene) Schicht eines solchen Netzes; der Index i bezeichne die Neuronen dieser Schicht. Als anschauliches Beispiel kann etwa Bild 3-6 dienen; die Neuronen 1...4 bilden hier die erste Schicht.

Wir untersuchen nun den Fall, daß wir alle Gewichte mit demselben Wert w initialisiert haben. Das Fehlermaß der ersten Schicht ergibt sich aus Gl. 4-14 zu:

$$\delta_i^\mu = a'(c_i^\mu)\sum_k \delta_k^\mu w_{ki} = a'(\sum_j w_{ij}E_j)\sum_k \delta_k^\mu w_{ki} = a'(w\sum_j E_j)w\sum_k \delta_k^\mu$$

Das ist von i unabhängig, so daß wir diesen Index weglassen können. Aus der Lernregel (Gl. 4-12) ergeben sich die Gewichte der ersten Schicht nach dem ersten Lernschritt zu:

$$w_{ij}^{\text{neu}} = w + \delta w_{ij} = w + \eta\sum_\mu \delta^\mu E_j^\mu$$

Die Gewichte sind also von i unabhängig; alle Neuronen der ersten Schicht sind gleich und liefern daher denselben Ausgang. Man könnte alle Neuronen der ersten Schicht bis auf eines weglassen, ohne daß sich an den Reproduktionseigenschaften des Netzes etwas ändert. Dasselbe gilt für die weiteren verborgenen Schichten.

Die Initialisierung aller Gewichte mit demselben Wert führt also zu einer wesentlichen Einschränkung der Möglichkeiten des Netzes.

4.4.4   Zusammenfassung des Lernvorgangs

Gegeben sei ein vorwärtsgekoppeltes mehrschichtiges Netz. Die Aktivität der Neuronen ergibt sich aus

$$c_i = \sum_j w_{ij}e_j \;;$$

die Ausgangsfunktion ist nichtlinear und differenzierbar. Die Lernaufgabe ist durch Gl. 4-3 gegeben:

$$(E_j^\mu, S_i^\mu), \quad \mu = 1...p$$

Lernvorgang

Zuerst setzt man die Gewichte aller Neuronen auf Zufallswerte; gewöhnlich ist es für einen raschen Lernerfolg günstig, diese Werte merklich kleiner als 1 zu wählen. Dann führt man einzelne Lernschritte durch, bis die Muster zufriedenstellend gelernt sind. Als

Tabelle 4-2 Struktogramm des Lernvorgangs

Gewichte auf Zufallswerte setzen
Lernschritt
Wiederholen bis zum Lernerfolg

Nachteil der Fehlerrückführungs-Lernregel erweist sich dabei, daß man eine große Anzahl von Lernschritten benötigt. Tabelle 4-2 faßt die Vorgangsweise als Struktogramm zusammen.

Für die Lernschritte sind zwei Schemata üblich. Beim **kumulativen Lernen** setzt man die Gleichungen direkt um, faßt also alle zu lernenden Muster zu-

Tabelle 4-3 Kumulativer Lernschritt

Netz für alle Muster reproduzieren
Zwischenergebnisse speichern
Fehlermaße der Ausgangsneuronen berechnen (Gl. 4-13)
Letzte verborgene Schicht wählen
Fehlermaße der gewählten Schicht berechnen (Gl. 4-14)
Vorhergehende Schicht wählen
Wiederholen, bis alle Fehlermaße berechnet sind
Alle Gewichte ändern (Gl. 4-12)

sammen, bevor man die Gewichte ändert. Tabelle 4-3 zeigt ein entsprechendes Struktogramm. Zunächst reproduziert man das Netz für alle zu lernenden Muster; die Reihenfolge ist dabei gleichgültig. Die dabei erhaltenen Aktivitäten aller Neuronen sowie die Ausgangswerte der Ausgangsneuronen muß man zwischenspeichern, da sie für die Fehlermaße benötigt werden.

Als nächstes berechnet man mit Gl. 4-13 die Fehlermaße der Ausgangsneuronen. Anschließend sind, ausgehend von der letzten verborgenen Schicht, die weiteren Fehlermaße mit Gl. 4-14 an der Reihe. Zum Schluß können mit Gl. 4-12 die Gewichte angepaßt werden. Damit ist ein kumulativer Lernschritt beendet.

Dieser Lernschritt entspricht genau der Kostenfunktion, hat aber den Nachteil, daß man viele Zwischenergebnisse speichern muß. Um das zu vermeiden, kann man einen vereinfachten Lernschritt verwenden, bei dem man die Muster einzeln lernt. Die Erfahrung zeigt, daß dadurch der Lernerfolg nicht beeinträchtigt wird.

Tabelle 4-4 enthält das zugehörige Struktogramm. Man wählt ein Musterpaar aus, reproduziert das Netz, berechnet (ausgehend von der Ausgangsschicht) die Fehlermaße und ändert die Gewichte nach Gl. 4-12, wobei aber die Summation über μ wegfällt. Diese Prozedur führt man für alle Musterpaare durch. Damit ist ein Lernschritt beendet. Die Reihenfolge, in der die Musterpaare gelernt werden, ist beliebig; meist ist es jedoch günstig, die Reihenfolge nach Zufallskriterien zu bestimmen, um den Lernerfolg nicht durch systematische Fehler zu gefährden.

Tabelle 4-4 Vereinfachter Lernschritt

Wiederhole für alle Muster	
	Netz reproduzieren
	Fehlermaße der Ausgangsneuronen berechnen (Gl. 4-13)
	Fehlermaße der verborgenen Neuronen berechnen (Gl. 4-14)
	Alle Gewichte ändern (Gl. 4-12)

Fermi-Funktion

In der Fehlerrückführungs-Lernregel tritt die Ableitung der Ausgangsfunktion auf. Die Ableitung der Fermi-Funktion (Gl. 2-9) läßt sich durch die Funktion selbst ausdrücken:

$$a'(c) = \frac{4\sigma}{(M-m)^2}\big[a(c)-m\big]\big[M-a(c)\big]$$

In diesem Fall kann man sich die Berechnung der Ableitung sparen.

4.4.5 Lernregel für andere Parameter

Bisher haben wir nur die Gewichte in den Lernvorgang einbezogen. In den Berechnungsformeln der Neuronen treten jedoch weitere Kennwerte auf, die man zum Lernen nützen kann.

Ein Beispiel dafür sind die Schwellen der Neuronen. Wenn man ein Bias-Neuron einführt (Abschn. 2.4.3), kann man den Fehlerrückführungs-Algorithmus unverändert übernehmen und auch die Schwellen lernen. Allerdings muß man dazu das Netz leicht umstrukturieren.

Statt dessen kann man direkt von der Kostenfunktion ausgehen; die Lernregel für die Schwellen ergibt sich aus der Bedingung

$$\delta\vartheta_i = -\eta\frac{\partial D}{\partial\vartheta_i}$$

und lautet (Müller 1990):

$$\delta\vartheta_i = -\eta\sum_\mu \delta_i^\mu$$

Diese Anpassung ist zusätzlich zur Anpassung der Gewichte anzuwenden. Die Fehlermaße δ_i^{μ} sind dieselben wie in Abschn. 4.4.2.

Andere Kennwerte der Transferfunktion (etwa die Steigung) können nach demselben Schema berücksichtigt werden.

4.4.6 Momentfaktor

Das Lernverhalten eines Fehlerrückführungs-Netzes kann weiter verbessert werden, wenn man die Gewichtsänderung des vorhergehenden Lernschritts berücksichtigt. Die Lernregel lautet dann:

$$\delta w_{ij} = \eta \delta_i e_j + \mu \delta w_{ij}^{\text{alt}}$$

Der **Momentfaktor** μ muß im Intervall $(0,1)$ liegen; häufig wählt man $\mu = 0,9$.

4.4.7 Lokale Minima der Kostenfunktion

Wie in Abschn. 3.3.5 gezeigt wurde, findet eine Gradientenabstiegsmethode grundsätzlich nur lokale Minima. Ob ein absolutes Minimum erreicht wird, hängt hauptsächlich von der günstigen Wahl der Startgewichte ab. Leider ist keine systematische Methode bekannt, die solche Gewichte zu bestimmen gestattet. Wenn man vom grundsätzlichen Schema des Fehlerrückführungs-Netzes abweicht (z.B. durch simuliertes Kühlen), läßt sich dieses Problem in den Griff bekommen.

4.4.8 Fehlerrückführungsnetze mit Rückkopplung

Die bisher besprochene Fehlerrückführung ist nur für vorwärtsgekoppelte Netze geeignet. Der Algorithmus besteht aus zwei Teilen, nämlich einem vorwärtsgerichteten Fluß des Eingangssignals zum Ausgang (Reproduktion) und einem rückwärtsgerichteten Fluß des Fehlers vom Ausgang zum Eingang (Fehlerrückführung). Wenn man Reproduktion und Fehlerrückführung in zwei getrennten Netzen ablaufen läßt, kann man den Fehlerrückführungs-Algorithmus auf rückgekoppelte Netze verallgemeinern (Almeida 1989, Hertz 1991).

4.5 Hopfield-Netz

4.5.1 Grundmodell

Aufbau

Das **Hopfield-Netz** (Bild 4-6) ist wie der Auto-Assoziator (Abschn. 4.3.1) einschichtig und vollständig verbunden. Seine Struktur kann ebenfalls durch die Neuronenzahl N eindeutig gekennzeichnet werden; die Indizes, welche die einzelnen Neuronen und ihre Gewichte bezeichnen (vor allem i und j), liegen daher im Bereich 1...N.

Gegenüber dem Auto-Assoziator weist es jedoch einige charakteristische Unterschiede auf. Selbstrückkopplung ist grundsätzlich ausgeschlossen:

$$w_{ii} = 0$$

Ferner müssen die Gewichte symmetrisch sein:

$$w_{ij} = w_{ji}$$

Durch diese beiden Bedingungen wird gewährleistet, daß die Hamiltonfunktion (Abschn. 4.5.2) im Lauf der dynamischen Entwicklung niemals zunimmt, so daß das Hopfield-Netz nach endlich vielen Reproduktionsschritten einen stabilen Endzustand einnimmt.

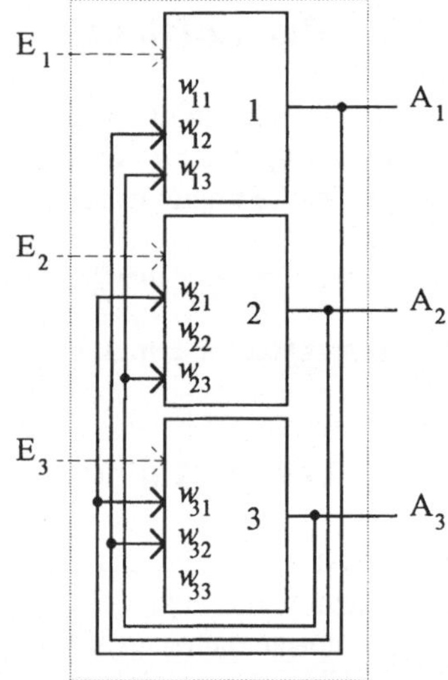

Bild 4-6 Hopfield-Netz
Beispiel für ein Hopfield-Netz aus drei Neuronen. Der Aufbau ist im wesentlichen derselbe wie beim Auto-Assoziator, doch fehlen die Selbstrückkopplungen, so daß die Eingänge mit w_{ii} nicht angeschlossen sind. Die Verbindungen der Netzeingänge zu den Neuronen sind gestrichelt eingezeichnet, da sie bei der Reproduktion nicht benötigt werden.

Die Neuronen sind alle vom Typ „Hopfield" (Tabelle 2-6). Vorerst betrachten wir nur den Fall $m = -1$, so daß alle Ein- und Ausgänge in der Menge $\{-1,+1\}$ liegen.

Reproduktion

Wie bei allen rückgekoppelten Netzen muß zunächst ein Startzustand hergestellt werden. Beim Hopfield-Netz setzt man zu diesem Zweck die Neuronausgänge gleich den Netzeingängen. Das ist die einzige Phase im Verlauf der Reproduktion, bei der die Netzeingänge eine direkte Rolle spielen.

Nun können die effektiven Eingänge berechnet werden, die beim Hopfield-Netz durch

$$\varepsilon_i = \sum_{j=1}^{N} w_{ij} A_j$$

gegeben sind. Damit ist der Startzustand eindeutig definiert.

Ein einzelner Reproduktionsschritt geht von einem gegebenen Zustand aus und berechnet den folgenden Netzzustand mit der Transferfunktion

$$a_i(t+1) = \begin{cases} -1 & \text{für } \varepsilon_i < \vartheta_i \\ a_i(t) & \text{für } \varepsilon_i = \vartheta_i \\ +1 & \text{für } \varepsilon_i > \vartheta_i \end{cases} . \qquad \text{(Gl. 4-15)}$$

Für $\varepsilon_i = \vartheta_i$ bleibt der Ausgang des Neurons i also unverändert. Der erste Reproduktionsschritt verwendet den Startzustand als Grundlage, die weiteren Schritte bauen auf dem jeweils gerade berechneten Zustand auf.

Für die Berechnung sind verschiedene Varianten üblich:

1) **Stochastisch**: Man wählt nach einem Zufallskriterium ein Neuron aus und ändert den Ausgang dieses Neurons gemäß der Transferfunktion. Die Ausgänge der übrigen Neuronen bleiben unverändert.

2) **Der Reihe nach**: Auch hier wählt man ein einzelnes Neuron aus und ändert dessen Ausgang gemäß der Transferfunktion, während die Ausgänge der übrigen Neuronen ungeändert bleiben. Auswahlkriterium ist jedoch die natürliche Reihenfolge der Neuronen (von 1 bis N). Man berechnet also zuerst Neuron Nr. 1, dann Neuron Nr. 2 und setzt diese Vorgangsweise fort, bis Neuron Nr. N erreicht ist.

3) **Synchron**: Man berechnet die Ausgänge aller Neuronen, verwendet aber für die Bestimmung des effektiven Eingangs die Ausgangswerte des vorhergehenden Zustands. Die Auswahlreihenfolge spielt in diesem Fall keine Rolle; allerdings können dann Grenzzyklen auftreten, so daß kein eindeutiger Endzustand erreicht wird.

Lernaufgabe

Die Lernaufgabe ist dieselbe wie beim Auto-Assoziator (Abschn. 4.3.1); das Hopfield-Netz hat also einen Satz von Mustern

$$S_j^\mu, \ \mu = 1...p$$

zu lernen. Der Lernvorgang erfolgt grundsätzlich gemäß der Hebbschen Lernregel (in diesem Zusammenhang auch **Hopfield-Lernregel** genannt):

$$w_{ii} = 0 \qquad\qquad\qquad\qquad\qquad\qquad\qquad\qquad \text{(Gl. 4-16a)}$$

$$w_{ij} = \frac{1}{N} \sum_{\mu=1}^{p} S_i^\mu S_j^\mu, \ i \neq j \qquad\qquad\qquad\qquad \text{(Gl. 4-16b)}$$

$$\vartheta_i = 0 \qquad\qquad\qquad\qquad\qquad\qquad\qquad\qquad \text{(Gl. 4-16c)}$$

Der Faktor $1/N$ dient lediglich dazu, die Gewichte nicht allzu groß werden zu lassen, und kann wegen der Transferfunktion im Prinzip entfallen.

Die Lernregel funktioniert nur dann zufriedenstellend, wenn in jedem Muster die Werte „–1" und „+1" ungefähr gleich oft vorkommen. Andernfalls müssen auch die Schwellen gelernt werden (Abschn. 4.5.5).

4.5.2   Hamilton-Funktion

Für Hopfield-Netze läßt sich leicht eine Hamilton-Funktion (Abschn. 3.2.7) angeben:

$$H = -\frac{1}{2} \sum_{i,j=1}^{N} w_{ij} A_i A_j \qquad\qquad\qquad\qquad \text{(Gl. 4-17)}$$

Solange sich bei der Reproduktion (s. Abschn. 4.5.1) die Zustände ändern, nimmt die Hamilton-Funktion ab (zum Beweis s. Hertz 1991, Pao 1989, Ritter 1991). Die Bedingungen $w_{ij} = w_{ji}$ und $w_{ii} = 0$ sind dafür wesentlich. Da die Ausgänge nur die beiden Werte „–1" und „+1" annehmen können, gibt es auch nur endlich viele Netzzustände. Das bedeutet, daß nach endlich vielen Reproduktionsschritten ein lokales Minimum der Hamiltonfunktion und damit ein stationärer Zustand erreicht wird. Die lokalen Minima beschreiben also die gespeicherten Muster.

Ist ein Muster E gespeichert, so ist automatisch auch das dazu inverse Muster $-E$ gespeichert. Das sieht man leicht durch Betrachtung der Hamilton-Funktion; für ein beliebiges Muster A gilt:

$$H(A) = -\frac{1}{2}\sum_{i,j=1}^{N} w_{ij} A_i A_j = -\frac{1}{2}\sum_{i,j=1}^{N} w_{ij}(-A_i)(-A_j) = H(-A)$$

Ist insbesondere E ein lokales Minimum, so ist auch $-E$ ein lokales Minimum.

4.5.3 Speicherkapazität

Ein Hopfield-Netz kann nur eine begrenzte Zahl von Mustern speichern. Abschätzungen zeigen, daß man den Wert

$$p_{max} = 0,138N$$

für die Musterzahl nicht überschreiten sollte (N ist die Anzahl der Neuronen des Netzes). Für große N gilt:

$$p_{max} = \frac{N}{2\ln N}$$

Eine Begründung findet man z.B. bei Hertz (1991).

4.5.4 Unerwünschte Zustände

Die Hamiltonfunktion eines Hopfield-Netzes hat nicht nur an den Stellen der gelernten Muster lokale Minima. Triviale Fälle solcher Minima sind die bereits erwähnten inversen Muster; es gibt jedoch noch weitere, die man als **unerwünschte Zustände** (*spurious states*) bezeichnet (Hertz 1991). Solange die Speicherkapazität des Netzes nicht überschritten wird, sind die Anziehungsbereiche dieser Zustände gewöhnlich klein gegenüber den Anziehungsbereichen der gelernten Muster.

4.5.5 Varianten

Schwellen

Wenn die Komponentenwerte „–1" und „+1" in den zu lernenden Mustern mit
verschiedener Häufigkeit vorkommen, müssen auch die Schwellen ϑ_i gelernt
werden. Die Hopfield-Lernregel (Gl. 4-16) läßt sich entsprechend erweitern,
wenn man bei jedem Neuron ein Bias-Gewicht (Abschn. 2.4.3) einführt, welches
mit der Schwelle durch $\vartheta_i = -w_{i0}$ zusammenhängt. Damit erhält man

$$\vartheta_i = -\sum_{\mu=1}^{p} S_i^{\mu}$$

als Lernregel für die Schwellen. Die Hamilton-Funktion erhält einen zusätzlichen Schwellenterm und lautet jetzt:

$$H = -\frac{1}{2} \sum_{i,j=1}^{N} w_{ij} A_i A_j + \sum_{i=1}^{N} \vartheta_i A_i \qquad \text{(Gl. 4-18)}$$

Festgehaltene Eingänge

Bisher haben wir die Netzeingänge nur bei der Festlegung des Startzustandes
benützt. Manche Modelle verwenden die Eingänge zur Berechnung des effektiven Eingangs:

$$\varepsilon_i = \sum_{j=1}^{N} w_{ij} A_j + E_i$$

Die Hamilton-Funktion erhält dadurch einen zusätzlichen Eingangsterm; wenn
wir auch noch den Schwellenterm berücksichtigen, lautet sie:

$$H = -\frac{1}{2} \sum_{i,j=1}^{N} w_{ij} A_i A_j - \sum_{i=1}^{N} E_i A_i + \sum_{i=1}^{N} \vartheta_i A_i$$

Transferfunktion und Lernregel bleiben davon unberührt.

Signum-Funktion als Transferfunktion

Die Transferfunktion von Gl. 4-15 ist nicht die einzig mögliche. Oft nimmt man
den Fall $\varepsilon_i = \vartheta_i$ zu $\varepsilon_i > \vartheta_i$ dazu und hat dann die Signum-Funktion als Transferfunktion:

$$a_i = \begin{cases} -1 & \text{für } \varepsilon_i < \vartheta_i \\ +1 & \text{für } \varepsilon_i \geq \vartheta_i \end{cases}$$

Musterfolgen

Wenn man auf die Symmetrie der Gewichte (und damit auf die Hamilton-Funktion) verzichtet, lassen sich auch Musterfolgen (vgl. Abschn. 7.1.5) in Hopfield-Netzen speichern. Die Reproduktion muß dabei synchron (Abschn. 4.5.1) erfolgen. Im Idealfall gibt dann das Netz bei jedem Reproduktionsschritt ein weiteres Muster der Folge S^1, S^2...S^p aus.

Musterkomponenten $\in \{0,1\}$

Häufig findet man Modelle des Hopfield-Netzes, bei denen die Komponenten der Mustervektoren in der Menge $\{0,1\}$ liegen. Die Lernregel kann für diesen Fall leicht umgeschrieben werden, wenn man die einzelnen Komponenten x gemäß

$$x \rightarrow 2x - 1$$

ersetzt. Effektiver Eingang und Hamilton-Funktion behalten ihre alte Form. Tabelle 4-5 faßt die geänderten Berechnungsformeln zusammen.

Tabelle 4-5 Hopfield-Netz mit $\{0,1\}$

Lernregel	$w_{ij} = 0$
	$w_{ij} = \dfrac{1}{N} \displaystyle\sum_{\mu=1}^{p} (2S_i^\mu - 1)(2S_j^\mu - 1),\ i \neq j$
	$\vartheta_i = -\displaystyle\sum_{\mu=1}^{p} (2S_i^\mu - 1)$
Transferfunktion	$a_i(t+1) = \begin{cases} 0 & \text{für } \varepsilon_i < \vartheta_i \\ a_i(t) & \text{für } \varepsilon_i = \vartheta_i \\ +1 & \text{für } \varepsilon_i > \vartheta_i \end{cases}$

5 Höher entwickelte überwacht lernende Netze

5.1 BAM

5.1.1 Aufbau

Das BAM-Netz (*bidirektionaler Assoziativspeicher*, *bidirectional associative memory*) besteht aus zwei Schichten. Bild 5-1 zeigt ein Beispiel mit drei Eingangs- und zwei Ausgangsneuronen. Die Ausgänge der Eingangsneuronen sind mit allen Ausgangsneuronen verbunden; die Ausgangsneuronen sind auf die gleiche Weise an die Eingangsschicht angeschlossen. Das Netz ist also als Ganzes rückgekoppelt, allerdings nicht innerhalb der einzelnen Schichten. Es ist wie ein zweischichtiges Fehlerrückführungsnetz aufgebaut, bei dem die Ausgangsschicht auf die Eingangsschicht zurückgeführt wird.

Das BAM ist zum Hopfield-Netz (Abschn. 4.5) verwandt. Die direkte Rückkopplung innerhalb der Schicht ist jedoch durch eine indirekte Rückkopplung ersetzt. Bei der Lernregel und der Reproduktion wird die Verwandtschaft deutlicher.

Die Bezeichnung der Netzbestandteile, insbesondere die Indizierung, erfordert ein wenig Sorgfalt. Hier verwenden wir folgende Konventionen: Neuroneingänge bekommen den Index j, Neuronen und deren Ausgänge den Index i. Die Anzahl der Neuronen bezeichnen wir wie folgt:

N_1 Anzahl der Eingangsneuronen

N_2 Anzahl der Ausgangsneuronen

$N = N_1 + N_2$ Gesamtzahl der Neuronen

Die Neuronen numerieren wir mit $1...N$ (natürlich kann man auch die Neuronen jeder Schicht für sich numerieren, vgl. Abschn. 5.1.6). Die Gewichtsmatrix ist dann eine $N{\times}N$-Matrix, wobei die Gewichte nicht angeschlossener Eingänge gleich „0" zu setzen sind; für das Beispiel von Bild 5-1 lautet sie:

$$W = \begin{pmatrix} 0 & 0 & 0 & w_{14} & w_{15} \\ 0 & 0 & 0 & w_{24} & w_{25} \\ 0 & 0 & 0 & w_{34} & w_{35} \\ w_{41} & w_{42} & w_{43} & 0 & 0 \\ w_{51} & w_{52} & w_{53} & 0 & 0 \end{pmatrix}$$

Die Eingänge der Ausgangsneuronen sind zunächst nur für $j = 1...N_1$ definiert; damit die Eingangsvektoren zur Gewichtsmatrix passen, erweitern wir sie wie folgt:

$$e_j = 0 \text{ für } j = N_1+1...N$$

Der Eingangsvektor eines Ausgangsneurons im Beispiel lautet dann:

$$e = (e_1,e_2,e_3,0,0)$$

Analog setzen wir für die Eingangsneuronen:

$$e_j = 0 \text{ für } j = 1...N_1$$

Die Ein- und Ausgänge des Netzes benötigen keine solche Erweiterung; sie lauten:

$$E_j, j = 1...N_1 \text{ (Netzeingänge)}$$

$$A_i, i = N_1+1...N \text{ (Netzausgänge)}.$$

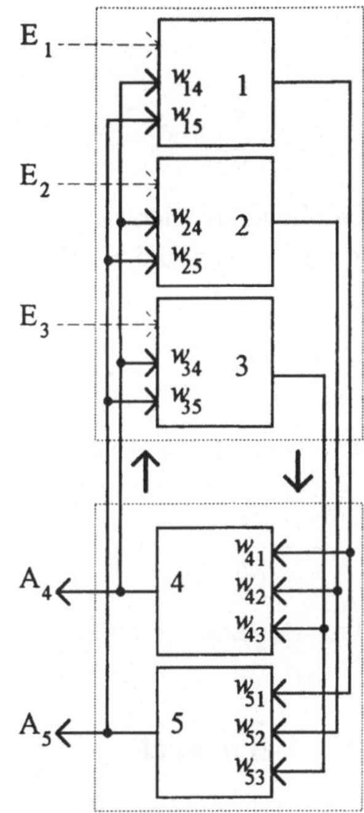

Bild 5-1 BAM
Das BAM ist zweischichtig. Gezeigt ist ein Netz mit drei Eingangs- und zwei Ausgangsneuronen. Die punktierten Kästen fassen jeweils eine Schicht zusammen. Der Signalfluß ist durch die Pfeile gekennzeichnet; in der Ausgangsschicht verläuft er von rechts nach links.

5.1.2 Berechnung der Neuronen

Die Neuronen des BAM sind alle vom Typ „Hopfield" (Tabelle 2-6). Vorerst betrachten wir den Fall $m = -1$; alle Ein- und Ausgänge liegen daher in der Menge $\{-1,+1\}$.

Der effektive Eingang der Eingangsneuronen lautet zunächst (vgl. etwa Bild 5-1):

$$a_i = \sum_{j=N_1+1}^{N} w_{ij} e_j, \quad i = 1 \ldots N_1$$

Da die Gewichte nicht angeschlossener Eingänge gleich „0" sind, kann man die Summe erweitern und erhält:

$$a_i = \sum_{j=1}^{N_1} w_{ij} e_j + \sum_{j=N_1+1}^{N} w_{ij} e_j = \sum_{j=1}^{N} w_{ij} e_j, \quad i = 1 \ldots N_1$$

Für die Ausgangsneuronen ergibt sich dieselbe Formel; somit hat man:

$$a_i = \sum_{j=1}^{N} w_{ij} e_j, \quad i = 1 \ldots N$$

Die Transferfunktion ist dieselbe wie beim Hopfield-Netz (Gl. 4-15).

5.1.3 Lernregel

Das BAM arbeitet heteroassoziativ; die Lernaufgabe ist daher dieselbe wie beim Muster-Assoziator (Gl. 4-3):

$$(E_j^\mu, S_i^\mu), \quad \mu = 1 \ldots p, j = 1 \ldots N_1, i = N_1+1 \ldots N$$

Die Lernregel ist eine Variante der Hopfield-Lernregel (Gl. 4-16):

$$w_{ij} = \begin{cases} \sum_{\mu=1}^{p} E_j^\mu S_i^\mu & \text{für} \quad j = 1 \ldots N_1, i = N_1+1 \ldots N \\ w_{ji} & \text{für} \quad i = 1 \ldots N_1, j = N_1+1 \ldots N \\ 0 & \text{sonst} \end{cases}$$

Die zweite Zeile bedeutet Symmetrie der Gewichtsmatrix, die dritte Zeile verhindert Rückkopplungen innerhalb einer Schicht und damit insbesondere Selbstrückkopplung eines Neurons.

5.1.4 Reproduktion

Zu Beginn der Reproduktion wird ein definierter Startzustand hergestellt. Dazu genügt es, die Ausgänge der Eingangsneuronen gleich den Netzeingängen E_j zu setzen. Nun können die effektiven Eingänge der Ausgangsneuronen und daraus mit der Transferfunktion die Ausgänge der Ausgangsneuronen und damit die Netzausgänge berechnet werden. Ein weiterer Schritt ergibt neue Werte für die Ausgänge der Eingangsneuronen. Nun werden abwechselnd die Ausgangs- und die Eingangsschicht berechnet, bis das Abbruchkriterium (Abschn. 3.2.4) erfüllt ist.

Im Gegensatz zum Hopfield-Netz müssen dabei die Neuronen einer Schicht jeweils synchron arbeiten.

Die Reproduktion kann durch folgende Hamilton-Funktion beschrieben werden:

$$H = - \sum_{i,j=1}^{N} w_{ij} a_i a_j$$

5.1.5 Mustervektoren $\in \{0,1\}$

Das BAM-Netz kann auch mit Vektoren arbeiten, deren Komponenten in $\{0,1\}$ liegen. Die erste Zeile der Lernregel lautet dann:

$$\sum_{\mu=1}^{p} (2 E_j^{\mu} - 1)(2 S_i^{\mu} - 1)$$

Die übrigen Formeln bleiben unverändert.

5.1.6 Numerierungsvariante

Bisher haben wir die Neuronen des Netzes von $1...N$ numeriert. Natürlich kann man jede Schicht für sich numerieren (Eingangsschicht $1...N_1$, Ausgangsschicht $1...N_2$); dann müssen die Formeln entsprechend umgeschrieben werden.

Zu jeder Schicht gehört dann eine eigene Gewichtsmatrix. Für die Eingangsschicht hat man folgende $N_1 \times N_2$-Matrix:

$$w_{ij}^1 = \sum_{\mu=1}^{p} E_i^{\mu} S_j^{\mu}, \quad i = 1 \ldots N_1, \, j = 1 \ldots N_2$$

Die Symmetrie der Gewichtsmatrix wird durch die Bedingung ersetzt, daß die Gewichtsmatrix der Ausgangsschicht gleich der transponierten Gewichtsmatrix der Eingangsschicht ist:

$$W^2 = (W^1)^{\mathrm{T}}$$

5.2　　Boltzmann-Maschinen

5.2.1　Aufbau

Die **Boltzmann-Maschine** ist eine Erweiterung des Hopfield-Netzes. Bild 5-2 zeigt ihren Aufbau. Sie besteht aus einer Eingangsschicht, einer verborgenen Schicht und einer Ausgangsschicht. Das Netz ist vollständig verbunden, wobei jedoch folgende Einschränkungen gelten:

1) Eingangs- und Ausgangsschicht haben keine direkte Verbindung; die Gewichte zwischen diesen Schichten sind also gleich „0".
2) Selbstrückkopplung ist ausgeschlossen, d.h. $w_{ii} = 0$.
3) Die Gewichte sind symmetrisch, d.h $w_{ij} = w_{ji}$.

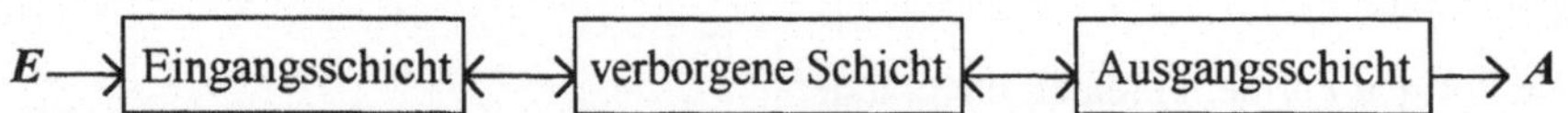

Bild 5-2 Schematischer Aufbau der Boltzmann-Maschine
Die Boltzmann-Maschine besteht aus drei Schichten. Jede Schicht ist in sich vollständig verbunden. Ferner ist die Eingangsschicht mit der verborgenen Schicht in beiden Richtungen vollständig verbunden, was der Doppelpfeil andeutet; dasselbe gilt für die Beziehung zwischen der verborgenen und der Ausgangsschicht.

Man erkennt die nahe Verwandtschaft zum Hopfield-Netz.

Die Neuronen sind Boltzmann-Neuronen (Tabelle 2-6) mit $a_i \in \{0,1\}$; effektiver Eingang und Transferfunktion lauten:

$$\varepsilon_i = \sum_{j=1}^{N} w_{ij} a_j$$

$$P(a_i = 1) = \frac{1}{1 + e^{-(\varepsilon_i - \vartheta_i)/T}}$$

Dabei ist N die Gesamtzahl der Neuronen des Netzes. Die Hamilton-Funktion ist dieselbe wie beim Hopfield-Netz (Gl. 4-18), wobei wir aber die Neuronausgänge a_i einsetzen müssen, da die Netzausgänge nur bei den Ausgangsneuronen verfügbar sind:

$$H = -\frac{1}{2} \sum_{i,j=1}^{N} w_{ij} a_i a_j + \sum_{i=1}^{N} \vartheta_i a_i$$

5.2.2 Lernregel

Der wesentliche Unterschied zum Hopfield-Netz liegt in der außerordentlich komplizierten Lernregel. Die Boltzmann-Maschine ist heteroassoziativ, lernt also Musterpaare:

$$(E_j^{\mu}, S_i^{\mu}), \quad \mu = 1 ... p$$

Zunächst setzt man die Gewichte auf Zufallswerte, wobei natürlich die Beschränkungen von Abschn. 5.2.1 ($w_{ij} = w_{ji}$ usw.) zu berücksichtigen sind. Dann folgen die einzelnen Lernschritte, die wiederum aus jeweils drei Teilen bestehen. Tabelle 5-1 zeigt das Lernschema.

Der erste Teil eines Lernschrittes ist die **Plus-Phase**. Man legt ein Musterpaar μ an das Netz an; das bedeutet, daß die Ausgänge der Eingangsneuronen gleich dem Eingangsvektor E und die Ausgänge der Ausgangsneuronen gleich dem Ausgangsvektor A gesetzt und festgehalten werden. Nun führt man simuliertes Kühlen (Abschn. 3.2.8) durch, bis sich bei einer niedrigen „Temperatur" T_0 ein „thermisches

Tabelle 5-1 Lernschema der Boltzmann-Maschine

Gewichte auf Zufallswerte setzen	
	Berechnung der Korrelationen P^+_{ij} (Plus-Phase)
	Berechnung der Korrelationen P^-_{ij} (Minus-Phase)
	Anpassung der Gewichte
Wiederholen bis zum Lernerfolg	

Gleichgewicht" einstellt; dabei verändern sich nur die Ausgänge der verborgenen Neuronen. Für jedes Neuronenpaar (i,j) kann man nun die *Korrelation* $P^{\mu+}_{ij}$ definieren; dabei handelt es sich um die Wahrscheinlichkeit (d.h. um die relative Häufigkeit), daß die beiden Neuronen i und j im thermischen Gleichgewicht gleichzeitig aktiv sind. Diese Größe wird für die spätere Auswertung benötigt.

Diesen Vorgang (Musterpaar anlegen, simuliertes Kühlen, Bestimmung der Korrelationen) führt man r-mal durch; im allgemeinen wird r ein Vielfaches der Musteranzahl p sein. Zum Schluß berechnet man mit der Formel

$$P^+_{ij} = \frac{1}{r}\sum P^{\mu+}_{ij}$$

die Korrelationsmittelwerte. Die Summe erstreckt sich dabei über alle r Korrelationen. Tabelle 5-2 faßt die Schritte, die zu den Korrelationsmittelwerten führen, zusammen.

Der zweite Teil eines Lernschrittes ist die **Minus-Phase**. Die Vorgangsweise ist dieselbe wie in der Plus-Phase, jedoch bringt man das Netz in einen Startzustand, indem man die Ausgänge der Eingangsneuronen gleich einem Eingangsmuster E^μ setzt; anschließend unterwirft man alle Neuronen des Netzes der simulierten Kühlung. Dabei erhält man Korrelationen $P^{\mu-}_{ij}$, die man anschließend zu den Mittelwerten

Tabelle 5-2 Struktogramm zur Berechnung eines Korrelationsmittelwertes
Dieses Schema gilt für Plus- und Minus-Phase gleichermaßen.

Wiederholen (r-mal)	
	Anlegen eines zu lernenden Musterpaares
	Simuliertes Kühlen bis zur Einstellung des thermischen Gleichgewichts
	Bestimmung der Korrelationen P^μ_{ij} für alle (i,j)
Berechnung der Korrelationsmittelwerte	

$$P^-_{ij} = \frac{1}{r}\sum P^{\mu-}_{ij}$$

zusammenfaßt. Nun können die Gewichte geändert werden; die Lernregel lautet:

$$\delta w_{ij} = \eta(P^+_{ij} - P^-_{ij})$$

Die Vorgänge in der Minus-Phase folgen ebenfalls dem Schema von Tabelle 5-2.

Dieser dreiteilige Lernschritt wird so oft wiederholt, bis das Lernziel erreicht ist.

5.2.3 Reproduktion

Bei der Reproduktion setzt man die Ausgänge der Eingangsneuronen gleich dem vorgegebenen Eingangsmuster und hält diese Werte während der gesamten Reproduktion konstant. Nun führt man simuliertes Kühlen durch, bis sich die Netzausgänge nicht mehr ändern. Dabei ist ohne Bedeutung, ob die verborgenen Neuronen einen stationären Zustand erreicht haben oder nicht.

5.2.4 Probleme

Boltzmann-Maschinen sind nicht problemlos einzusetzen. Bereits der große Rechenaufwand läßt sie für viele Anwendungen als ungeeignet erscheinen. Darüberhinaus arbeitet das Netz nur dann zufriedenstellend, wenn die Parameter r und η günstig gewählt werden. Dafür gibt es keine allgemeingültigen Regeln.

Hinweise für die Festlegung dieser Parameter sowie eine Begründung des Boltzmann-Algorithmus findet man u.a. in den Lehrbüchern (Literaturhinweise s. Abschn. 5.5).

5.3   Gegenstrom-Netz

5.3.1 Vorstufe zum Gegenstrom-Netz

Das **Gegenstrom-Netz** (*Counterpropagation-Netz*) ist ein vorwärtsgekoppeltes Netz aus zwei Schichten, die als **Kohonen-Schicht** (Neuronenzahl N_1) und als **Grossberg-Schicht** (Neuronenzahl $N_2 = N_A$) bezeichnet werden. Bild 5-3 zeigt ein Beispiel mit $N_1 = 3$ und $N_2 = 5$. Oberflächlich gesehen, gleicht das Netz einem zweischichtigen Fehlerrückführungs-Netz (Abschn. 4.4); im Lern- und Reproduktionsverhalten liegen jedoch wesentliche Unterschiede. Um die Berechnungsformeln einfach formulieren zu können, numerieren wir jede Schicht für sich.

Für die Eingangsmuster sind Werte aus dem abgeschlossenen Intervall [0,1] zulässig.

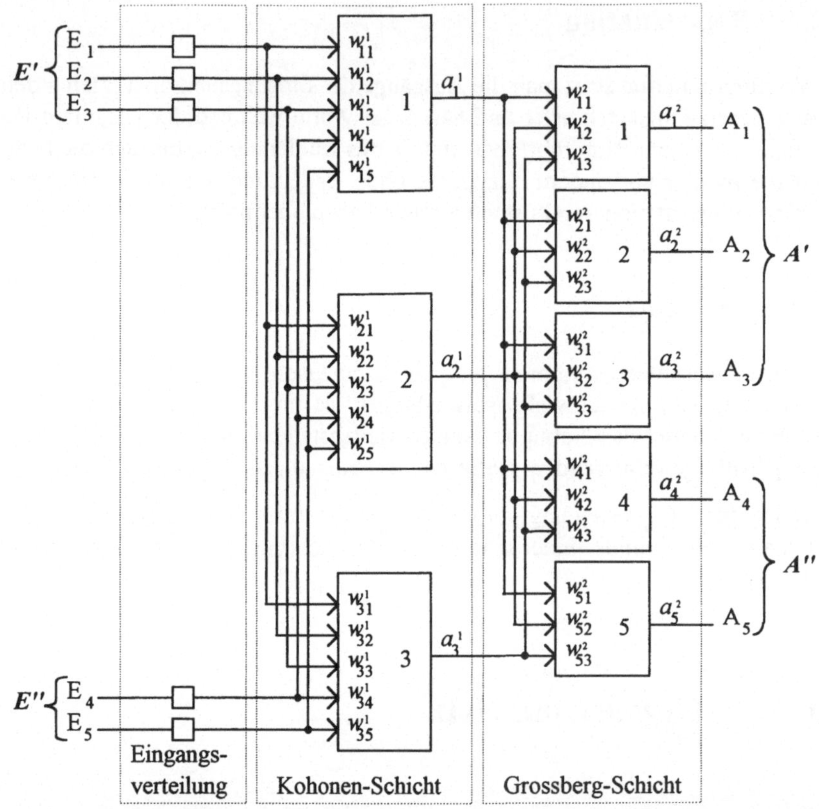

Bild 5-3 Gegenstrom-Netz

Das Gegenstrom-Netz ist ein zweischichtiges vorwärtsgekoppeltes Netz und besteht aus zwei
Schichten, der Kohonen-Schicht (im Bild $N_1 = 3$) und der Grossberg-Schicht ($N_2 = 5$). Um den
Zusammenhang mit anderen Darstellungen des Netzes klarer zu machen, sind bei den Netz-
eingängen Verteilungsneuronen (Abschn. 3.1.1) eingezeichnet. Die Ein- und Ausgänge des
Netzes zerfallen in zwei Gruppen; diese Einteilung hat erst für das eigentliche Gegenstrom-
Netz (Abschn. 5.3.4) eine Bedeutung.

5.3.2   Reproduktion

Reproduktion in der Kohonen-Schicht

Die Reproduktion ist in den beiden Schichten völlig unterschiedlich. Die Kohonen-Schicht ist direkt an die Netzeingänge angeschlossen; die Reproduktion er-

folgt durch Wettbewerb (Abschn. 3.2.6). Effektiver Eingang ist das Skalarprodukt

$$\varepsilon_i^1 = \sum_{j=1}^{N_B} w_{ij}^1 E_j, \ i = 1...N_1,$$

wobei der obere Index „1" die Kohonen-Schicht bezeichnet. Der Ausgang lautet (Gl. 3-3):

$$a_i^1 = \begin{cases} 1 & \text{für } \varepsilon_i^1 = \max_{k=1...N_1} \varepsilon_k^1 \\ 0 & \text{für } \varepsilon_i^1 < \max_{k=1...N_1} \varepsilon_k^1 \end{cases}, \ i = 1...N_1$$

Das bedeutet, daß nur ein Neuron der Kohonen-Schicht aktiv ist. Den Sonderfall, daß mehrere Neuronen das maximale ε haben, lassen wir hier außer Betracht.

Reproduktion in der Grossberg-Schicht

Die Neuronen der Grossberg-Schicht sind linear; der Ausgang lautet daher:

$$A_i = \sum_{j=1}^{N_1} w_{ij}^2 a_j^1, \ i = 1...N_A$$

Der obere Index „2" bezeichnet die Grossberg-Schicht.

Da nur ein Neuron k der Kohonen-Schicht aktiv ist, läßt sich der Ausgang durch die Gewichte ausdrücken:

$$A_i = w_{ik}^2$$

5.3.3 Lernen

Lernaufgabe

Das Gegenstrom-Netz lernt – ebenso wie das Fehlerrückführungs-Netz – im Prinzip heteroassoziativ. Man hat also Musterpaare

$$(E^\mu, S^\mu), \ \mu = 1...p$$

vorzugeben. Die Gewichte der verborgenen Neuronen werden jedoch durch unüberwachtes Lernen gelernt. Das schränkt die Möglichkeiten dieses Netztyps gegenüber Fehlerrückführungs-Netzen ein, hat jedoch den Vorteil des wesentlich geringeren Rechenaufwands.

Lernen in der Kohonen-Schicht

Das Lernen in der Kohonen-Schicht erfolgt – analog zur Reproduktion – durch Wettbewerb (Abschn. 3.4.2). Eingangs- und Gewichtsvektoren sind dabei Einheitsvektoren im Sinne der 1-Norm (Abschn. 3.4.2). Zu Beginn des Lernens setzt man die Startgewichtsvektoren auf normierte Zufallswerte.

Bei einem Lernschritt paßt nur das Neuron mit dem Ausgang „1" seine Gewichte an. Ist k dieses Neuron, so lautet die Lernregel (Gl. 3-10, $a_k = 1$):

$$\delta w_{kj}^1 = \eta^1\left(E_j - w_{kj}^1\right),\, j = 1...N_\mathrm{E}$$

η^1 ist die Lernrate der Kohonen-Schicht; sie wird zunächst auf einen Wert < 1 gesetzt und im Lauf des Lernvorgangs allmählich vermindert.

Dazu äquivalente Formulierungen sind:

$$\delta w_{ij}^1 = \eta^1\left(E_j - w_{ij}^1\right)a_i^1,\, i = 1...N_1, j = 1...N_\mathrm{E}$$

$$\delta w_{ij}^1 = \begin{cases} \eta^1\left(E_j - w_{kj}^1\right) & \text{für } i = k \\ 0 & \text{sonst} \end{cases},\, i = 1...N_1, j = 1...N_\mathrm{E}$$

Lernen in der Grossberg-Schicht

In der Grossberg-Schicht erfolgt das Lernen nach der Delta-Lernregel (Gl. 3-7):

$$\delta w_{ij}^2 = \eta^2\left(S_i^\mu - A_i\right)a_j^1,\, i = 1...N_\mathrm{A}, j = 1...N_1$$

η^2 ist die Lernrate der Grossberg-Schicht. Ist k das aktive Neuron der Kohonen-Schicht, so gilt

$$A_i = w_{ik}^2$$
$$a_k^1 = 1$$

und daher:

$$\delta w_{ik}^2 = \eta^2\left(S_i^\mu - w_{ik}^2\right)a_k^1$$

Für $j \neq k$ ist

$$a_j^1 = 0;$$

daher gilt allgemein:

$$\delta w_{ij}^2 = \eta^2\left(S_i^\mu - w_{ij}^2\right)a_j^1, \quad i = 1 \ldots N_A, j = 1 \ldots N_1$$

In dieser Gestalt findet man die Lernregel häufig in der Literatur. Die Ähnlichkeit mit der Lernregel für die Kohonen-Schicht ist unverkennbar. Eine weitere Formulierung lautet:

$$\delta w_{ij}^2 = \begin{cases} \eta^2\left(S_i^\mu - w_{ik}^2\right) & \text{für } j = k \\ 0 & \text{sonst} \end{cases}, \quad i = 1 \ldots N_A, j = 1 \ldots N_1$$

5.3.4   Gegenstrom-Netz

Beim eigentlichen Gegenstrom-Netz zerfallen die Netzeingänge in zwei Gruppen mit den Anzahlen N'_E und N''_E; dasselbe gilt für die Netzausgänge. Dabei sind die Beziehungen

$$N'_E = N'_A$$

$$N''_E = N''_A$$

wesentlich; insbesondere ist also die Anzahl N_E der Netzeingänge gleich der Anzahl N_A der Netzausgänge. Im Beispiel ist $N'_E = 3$, $N''_E = 2$ und daher $N_E = N_A = 5$.

Häufig findet man in der Literatur eine Darstellung wie in Bild 5-4. Die einzelnen Verbindungen sind hier

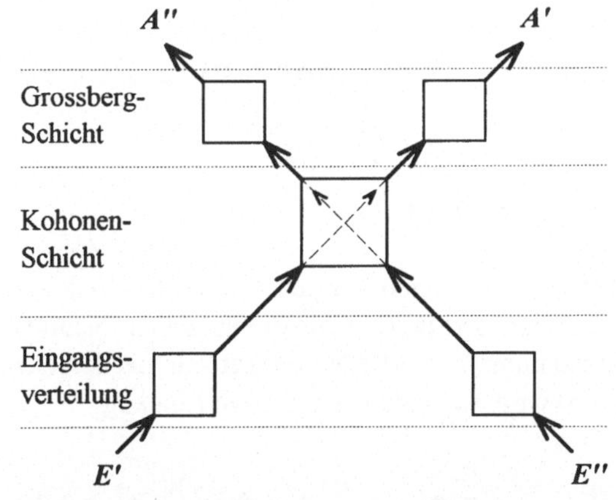

Bild 5-4 Schematische Darstellung eines Gegenstrom-Netzes
Dieses Bild zeigt eine andere Darstellung des Gegenstrom-Netzes. Es entsteht aus Bild 5-3 durch eine Drehung um 90° im Gegenuhrzeigersinn; außerdem sind die beiden Ausgangsgruppen vertauscht. Die Gegenläufigkeit des Datenflusses, die zum Namen „Gegenstrom-Netz" geführt hat, ist deutlich erkennbar.

weggelassen und durch schematische Pfeile ersetzt. Dadurch werden die Struktur des Netzes und der „gegenläufige" Datenfluß (daher der Name *Gegenstrom-Netz*) besonders deutlich.

Im Gegensatz zur beschriebenen Vorstufe lernt dieses Modell autoassoziativ. Ein Trainingssatz besteht also aus Eingangsvektoren

$$E^\mu, \ \mu = 1...p.$$

Ein Eingangsvektor E besteht aus den beiden Teilvektoren E' und E''. Legt man ihn an das trainierte Netz an, so erhält man einen Ausgangsvektor A, den man ebenfalls in die Teilvektoren A' und A'' zerlegen kann. Wenn E dem Trainingssatz angehört, dann ist $A = E$. In dieser Sichtweise arbeitet das Netz autoassoziativ.

Legt man einen Eingangsvektor an, setzt aber dabei $E'' = 0$, so erhält man ebenfalls $A = E = (E',E'')$ als Ausgangsvektor. Der Ausgang A' entspricht dann einer autoassoziativen, der Ausgang A'' einer heteroassoziativen Arbeitsweise.

5.4 Netze mit Sigma-Pi-Neuronen

5.4.1 Prinzip

Sigma-Pi-Neuronen wurden bereits in Abschn. 2.2.1 (Gl. 2-3) vorgestellt. Führt man noch den Index i für die einzelnen Neuronen des Netzes ein und läßt den konstanten Term w^0 (den man zur Schwelle der Ausgangsfunktion dazuschlagen kann) weg, so lautet der effektive Eingang:

$$\varepsilon_i = \sum_{j=1}^{n_i} w_{ij}^1 e_j + \sum_{j,k=1}^{n_i} w_{ijk}^2 e_j e_k + \sum_{j,k,l=1}^{n_i} w_{ijkl}^3 e_j e_k e_l + ...$$

n_i ist dabei die Anzahl der Eingänge des Neurons i. „Gewöhnliche" Neuronen sind ein Spezialfall, bei dem nur Terme 1. Ordnung (d.h. nur die erste Summe) vorkommen; sie heißen auch **Neuronen 1. Ordnung**.

5.4.2 Reduktion der Schichtenzahl

Anwendungsfälle für Sigma-Pi-Neuronen sind beispielsweise Probleme, die nicht linear, aber quadratisch (oder von höherer Ordnung) teilbar (*linear teilbar*: Abschn. 4.1.5) sind. Hier genügt dann eine einzige Neuronenschicht.

Ein einfaches Beispiel ist das linear nicht teilbare XOR-Problem (Tabelle 4-1), das zu seiner Lösung drei Neuronen 1. Ordnung benötigt (Hoffmann 1992). Läßt man Sigma-Pi-Neuronen zu, so genügt sogar ein einziges Neuron zweiter Ordnung mit linearer Ausgangsfunktion. Der Ausgang des Neurons ist in diesem Fall durch

$$a = w_1 e_1 + w_2 e_2 + w_{12} e_1 e_2 - \vartheta$$

gegeben. Man rechnet leicht nach, daß mit den Gewichten $w_1 = w_2 = 1$, $w_{12} = -2$ und der Schwelle $\vartheta = 0$ das Problem gelöst wird.

Durch die Verwendung von Neuronen höherer Ordnung kommt man in einem Netz mit weniger Neuronen aus. Bei computersimulierten Netzen ist das nicht unbedingt von Vorteil, da man wesentlich mehr Gewichte speichern muß und kompliziertere Berechnungen auszuführen hat. Die Anzahl der Verbindungen nimmt jedoch beträchtlich ab, was für eine Hardware-Realisierung günstig ist.

Quadratische Schwellenwertneuronen lassen sich ziemlich einfach behandeln. Eine Darstellung findet man etwa bei Röckmann (1991), wo auch eine Lernregel angegeben ist.

5.4.3 Invariante Mustererkennung

Muster, die ein Netz gelernt hat, die aber gegenüber der gelernten Gestalt verschoben, verdreht oder skaliert (allgemein: verzerrt) vorliegen, können von einfachen Netzen wie etwa Muster-Assoziatoren oder Fehlerrückführungs-Netzen nicht erkannt werden. Stattet man diese Netze mit Neuronen zweiter oder höherer Ordnung aus, so kann man die so gewonnenen zusätzlichen Freiheitsgrade dazu verwenden, um Invarianz gegenüber Verschiebung, Drehung oder Skalierung einzubauen; mit Neuronen dritter Ordnung kann man sogar alle drei Arten der Invarianz gleichzeitig garantieren. Erreicht wird das durch bestimmte Beziehungen zwischen den Gewichten (Müller 1990).

Am Beispiel der Verschiebung wollen wir zeigen, wie man dabei vorgeht. Der Einfachheit halber betrachten wir ein einzelnes Neuron zweiter Ordnung mit der Identität als Aktivierungsfunktion. Die Eingänge seien $e_j, j = 1...n$. Der Ausgang ist dann durch

$$a = a\left(\sum_{j=1}^{n} w_j^1 e_j + \sum_{j=1}^{n} \sum_{k=j}^{n} w_{jk}^2 e_j e_k - \vartheta \right) \qquad \text{(Gl. 5-1)}$$

gegeben. Wegen $e_j e_k = e_k e_j$ haben wir die zugehörigen Gewichte zusammengefaßt, so daß die Summation bei $k = j$ beginnen kann. Ein um m Pixel nach rechts verschobenes Muster e' hat die Komponenten

$$e'_j = e_{j-m} \; ; \hspace{4cm} \text{(Gl. 5-2)}$$

das kann man sich etwa an Hand von Bild 5-5 ($m = 1$) klarmachen. Randeffekte sind dabei vernachlässigt.

Der Ausgang des Neurons bei Anlegen von e' lautet:

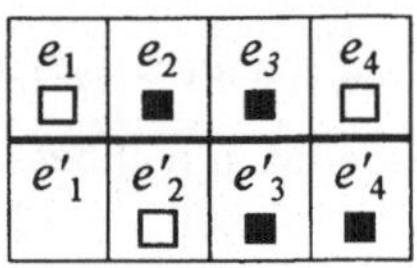

Bild 5-5 Verschiebung eines Musters
Hier ist ein Muster aus vier Komponenten dargestellt. Die erste Zeile enthält das Muster e, die zweite Zeile die um ein Pixel nach rechts verschobene Fassung e'.

$$a = a\left(\sum_{j=1}^{n} w^1_j e'_j + \sum_{j=1}^{n} \sum_{k=j}^{n} w^2_{jk} e'_j e'_k - \vartheta \right)$$

Ersetzt man e' nach Gl. 5-2 und verschiebt die Indizierung, so folgt;

$$a = a\left(\sum_{j=1-m}^{n-m} w^1_{j+m} e_j + \sum_{j=1-m}^{n-m} \sum_{k=j-m}^{n-m} w^2_{j+m,k+m} e_j e_k - \vartheta \right)$$

Das muß mit Gl. 5-1 übereinstimmen. Bei Vernachlässigung von Randeffekten sind dazu die folgenden beiden Bedingungen hinreichend:

1) $w^1_{j+m} = w^1_j$

2) $w^2_{j+m,k+m} = w^2_{jk}$

Bedingung 1) besagt, daß die Gewichte w^1_j alle gleich sein müssen. Setzen wir

$$v^1 := w^1_1 \, ,$$

so gilt:

$$w^1_j = v^1 \, , j = 1...n$$

Um die Bedingung 2) auszuwerten, definieren wir die Zahlen

$$v^2_k := w^2_{1k} \, , k = 1...n \; ;$$

setzen wir in der Bedingung $m = 1 - j$, so folgt:

$$w^2_{jk} = w^2_{j+(1-j),k+(1-j)} = v^2_{k-j+1} \text{ für } k \geq j$$

Das Gewicht hängt also nur von der Differenz der Indizes ab.

Der Ausgang des Neurons läßt sich nun in folgender Form schreiben:

$$a = a\left(v^1 \sum_{j=1}^{n} e_j + \sum_{j=1}^{n} v_j^2 \sum_{k=j}^{n} e_{k-j+1} e_k - \vartheta \right)$$

5.4.4 Fehlerrückführung

Mehrschichtige Netze aus Sigma-Pi-Neuronen können ihre Gewichte mit einer Variante der Fehlerrückführungs-Lernregel lernen. Die Regel ist derjenigen für Neuronen 1. Ordnung (Abschn. 4.4.2) sehr ähnlich; wir geben sie hier nur für Neuronen 2. Ordnung (*quadratische* Neuronen) an. Die Kostenfunktion lautet:

$$D = \frac{1}{2} \sum_{\mu} \sum_{\nu} \left(A_\nu^\mu - S_\nu^\mu \right)^2$$

Dabei sind die Ausgangswerte A_ν^μ mit den effektiven Eingängen von Gl. 5-1 zu berechnen. Das Gradientenabstiegsverfahren ist auf alle Gewichte aller Schichten anzuwenden:

$$\delta w_{ij}^1 = -\eta \frac{\partial D}{\partial w_{ij}^1}$$

$$\delta w_{ijk}^2 = -\eta \frac{\partial D}{\partial w_{ijk}^2}$$

Daraus ergibt sich als Lernregel:

$$\delta w_{ij}^1 = \eta \sum_{\mu} \delta_i^\mu e_j^\mu$$

$$\delta w_{ijk}^2 = \eta \sum_{\mu} \delta_i^\mu e_j^\mu e_k^\mu$$

Die erste Gleichung stimmt mit der Lernregel für Neuronen 1. Ordnung (Gl. 4-12) überein.

Das Fehlermaß für die Ausgangsneuronen hat dieselbe Gestalt wie Gl. 4-13:

$$\delta_i^\mu = \left(S_i^\mu - a_i^\mu \right) a_i'\left(c_i^\mu \right)$$

Das Fehlermaß für die verborgenen Neuronen lautet:

$$\delta_i^\mu = a'_i\left(c_i^\mu\right)\sum_k \delta_k^\mu W_{ki}^\mu$$

Die Summation erfolgt dabei über die Neuronen k der folgenden Schicht. Als Abkürzung haben wir

$$W_{ki}^\mu := w_{ki}^1 + \sum_j \left(w_{kij}^2 + w_{kji}^2\right)e_j^\mu$$

verwendet; alle Größen, die hier vorkommen, bezeichnen Werte der folgenden Schicht vor der Gewichtsanpassung.

Wegen $e_i e_j = e_j e_i$ kann man zusätzliche Beziehungen zwischen den Gewichten w^2_{kij} verlangen; Möglichkeiten sind etwa $w^2_{kij} = w^2_{kji}$ oder $w^2_{kij} = 0$ für $i > j$. Dadurch läßt sich W^μ_{ki} noch etwas vereinfachen (Rumelhart 1988b).

5.5   Zusammenstellung überwacht lernender Netze

Die folgenden Tabellen geben einen Überblick über die in Kap. 4 (Tabelle 5-4) und Kap. 5 (Tabelle 5-3) besprochenen überwacht lernenden Netze.

Tabelle 5-3 Überwacht lernende Netze (Kap. 5)
Die Neurontypen (Spalte „Neurontyp") sind in Abschn. 2.4.2, Tabelle 2-6 beschrieben.

Netz	Aufbau	Arbeitsweise	Neurontyp	Lernregel	Literatur
Hopfield	1-schichtig rückge-kopppelt	auto-assoziativ	Hopfield	Hopfield (= Hebb)	Brause 1991 Hertz 1991 Pao 1989 Ritter 1991 Schöneburg 1990
BAM	2-schichtig rückge-koppelt	hetero-assoziativ	Hopfield	Hopfield (Variante)	Brause 1991 Kratzer 1990 Schöneburg 1990
Boltz-mann	3-schichtig rückge-koppelt	hetero-assoziativ	Boltz-mann	Boltz-mann	Ackley 1985 Brause 1991 Hinton 1988 Kratzer 1990 Schöneburg 1990
Gegen-strom	2-schichtig vorwärtsg.	hetero- und autoass.	s. 5.3.2	s. 5.3.3	Hertz 1991 Schöneburg 1990

Tabelle 5-4 Überwacht lernende Netze (Kap. 4)
Die Neurontypen (Spalte „Neurontyp") sind in Abschn. 2.4.2, Tabelle 2-6 beschrieben.

Netz	Aufbau	Arbeitsweise	Neurontyp	Lernregel	Literatur
Muster-Assoziator	1-schichtig vorwärts-gekoppelt	hetero-assoziativ	beliebig	Hebb, Delta	Brause 1991 Ritter 1991 Schöneburg 1990
Willshaw	wie Mu-ster-Ass.	hetero-assoziativ	McCul-loch-Pitts	speziell	Ritter 1991
Perzep-tron	2-schichtig vorwärtsge-koppelt	hetero-assoziativ	McCul-loch-Pitts	Perzeptron (= Delta)	Block 1962 Brause 1991 Kratzer 1990 Minsky 1988 Ritter 1991 Rosenblatt 1958 Schöneburg 1990
ADA-LINE	Muster-Assoziator mit Bias	hetero-assoziativ	ADA-LINE	Delta (Va-riante)	Brause 1991 Kratzer 1990 Schöneburg 1990
MADA-LINE	2-schichti-ge Erwei-terung des ADALINE	hetero-assoziativ	speziell	speziell	Kratzer 1990 Schöneburg 1990
Auto-Assoziator	1-schichtig rückgekop-pelt	auto-assoziativ	beliebig	Hebb, Delta	Hoffmann 1992 McClelland 1988b
BSB	wie Auto-Assoziator	auto-assoziativ	BSB	Delta	Hoffmann 1992 McClelland 1988b
DMA	wie Auto-Assoziator	auto-assoziativ	DMA	Delta	Hoffmann 1992 McClelland 1988b McClelland 1988d
Fehler-rückfüh-rung	mehr-schichtig vorwärts-gekoppelt	hetero-assoziativ	differen-zierbare Ausgangs-funktion	Fehler-rückfüh-rung	Ruiz 1991 Bellido 1991 Brause 1991 Kratzer 1990 Müller 1990 Ritter 1991 Rumelhart 1988b Schöneburg 1990

6 Unüberwacht lernende Netze

6.1 Selbstorganisierende Karten

6.1.1 Einbettung eines Netzes in einen Raum

Bei Anwendungen, die sich im Raum abspielen, muß das zugehörige Netz in den Raum eingebettet werden (Abschn. 3.1.5). Dazu ordnet man jedem Neuron i einen Ortsvektor x im Raum zu, so daß jedes Neuron an einer bestimmten Stelle des Raumes „sitzt". Die einzelnen Neuronen kann man dann mit ihrem Ortsvektor x indizieren. Diese beiden Darstellungsweisen (durch i bzw x) sind natürlich äquivalent (vorausgesetzt, man verwendet abzählbar viele Neuronen); man braucht nur die einzelnen Raumpunkte, an denen die Neuronen sitzen, nach irgend einer Regel durchzunumerieren.

In konkreten Netzen ist die Anzahl der Neuronen endlich; die Neuronen liegen daher an diskreten Punkten des Raumes. Meist setzt man stillschweigend voraus, daß diese Punkte ein regelmäßiges Gitter bilden.

Die Einbettung der Neuronen in einen Raum genügt noch nicht, um dem Netz eine räumliche Funktionalität zu geben. Dazu muß man noch eine Beziehung zwischen der Metrik des Raumes (gewöhnlich der euklidischen) und den Verbindungen der Neuronen (d.h. den Gewichten) herstellen.

6.1.2 Aufbau und Reproduktion

In diesem Sinn wollen wir nun einen Netztyp spezifizieren, der als **selbstorganisierende Karte** bezeichnet wird. Das Netz enthält eine einzige vollständig verbundene Schicht von N_A Neuronen. Jedes Neuron erhält den vollständigen

Eingangsvektor E_j, $j = 1...N_E$ und gibt seinen Ausgang an den Netzausgang weiter. Alle Neuronen sind also Ausgangsneuronen. Da jedem Neuron eindeutig ein Netzausgang zugeordnet ist, können auch die Netzausgänge mit x indiziert werden.

Aus praktischen Gründen unterscheiden wir zwischen externen und internen Gewichten (w^{ext}, w^{int}). Der effektive Eingang des Neurons x ist daher durch

$$\varepsilon_x = \sum_{j=1}^{N_E} w_{xj}^{\text{ext}} E_j + \sum_y w_{xy}^{\text{int}} A_y$$

gegeben. Als Aktivierungsfunktion verwenden wir die Identität; die Ausgangsfunktion a ist beliebig. Die Ausgänge ergeben sich daher durch

$$A_x = a(\varepsilon_x - \vartheta_x).$$

6.1.3   Festlegen der internen Gewichte

Die internen Gewichte müssen die Metrik des Raums widerspiegeln. $d(x,y)$ sei diese Metrik; die meist verwendete euklidische Metrik lautet:

$$d(x,y) = |x - y| = \sqrt{\sum_i (x_i - y_i)^2}$$

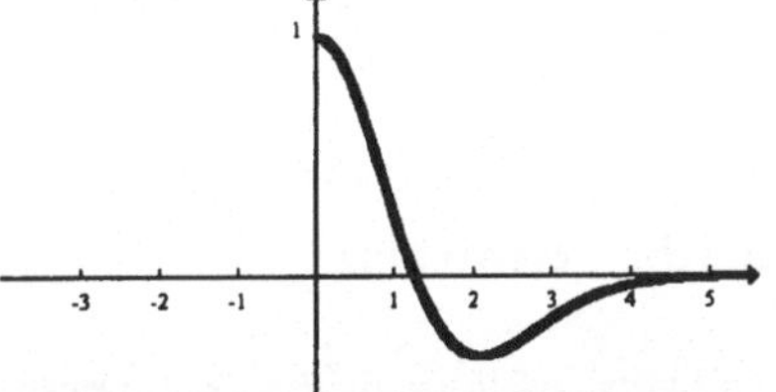

Die internen Gewichte wollen wir so festlegen, daß sich benachbarte Neuronen erregen, weiter voneinander entfernte dagegen gegenseitig hemmen. Das läßt sich durch die Wahl

$$w_{xy}^{\text{int}} = w(d(x,y))$$

Bild 6-1 Mexikanerhut-Funktion
Diese Funktion beschreibt die Abhängigkeit der internen Gewichte vom Abstand der beteiligten Neuronen; sie kann als Überlagerung zweier Gaußscher Glockenkurven mit entgegengesetztem Vorzeichen dargestellt werden. Als Beispiel ist $3 \exp(-d^2/2) - 2 \exp(-d^2/4)$ gezeichnet.

erreichen; dabei ist die Funktion w nur auf der rechten Halbachse definiert und nimmt für kleine d positive, für große d dagegen negative Werte an.

Eine solche Funktion läßt sich durch die Überlagerung zweier Gaußscher Glockenkurven erhalten (Bild 6-1); da sie wie ein Sombrero aussieht, bezeichnet man sie oft als **Mexikanerhut-Funktion**. Gebräuchlich, weil weniger rechenaufwendig, ist auch die Funktion

$$w(d) = \begin{cases} 1 & \text{für } 0 \le d \le \alpha \\ -w_0 & \text{für } d > \alpha \end{cases}$$

mit positivem α und $w_0 > 2\alpha + 1$.

6.1.4 Lernen der externen Gewichte

Die externen Gewichte selbstorganisierender Karten werden unüberwacht gelernt. Dafür ist eine Vielzahl von Lernregeln in Gebrauch, die meist der Wettbewerbs-Lernregel (Gl. 3-10) ähnlich sind, also Varianten der Hebbschen Lernregel darstellen.

Die Regel, die wir hier vorstellen, verwendet das Erregungszentrum x'; das ist jenes Neuron, welches den größten Ausgangswert aufweist. Sie lautet:

$$\delta w_{xj}^{\text{ext}} = \eta(E_j - w_{xj}^{\text{ext}})w_{xx'}^{\text{int}}$$

Der externe Gewichtsvektor eines Neurons, das in der Nähe des Erregungszentrums liegt, wird also wie beim Wettbewerbs-Lernen in die Richtung des Eingangsvektors gedreht.

6.1.5 Hinweise

Selbstorganisierende Karten liefern eine Abbildung des Raums der Eingangsmuster E in den Raum, in den das Netz eingebettet ist. Muster, die im E-Raum benachbart sind, führen zu benachbarten Erregungszentren; selbstorganisierende Karten sind daher **nachbarschaftserhaltend**. Häufig werden sie dazu verwendet, einen hochdimensionalen Musterraum in einen zweidimensionalen Raum abzubilden.

Über selbstorganisierende Abbildungen gibt es eine umfangreiche Literatur. Eine ausführliche Darstellung findet man etwa in der Monographie von Ritter (1991).

Bei sehr großer Neuronenzahl kann man zu einer kontinuierlichen Neuronenverteilung im Raum übergehen (Amari 1989). Eine Indizierung der Neuronen mit natürlichen Zahlen i ist dann natürlich nicht mehr möglich.

Buhmann (1987) stellt ein Pascal-Programm zur Simulation selbstorganisierender Karten vor.

6.2   ART-Netz

6.2.1   Aufgabe

Das **ART-Netz** (*adaptive resonance theory*) hat die Aufgabe, eine Folge von Eingangsmustern E^μ in Kategorien einzuteilen, d.h. zu klassifizieren. Es lernt unüberwacht, findet also die Kategorien allein durch die Verarbeitung der dargebotenen Eingangsmuster. Da es das *Stabilitäts-Plastizitäts-Dilemma* (Abschn. 3.3.1) löst, hat es eine gewisse Bedeutung erlangt. Dieser Vorteil wird allerdings durch eine erhebliche Komplexität erkauft.

Das Gebiet der ART-Netze ist sehr umfangreich und kann in einem allgemeinen Buch über neuronale Netze bei weitem nicht erschöpfend behandelt werden. Unsere Darstellung unterliegt daher den folgenden beiden Einschränkungen:

1)   ART-Netze existieren in einer Reihe von Varianten. Der Einfachheit halber beschränken wir uns hier auf das unter dem Namen **ART1** bekannte Netz.

2)   Die ursprünglichen ART-Modelle sind zeitkontinuierlich. Hier bringen wir, dem Konzept des Buches entsprechend (Abschn. 1.4), eine zeitdiskrete Variante.

6.2.2   Lösungsalgorithmus

Die wesentlichen Grundsätze des ART1 lassen sich durch einen Algorithmus beschreiben, der zunächst keinen Bezug auf eine mögliche Realisierung durch ein neuronales Netz benötigt. Die Funktionsweise und vor allem die Methode, mit der das Stabilitäts-Plastizitäts-Dilemma gelöst wird, lassen sich dadurch klarer darlegen. Tabelle 6-1 zeigt den Algorithmus als Struktogramm.

Der Algorithmus verfügt über eine vorgegebene Anzahl von *Kategorien*. Jede Kategorie kann *ein-* oder *aus*geschaltet sein. Was das bedeutet, wird in Kürze erklärt. Zu jeder Kategorie gehört ein Vektor aus reellen Zahlen, den wir (im Vorgriff auf seine Bedeutung im zugehörigen neuronalen Netz) als *Gewichtsvektor* bezeichnen. Aufgabe des Algorithmus ist es, jedem ihm dargebotenen Eingangsmuster genau eine Kategorie (oder, wenn er keine geeignete Kategorie findet, auch keine) zuzuordnen.

Tabelle 6-1 Algorithmus des ART1-Netzes

Der Algorithmus verfügt über eine Anzahl von Kategorien; er hat die Aufgabe, jedem vorgegebenen Eingangsmuster genau eine Kategorie zuzuordnen, also diese Muster zu klassifizieren.

Gewichte initialisieren			
	Alle Kategorien einschalten		
	Eingangsmuster wählen		
	Ist mindestens eine Kategorie eingeschaltet?		
	ja		nein
	Bestimmung der ähnlichsten eingeschalteten Kategorie k		
	Übereinstimmung mit dem Eingangsmuster (Resonanz)?		
	ja	nein	
	Kategorie k klassifiziert das Eingangsmuster		keine Klassifizierung
	Gewichte anpassen	Kategorie k ausschalten	
	Wiederholen, wenn die Kategorie ausgeschaltet wurde		
Wiederholen nach Belieben			

An Hand von Tabelle 6-1 wollen wir nun den Algorithmus vorstellen. Bevor er zum ersten Mal mit den zu klassifizierenden Mustern konfrontiert wird, sind seine Gewichtsvektoren zu initialisieren. Die Wahl dieser Startwerte hat einen wesentlichen Einfluß auf die korrekte Funktion. Für das qualitative Verständnis braucht man diese Einzelheiten jedoch nicht; daher sind sie erst bei seiner konkreten Realisierung durch ein Netz angegeben (Abschn. 6.2.8). Die Initialisierung bewirkt u.a., daß keine Kategorie einem Klassenprototypen zugeordnet ist; die Zuordnung der Kategorien zu Klassen von Eingangsmustern erfolgt erst im weiteren Ablauf des Algorithmus.

Nun werden die Eingangsmuster der Reihe nach verarbeitet. Zunächst sind alle Kategorien einzuschalten und ein Eingangsmuster auszuwählen. Anschließend wird eine Schleife durchlaufen, die versucht, diesem Eingangsmuster eine Kategorie zuzuordnen. Die Schleife beginnt mit einer Prüfung, ob überhaupt noch eine Kategorie eingeschaltet ist. In diesem Fall (beim ersten Durchlauf ist diese Bedingung selbstverständlich erfüllt) wird diejenige Kategorie ermittelt, die dem Eingangsmuster am meisten ähnelt. Die Beschränkung auf die *ein*geschalteten Kategorien ist dabei wesentlich. Die Suche selbst erfolgt durch Wettbewerb (für Einzelheiten s. Abschn 6.2.7). Die gefundene Kategorie wird nun mit dem Eingangsmuster verglichen. Wenn beide in ausreichendem Maß übereinstimmen, also bei **Resonanz** (die Übereinstimmung wird durch einen *Aufmerksamkeitsparameter* ρ gemessen, s. Abschn. 6.2.6), wurde eine passende Kategorie gefunden; das Eingangsmuster ist jetzt klassifiziert. Im Anschluß daran erfolgt eine Änderung der Gewichte der betreffenden Kategorie, also ein Lernvorgang (Abschn. 6.2.8). Damit ist die Bearbeitung dieses Eingangsmusters abgeschlossen.

Durch die Initialisierung der Gewichte wurde festgelegt, daß keine Kategorie zu einer Klasse gehört. Bei Vorliegen von Resonanz sind nun zwei Fälle zu unterscheiden. Im ersten Fall hat die gefundene Kategorie die ursprünglichen Gewichte, ist also noch keiner Klasse zugeordnet. Dann wird durch die Gewichtsänderung eine neue Klasse „aufgemacht". Ist andererseits die Kategorie bereits zugeordnet, so bleibt diese Zuordnung erhalten; die Gewichte und damit der Klassenprototyp werden allerdings verändert.

Liegt die gefundene Kategorie nicht in Resonanz mit dem Eingangsmuster, so war sie offensichtlich ungeeignet und wird ausgeschaltet. Der Algorithmus kehrt zum Schleifenbeginn zurück und sucht unter den verbleibenden Kategorien weiter. Solange noch Kategorien existieren, die nicht zugeordnet sind, wird auf jeden Fall eine gefunden (das ergibt sich aus der Bedeutung von ρ und aus der Lernregel, s. Abschn. 6.2.8), notfalls aufgemacht.

Es bleibt der Fall, daß schließlich keine Kategorie mehr eingeschaltet ist. Nun kann das Eingangsmuster endgültig *nicht* klassifiziert werden; seine Bearbeitung ist damit ebenfalls beendet.

Diese Beschreibung zeigt, wie das Stabilitäts-Plastizitäts-Dilemma gelöst wird: Solange die Kategorien nicht erschöpft sind, bleibt die *Plastizität* erhalten, da bei Bedarf neue Kategorien aufgemacht werden können. *Stabilität* ist ebenfalls gegeben, denn eine einmal eingerichtete Kategorie kann zwar ihre Gewichte ändern, bleibt aber als solche erhalten. Das wird erreicht, indem ein neues Muster erst dann einer vorhandenen Kategorie zugeordnet wird (und dadurch zu einem Lernvorgang führt), wenn es eine Ähnlichkeitsprüfung bestanden hat. Andernfalls wird für dieses Muster eine neue Kategorie aufgemacht. Wenn keine Kategorie mehr frei ist, also bei Erreichen der Kapazitätsgrenze des Netzes, wird das Muster abgewiesen.

6.2.3 Realisierung durch ein Netz

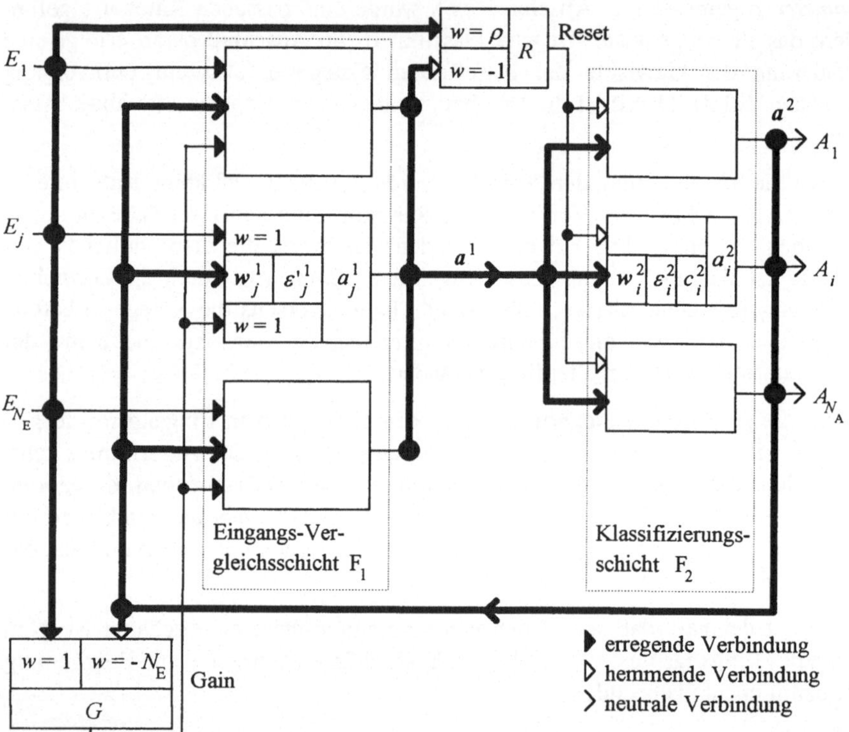

Bild 6-2 Struktur des ART1
Das Netz besteht aus der Eingangs-Vergleichsschicht F_1 (links), der Klassifizierungsschicht F_2 (rechts) sowie aus zwei Neuronen, die der Ablaufsteuerung dienen, nämlich dem Reset R (oben) und dem Gain G (unten). Dazu kommen der Eingangsvektor E_j, $j = 1...N_E$ und der Ausgangsvektor A_i, $i = 1...N_A$. Die dünnen Linien bezeichnen einzelne Verbindungen; Bündel von Verbindungen, also Vektoren wie der Netzeingangsvektor E, sind durch fette Linien symbolisiert. Die drei verschiedenen Pfeilarten deuten an, ob es sich um erregende, hemmende oder neutrale Verbindungen handelt (s. Legende im Bild rechts unten).

Der beschriebene Algorithmus kann durch ein neuronales Netz konkretisiert werden; Bild 6-2 zeigt dessen Struktur. Zunächst erklären wir nur den Aufbau und die Funktion; die mathematischen Einzelheiten folgen in weiteren Abschnitten.

Sämtliche Ein- und Ausgänge aller Neuronen und damit auch die Ein- und Ausgänge des Netzes können nur die Werte „0" und „1" annehmen.

Klassifizierungsschicht

Das Netz hat die Aufgabe, Eingangsmuster zu klassifizieren, d.h. ihnen jeweils eine Kategorie zuzuordnen. Jede Kategorie wird durch ein *Ausgangsneuron* realisiert; diese Neuronen bilden zusammen die **Klassifizierungsschicht F2** (rechts im Bild). Bei der Einrichtung des Netzes sind weder die Klassen noch deren Zuordnung zu den Ausgangsneuronen bekannt, da das Netz beides durch unüberwachtes Lernen selbst finden muß. Lediglich die *Anzahl* der Klassen (d.h. die Anzahl der Ausgangsneuronen und damit die Anzahl N_A der Netzausgänge) ist vorzugeben.

Höchstens ein Ausgang darf den Wert „1" annehmen; alle anderen müssen auf „0" gesetzt sein. Der Ausgang „1" bedeutet, daß das Eingangsmuster durch das betreffende Neuron klassifiziert wird; wenn *alle* Ausgänge den Wert „0" haben, war keine Klassifikation möglich. Dieses Verhalten wird durch *Wettbewerb* (Abschn. 3.2.6) erreicht. Auch beim Anlegen eines neuen Eingangsmusters erhalten alle Ausgänge zunächst den Wert „0".

Eingangs-Vergleichsschicht und Gain

Jedes Ausgangsneuron erhält dieselbe Information an seinem Eingang (vgl. dazu die fetten Pfeile im Bild). Dabei handelt es sich jedoch nicht direkt um den Netzeingangsvektor; vielmehr wird dieser durch eine Schicht von *Eingangsneuronen* (links im Bild) gefiltert. Diese bilden zusammen die **Eingangs-Vergleichsschicht F1**. Zu jedem Netzeingang gibt es ein Eingangsneuron; deren Anzahl ist also gleich N_E.

Die Eingangsneuronen verfügen über drei Gruppen von Eingängen. Die erste Gruppe besteht aus einem einzigen Eingang, der direkt mit dem zugehörigen Netzeingang verbunden ist. Die zweite Eingangsgruppe erhält das Klassifikationsergebnis, d.h. den Ausgangsvektor a^2 der Klassifizierungsschicht. Eine dritte Gruppe, die wiederum nur einen Eingang umfaßt, dient als Steuereingang; dieser ist mit einem einzelnen Neuron, dem **Gain** (unten im Bild), verbunden. Der Gain wertet den Netzeingang und das Klassifikationsergebnis aus.

Reset

Ein weiteres einzelnes Neuron, der **Reset** (oben im Bild), stellt das Vorhandensein von *Resonanz* fest, indem es den Netzeingangsvektor mit dem Ausgangsvektor der Eingangs-Vergleichsschicht (und damit indirekt mit dem Klassifikationsergebnis) vergleicht. Der Ausgang dieses Neurons führt zu allen Ausgangsneuronen. Wenn keine Resonanz vorliegt, wird das gerade aktive Ausgangsneuron ausgeschaltet. Dieses Neuron bleibt dann so lange in diesem Zustand, bis ein neues Eingangsmuster angelegt wird.

Die folgenden Abschnitte beschreiben die Einzelheiten der Netzbestandteile.

6.2.4 Gain

Der Gain wird aktiv, wenn ein Eingangsmuster am Netz anliegt (wenn also mindestens eine Komponente des Netzeingangsvektors gleich „1" ist) und zugleich keine Klassifizierung vorliegt (also alle Komponenten des Netzausgangsvektors gleich „0" sind). Da diese Komponenten nur die Werte „0" oder „1" haben können, läßt sich das wie folgt schreiben:

$$G = \begin{cases} 1 & \text{für} \quad \sum_{j=1}^{N_E} E_j > 0 \text{ und } \sum_{i=1}^{N_A} A_i = 0 \\ 0 & \text{sonst} \end{cases}$$

Solange ein Muster am Netz anliegt, ist also entweder der Gain oder ein Ausgangsneuron aktiv.

Der Gain kann als Schwellenwertneuron mit den Gewichten 1 bzw. $-N_E$ und der Schwelle $\vartheta = 0,5$ aufgefaßt werden, denn es gilt:

$$G = \Theta\left(\sum_{j=1}^{N_E} E_j + \sum_{i=1}^{N_A} (-N_E) A_i - 0,5 \right)$$

Dabei ist Θ die Stufenfunktion (Kap. 11).

6.2.5 Reproduktion in der Eingangs-Vergleichsschicht

Die Neuronen der Eingangs-Vergleichsschicht sind Schwellenwertneuronen; ihre Gewichte und Ausgänge dürfen nur die Werte „0" und „1" annehmen. Der Anteil des effektiven Eingangs, der von den Ausgängen der Klassifizierungsschicht herrührt, ist durch

$$\varepsilon'^{1}_{j} = \sum_{i=1}^{N_A} w^{1}_{ji} A_i \qquad\qquad\qquad \text{(Gl. 6-1)}$$

gegeben. Der Strich (') besagt, daß es sich hierbei nicht um den effektiven Eingang des Gesamtneurons handelt. Der obere Index (^{1}) gibt an, daß sich die Werte auf die erste Schicht (F_1) beziehen. Da die Gewichte w^1_{ji} in $\{0,1\}$ liegen und höchstens ein Netzausgang gleich „1" ist, kann ε'^{1}_{ji} nur gleich „0" oder gleich „1" sein. Der gesamte effektive Eingang des Neurons j lautet:

$$\varepsilon^{1}_{j} = E_j + \varepsilon'^{1}_{j} + G$$

Die Schwelle hat den festen Wert $\vartheta = 1{,}5$.

Das Reproduktionsverhalten der Eingangs-Vergleichsschicht wird oft als **2/3-Regel** formuliert: Ein Eingangsneuron wird genau dann aktiv, wenn mindestens zwei der drei Eingangsgruppen aktiv sind.

Wir setzen nun voraus, daß ein Eingangsmuster anliegt. Dann sind zwei Fälle zu unterscheiden:

1) *Kein* Neuron der Klassifizierungsschicht ist aktiv. Das ist der Fall, wenn entweder ein neues Eingangsmuster angelegt wurde oder keine Klassifizierung möglich war. Dann ist $G = 1$ und $\varepsilon'^{1}_{j} = 0$; das Eingangsmuster wird als Folge der 2/3-Regel unverändert auf die Ausgänge der Schicht F_1 durchgeschaltet.

2) *Ein* Neuron der Klassifizierungsschicht ist aktiv. Jetzt ist $G = 0$; der Ausgang des Neurons j ergibt sich dann gemäß der 2/3-Regel als UND-Verknüpfung zwischen E_j und ε'^{1}_{j}. Das Eingangsmuster wird also ebenfalls auf die Ausgänge durchgeschaltet, wobei aber jetzt ein Teil der Komponenten durch ε'^{1}_{j} „maskiert", also gleich „0" gesetzt sein kann.

6.2.6   Reset

Der Reset vergleicht das Eingangsmuster mit dessen Klassifizierung; wenn keine Resonanz vorliegt, schaltet er das aktive Ausgangsneuron aus. Sein Verhalten brauchen wir nur für den Fall zu untersuchen, daß eine Klassifizierung vorliegt und daher ein Ausgangsneuron aktiv ist: wenn es kein aktives Ausgangsneuron gibt, so hat das Reset-Neuron zwar einen Ausgangswert, kann aber keine Wirkung auf die Klassifizierungsschicht ausüben.

Um eine Formulierung für den Begriff der „Resonanz" zu finden, betrachten wir zunächst den Fall, daß das Eingangsmuster genau mit seiner Klassifizierung übereinstimmt. Wenn die Gewichte in F_1 geeignete Werte haben (dafür ist die später besprochene Lernregel zuständig), so ist der Vektor ε'_j gleich dem Eingangsmuster E_j und damit $a^1_j = E_j$. Insbesondere ist die Anzahl der aktiven Komponenten des Ausgangsvektors a^1 gleich der Anzahl der aktiven Komponenten des Eingangsvektors E. Wir betrachten nun den Quotienten r aus diesen beiden Anzahlen; da alle aktiven Komponenten den Wert „1" haben, können wir dafür schreiben:

$$r := \frac{\sum\limits_{j=1}^{N_E} a^1_j}{\sum\limits_{j=1}^{N_E} E_j}$$

(Gl. 6-2)

Im Fall vollkommener Übereinstimmung zwischen Eingangsmuster und Klassifizierung ist $r = 1$. Wenn keine Übereinstimmung vorliegt, werden einige Komponenten von a^1 „ausgeblendet", so daß jetzt $r < 1$ wird. Daher kann r als Maß für die Übereinstimmung und damit für die Resonanz dienen. Wir führen den Parameter ρ ein und setzen fest, daß keine Resonanz vorliegt und daher ein Resetsignal gegeben wird, wenn

$$r < \rho$$

(Gl. 6-3)

gilt. Dieser Parameter steuert die „Aufmerksamkeit", mit der das Netz die Übereinstimmung auswertet, und heißt daher **Aufmerksamkeitsparameter**. Er muß in dem Bereich liegen, in dem auch r variieren kann; die Grenzen „0" und „1" sind allerdings unbrauchbar. Sein Wertebereich ist daher durch

$$0 < \rho < 1$$

(Gl. 6-4)

gegeben. Für

$$r \geq \rho$$

(Gl. 6-5)

liegt Resonanz vor.

Die Wahl des Aufmerksamkeitsparameters hat einen beträchtlichen Einfluß auf die Arbeit des Netzes. Je kleiner ρ gewählt wird, desto eher wird eine vorläufige Klassifizierung akzeptiert: kleine ρ führen zu grober, große zu feiner Klassifizierung.

Der Reset kann, wie in Bild 6-2 gezeichnet, durch ein Schwellenwertneuron mit den Gewichten ρ bzw. -1 und der Schwelle $\vartheta = 0$ realisiert werden: setzt man in die Bedingung für das Reset-Signal (Gl. 6-3) die Definition von r (Gl. 6-2) ein, so folgt:

$$\sum_{j=1}^{N_E} \rho E_j + \sum_{j=1}^{N_E} (-1) a_j^1 > 0$$

Die Ausgangsfunktion gleicht der Stufenfunktion (Kap. 11), doch hat sie im Nullpunkt ($x = 0$) noch den Funktionswert „0".

6.2.7   Reproduktion in der Klassifizierungsschicht

In der Klassifizierungsschicht darf höchstens ein Neuron aktiv sein. Das kann man durch Wettbewerb erreichen (Abschn. 3.2.6). Im Gegensatz zum normalen Wettbewerb (Gl. 3-3) nehmen nur die eingeschalteten Neuronen am Wettbewerb teil. Der Ausgang des Neurons i ergibt sich daher wie folgt:

$$c_i^2 = \varepsilon_i^2 = \sum_{j=1}^{N_E} w_{ij}^2 a_j^1$$

$$a_i^2 = \begin{cases} 1 & \text{für} \quad c_i^2 = \max_{\text{eingeschaltete } k} c_k^2 \\ 0 & \text{sonst} \end{cases}$$

Den Fall, daß mehrere Neuronen die maximale Aktivität aufweisen, lassen wir hier außer acht.

6.2.8   Lernen

Bevor das Netz zum ersten Mal arbeitet, werden die Gewichte wie folgt initialisiert:

$$w_{ji}^1 = 1$$

Die Gewichte der Klassifizierungsschicht müssen der Bedingung

$$w_{ij}^2 < \frac{s}{s + N_E - 1}$$

genügen; dabei ist $s > 1$ ein **Skalierungsfaktor**. Eine mögliche Wahl ist etwa:

$$w_{ij}^2 = \frac{1}{N_E}$$

Ein Lernschritt erfolgt in den beiden Schichten gleichzeitig, und zwar immer dann, wenn Resonanz festgestellt wurde (Tabelle 6-1).

Lernen in der Eingangs-Vergleichsschicht

In der Eingangs-Vergleichsschicht lernen nur diejenigen Gewichte, die mit dem aktiven Neuron k der Klassifizierungsschicht verbunden sind. Die Lernregel lautet:

$$w_{ji}^{1\ \text{neu}} = \begin{cases} a_j^1 & \text{für } i = k \\ w_{ji}^1 & \text{sonst} \end{cases}$$

Die Lernregel läßt sich auch anders formulieren. Dazu berechnen wir den Ausgang a^1_j:

$$a_j^1 = \Theta\left(E_j + \sum_{i=1}^{N_A} w_{ji}^1 a_i^2 + G - 1,5 \right)$$

Nun ist $a^2_i = \delta_{ik}$ (Kroneckersymbol: Abschn. 9.4) und $G = 0$, also:

$$a_j^1 = \Theta\left(E_j + w_{jk}^1 - 1,5 \right)$$

Da beide Summanden nur „0" oder „1" sein können, läßt sich das in der Form

$$a_j^1 = w_{jk}^1 E_j$$

schreiben. Die Lernregel lautet dann:

$$w_{ji}^{1\ \text{neu}} = \begin{cases} w_{jk}^1 E_j & \text{für } i = k \\ w_{ji}^1 & \text{sonst} \end{cases}$$

Um die Bedeutung dieser Regel zu sehen, greifen wir das Eingangsneuron j heraus. Nur *ein* Gewicht, nämlich das mit dem aktiven Ausgangsneuron k verbundene w^1_{jk}, kann sich ändern, und zwar nur von „1" nach „0", niemals umgekehrt.

Bei der Initialisierung wurden alle Gewichte der Eingangsneuronen gleich „1" gesetzt. Das bedeutet eine *vollständige* Verbindung der Klassifizierungsschicht zur Eingangs-Vergleichsschicht. Durch die einzelnen Lernschritte werden immer mehr dieser Verbindungen deaktiviert.

Eine weitere Formulierung der Lernregel lautet:

$$\delta w_{ji}^{1} = w_{ji}^{1\,\text{neu}} - w_{ji}^{1} = \begin{cases} w_{jk}^{1}\left(E_{j}-1\right) & \text{für } i = k \\ 0 & \text{sonst} \end{cases}$$

Lernen in der Klassifizierungsschicht

Das Lernen in der Klassifizierungsschicht ist dem in der Eingangs-Vergleichs-schicht sehr ähnlich. Nur die Gewichte des aktiven Neurons k werden geändert: sie werden gleich dem Ausgangswert des Eingangsneurons gesetzt, mit dem sie verbunden sind. Allerdings kommt noch eine „Skalierung" dazu, so daß die Gewichte in der Regel (nämlich dann, wenn mehr als ein Eingangsneuron aktiv ist) kleiner als 1 werden:

$$w_{ij}^{2\,\text{neu}} = \begin{cases} \dfrac{sa_{j}^{1}}{s + \sum\limits_{n=1}^{N_{E}} a_{n}^{1} - 1} & \text{für } i = k \\[2ex] w_{ij}^{2} & \text{sonst} \end{cases}$$

Die Gewichte zu den aktiven Eingangsneuronen erhalten alle denselben Wert; wegen

$$N_{E} \geq \sum_{j=1}^{N_{E}} a_{j}^{1}$$

ist dieser immer größer als der Initialisierungswert. Die Gewichte zu den inakti-ven Eingangsneuronen werden gleich 0.

Zuordnung zwischen Ausgangsneuronen und Klassen

Jedes Neuron der Klassifizierungsschicht kann eine Klasse repräsentieren. Zu Beginn (nach der Initialisierung der Gewichte) sind jedoch Neuronen und Klas-sen noch nicht einander zugeordnet. Wir betrachten nun ein Neuron k der Klas-sifizierungsschicht. Ob dieses Neuron einer Klasse zugeordnet ist, erkennt man an den Gewichten der *Eingangs-Vergleichsschicht* F_{1}. Für das Neuron k ist der Vektor v^{k} mit den Komponenten

$$v_{j}^{k} := w_{jk}^{1}$$

zuständig. Zunächst sind alle Komponenten dieses Vektors gleich 1. Wenn k den Eingangsvektor gültig klassifiziert, was durch Resonanz festgestellt wird, so werden durch den Lernvorgang einige Komponenten von v^{k} auf „0" gesetzt, wodurch die Klasse k „aufgemacht" wird. Ein Ausgangsneuron k ist also dann einer Klasse zugeordnet, wenn mindestens eine Komponente von v^k gleich „0" ist.

Wenn ein Eingangsmuster anliegt und noch nicht alle Ausgangsneuronen einer Klasse zugeordnet sind, findet der ART1-Algorithmus auf jeden Fall eine Klasse für das Muster. Bei der Suche gerät er nämlich entweder an eine Klasse, die bereits aufgemacht ist und zugleich mit dem Eingangsmuster in Resonanz steht, oder an eine noch nicht aufgemachte Klasse k. Diese Klasse steht mit dem Eingangsmuster auf jeden Fall in Resonanz (und wird daher aufgemacht). Diese Behauptung ergibt sich aus folgender Überlegung:

Da k nicht aufgemacht ist, gilt $w^1_{jk} = 1$ für $j = 1...N_E$, und A_k ist der einzige Ausgang mit dem Wert „1". Daraus folgt (Gl. 6-1):

$$\varepsilon'^1_j = \sum_i w^1_{ji} A_i = w^1_{jk} A_k = 1$$

Die Klassifizierungsschicht ist aktiv und daher $G = 0$ (Abschn. 6.2.4). Aus der 2/3-Regel (Abschn. 6.2.5) ergibt sich $a^1_j = E_j$ und damit (Gl. 6-2):

$$r = \frac{\sum_j a^1_j}{\sum_j E_j} = 1 > \rho$$

Die Ungleichung ist eine Folge von Gl. 6-4. Damit ist die Resonanzbedingung $r \geq \rho$ (Gl. 6-5) erfüllt.

6.2.9 Zusammenfassung

Die Bestandteile des ART1 können als Neuronen aufgefaßt werden; Tabelle 6-2 faßt ihre Eigenschaften und Kennwerte zusammen. Die Regeln für die Reproduktion sind in Tabelle 6-3, diejenigen für das Lernen in Tabelle 6-4 aufgelistet.

Das Netz verwendet eine Reihe von Parametern, die teilweise bereits vor seiner Erstellung bekannt sein müssen; sie sind in Tabelle 6-5 zusammengestellt.

Tabelle 6-2 Neuronen im ART1

Hier sind die Eigenschaften und Kennwerte aller Neuronen im ART1 zusammengefaßt. Die Bedeutung der einzelnen Tabelleneinträge, gezeigt an Hand der Spalte F_1 (Eingangs-Vergleichsschicht), ist folgende: Die Zeile „Neuronen-Anzahl" gibt die Anzahl der Neuronen in der jeweiligen Schicht an. Das betrachtete Neuron wird mit dem in „Neuronen-Indizierung" angegebenen Buchstaben gekennzeichnet; beispielsweise bedeutet die Angabe „E_j" in „Eingänge-Wert" den zum betrachteten Eingangsneuron führenden Netzeingang. Die Zeilen „Eingänge" und „Gewichte" geben die Bestandteile an, aus denen der effektive Eingang berechnet wird; in F_1 ist das $1{\times}E_j + \Sigma_i w^1_{ji} A_i + 1{\times}G$ mit $i = 1...N_A$. Schließlich sind noch die Aktivierungsfunktion, die Ausgangsfunktion und, soweit vorhanden, deren Schwelle angegeben.

Schicht		F_1			F_2	Gain		Reset	
Neuronen	Anzahl	N_E			N_A	1		1	
	Indizierung	j			i				
Eingänge	Anzahl	1	N_A	1	N_E	N_E	N_A	N_E	N_E
	Indizierung		i		j	j	i	j	j
	Wert	E_j	$A_i{=}a^2_i$	G	a^1_j	E_j	$A_i{=}a^2_i$	E_j	a^1_j
Gewichte		1	w^1_{ji}	1	w^2_{ij}	1	$-N_E$	ρ	-1
Aktivierungsfunktion		Identität			Identität	Identität		Identität	
Ausgangsfunktion	Typ	Stufenfunktion (2/3-Regel)			Wettbewerb (nur eingeschaltete Neuronen)	Stufenfunktion		Stufenfunktion (Funktionswert im Nullpunkt = 0)	
	Schwelle	1,5				0,5		0	

Tabelle 6-3 Reproduktion im ART1

Schicht	Formeln	Anmerkungen
F_1	$$\varepsilon_j'^1 = \sum_{i=1}^{N_A} w_{ji}^1 A_i$$ $$a_j^1 = \Theta\left(E_j + \varepsilon_j'^1 + G - 1,5\right)$$ Es gilt: $E_j,\ \varepsilon_j'^1,\ G \in \{0,1\}$	a_j^1 wird aktiv, wenn mindestens zwei der drei Größen E_j, $\varepsilon_j'^1$ und G gleich 1 sind (2/3-Regel). Folge: Ist F_2 nicht aktiv, wird E auf den Ausgang von F_1 durchgeschaltet; andernfalls wird E mit ε'^1 maskiert und durchgeschaltet.
F_2	$$c_i^2 = \varepsilon_i^2 = \sum_{j=1}^{N_E} w_{ij}^2 a_j^1$$ $$a_i^2 = \begin{cases} 1 & \text{für} \quad c_i^2 = \max_{\text{eingeschaltete } k} c_k^2 \\ 0 & \text{sonst} \end{cases}$$	Wettbewerb unter den *eingeschalteten* Neuronen der Klassifizierungsschicht
Gain	$$G = \begin{cases} 1 & \text{für} \quad \sum_{j=1}^{N_E} E_j > 0 \wedge \sum_{i=1}^{N_A} A_i = 0 \\ 0 & \text{sonst} \end{cases}$$ Äquivalent: $$G = \Theta\left(\sum_{j=1}^{N_E} E_j - N_E \sum_{i=1}^{N_A} A_i - 0,5\right)$$	$G = 1$, wenn ein Eingangsmuster anliegt und keine Klassifizierung erfolgt ist. Folge: Falls ein Muster am Netz anliegt, ist entweder der Gain oder ein Ausgangsneuron aktiv.
Reset	$$R = \tilde{\Theta}\left(\rho \sum_{j=1}^{N_E} E_j - \sum_{j=1}^{N_E} a_j^1\right)$$ $\tilde{\Theta}$ ist die Stufenfunktion mit $\tilde{\Theta}(0) = 0$. Äquivalent: $R = 1$, wenn $$r := \sum_{j=1}^{N_E} a_j^1 \Big/ \sum_{j=1}^{N_E} E_j < \rho$$	Resetsignal R, wenn die Übereinstimmung r zwischen der Klassifizierung und dem Eingangsmuster den Aufmerksamkeitsparameter ρ unterschreitet (keine Resonanz). Hat nur eine Wirkung, wenn F_2 aktiv ist, und schaltet dann das aktive Ausgangsneuron aus.

Tabelle 6-4 Lernen im ART1

Schicht	Gewichte		Formeln	Anmerkungen
	Startwerte	Wertebereich		
F_1	$w_{ji}^1 = 1$	$\{0,1\}$	$w_{ji}^{1\ \text{neu}} = \begin{cases} a_j^1 & \text{für } i = k \\ w_{ji}^1 & \text{sonst} \end{cases}$ $w_{ji}^{1\ \text{neu}} = \begin{cases} w_{jk}^1 E_j & \text{für } i = k \\ w_{ji}^1 & \text{sonst} \end{cases}$	Nur die mit dem aktiven Neuron k von F_2 verbundenen Gewichte lernen; dabei kann „1" zu „0" werden, niemals umgekehrt.
F_2	$w_{ij}^2 < \dfrac{s}{s + N_E - 1}$ mögliche Wahl: $w_{ij}^2 = \dfrac{1}{N_E}$	$[0,1]$	$w_{ij}^{2\ \text{neu}} =$ $\begin{cases} \dfrac{s a_j^1}{s + \sum\limits_{n=1}^{N_E} a_n^1 - 1} & \text{für } i = k \\ w_{ij}^2 & \text{sonst} \end{cases}$	Nur die Gewichte des aktiven Neurons k lernen; die mit den aktiven Eingangsneuronen verbundenen Gewichte erhalten alle denselben Wert, die anderen Gewichte werden gleich 0.
Gain	$1, -N_E$		Gewichte unverändert	
Reset	$\rho, -1$		Gewichte unverändert	

Tabelle 6-5 Parameter des ART1

Para-meter	Werte-bereich	Bedeutung	Kriterien für die Festlegung
N_E	ganz-zahlig	Anzahl der Netzein-gänge	Dimension der Eingangsmuster; muß vor Erstellung des Netzes festgelegt werden
N_A	ganz-zahlig	Anzahl der Netzaus-gänge	Größte Anzahl der Klassen, die das Netz „aufmachen" kann; muß vor Erstellung des Netzes festgelegt werden
w_{ji}^1	$\{0,1\}$	Gewichte der Eingangs-Vergleichsschicht	Werden durch die Lernregel verwaltet
w_{ij}^2	$[0,1]$	Gewichte der Klassifi-zierungsschicht	Werden durch die Lernregel verwaltet
s	$s > 1$	Skalierungsfaktor	Beeinflußt den Wettbewerb unter der Neuronen der Klassi-fizierungsschicht
ρ	$0 < \rho < 1$	Aufmerksamkeitspara-meter	Beeinflußt die Klasseneintei-lung: große ρ führen zu feiner, kleine zu grober Einteilung

Bild 6-3 enthält ein Flußdiagramm für den Funktionsablauf im ART1; um das Verständnis zu erleichtern, zeigt Bild 6-4 die Grobstruktur des Netzes. Bevor das Netz arbeiten kann, sind die Netzparameter (Tabelle 6-5) festzulegen und die Gewichte (Tabelle 6-4, Spalte „Startwerte") zu initialisieren. Nun werden alle Kategorien eingeschaltet, ein Eingangsmuster angelegt und die Klassifizie-rungsschicht deaktiviert (d.h. alle Ausgänge gleich „0" gesetzt). Anschließend wird der Gain G berechnet (Tabelle 6-3, Zeile „Gain") und die Eingangs-Ver-gleichsschicht F_1 reproduziert (Zeile „F_1"); da im gegenwärtigen Zustand die Klassifizierungsschicht F_2 noch nicht aktiviert ist, gelangt das Eingangsmuster unverändert an den Ausgang von F_1. Es folgt ein Reproduktionsschritt in F_2, wodurch ein Neuron dieser Schicht aktiv wird und damit eine vorläufige Klassi-fizierung des Eingangsmusters stattfindet. Eine neuerliche Berechnung von G und Reproduktion von F_1 gibt das durch die vorläufige Klassifizierung modifi-zierte Eingangsmuster an den Ausgang weiter.

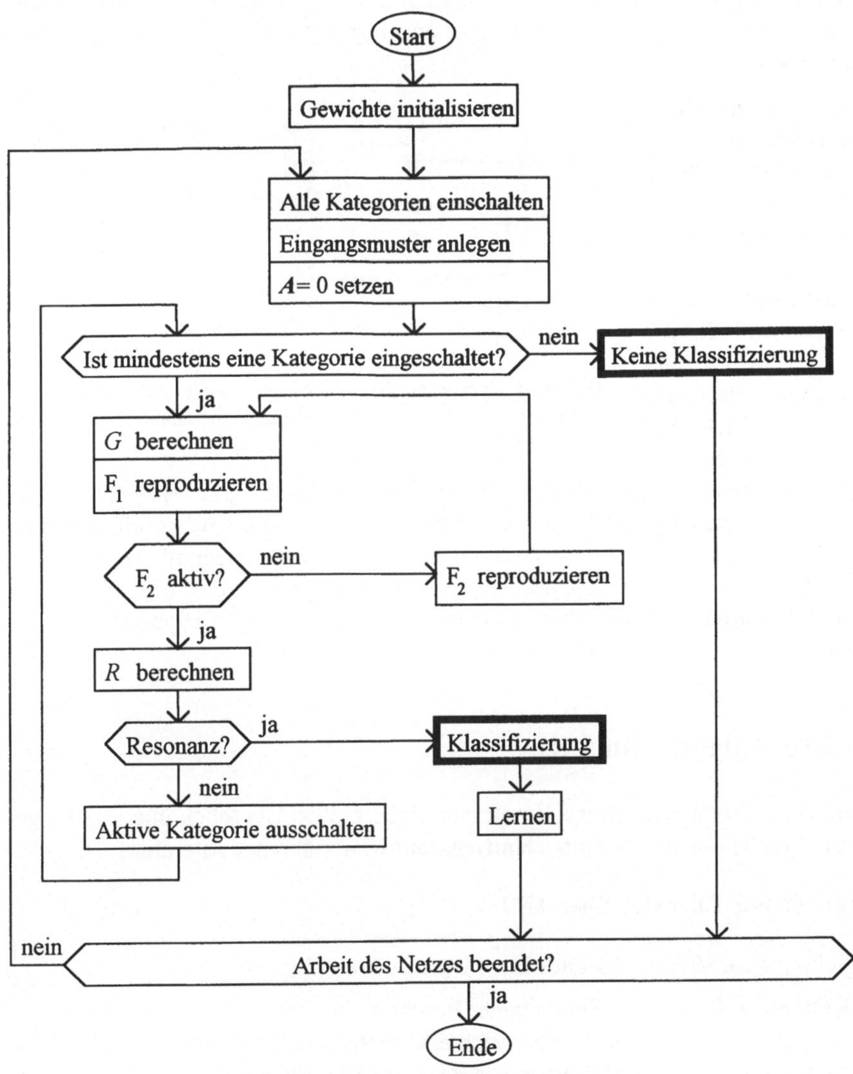

Bild 6-3 Funktionsablauf im ART1
Beschreibung im Text

Durch Berechnung des Reset R kann nun auf Resonanz geprüft werden. Wenn bereits Resonanz vorliegt, ist das Eingangsmuster endgültig klassifiziert; in diesem Fall wird in beiden Schichten ein Lernschritt (Tabelle 6-4, Spalte

„Formeln") durchgeführt. Die Bearbeitung des Eingangsmusters ist damit abgeschlossen; nun kann ein neues Muster angelegt oder die Netzberechnung beendet werden.

Wenn keine Resonanz vorliegt, ist die vorläufige Klassifizierung ungültig; die aktive Kategorie wird daher ausgeschaltet und, solange noch mindestens eine Kategorie eingeschaltet ist, eine neue geeignete Kategorie unter den

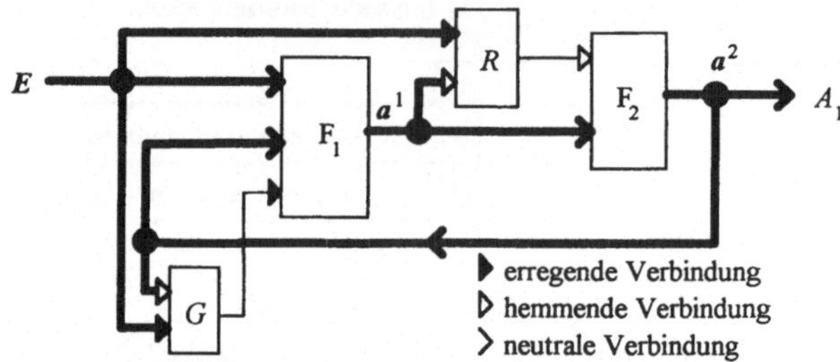

Bild 6-4 Struktur des ART1 (vereinfacht)
Dieses Bild ist eine vereinfachte Fassung von Bild 6-2; es dient als Grundlage für die Funktionsbeschreibung des Netzes.

eingeschalteten gesucht. Dazu wird wiederum G berechnet, F_1 reproduziert und, da jetzt F_2 aktiv ist, auf Resonanz geprüft. Diese Schleife wird so oft durchlaufen, bis entweder eine gültige Klassifizierung gefunden ist oder alle vorhandenen Kategorien ausgeschaltet sind. Im letzteren Fall konnte das Eingangsmuster nicht klassifiziert werden. Nun ist das Netz für das nächste Eingangsmuster bereit.

6.2.10 Literaturhinweise

Die vorliegende Darstellung konnte nur einen groben Überblick über ART1 geben. Tabelle 6-6 enthält einige Hinweise auf weiterführende Literatur.

Tabelle 6-6 Literatur über ART

Schöneburg 1990	Zeitdiskrete Beschreibung des ART1
Kratzer 1990	Zeitdiskrete Beschreibung des ART1 im Abschnitt „Unüberwachte Klassifikation" unter der Bezeichnung „Carpenter-Grossberg-Klassifikator"
Köhle 1990	Übersichtliche qualitative Beschreibung
Brause 1991	Hinweise auf den Aufbau von ART2 und ART3
Carpenter 1987	Ausführliche Beschreibung der originalen (zeitkontinuierlichen) Fassung des ART1

III PRAXIS

7 Anwendungen

7.1 Problemtypen

7.1.1 Übersicht

Die Probleme, die mit neuronalen Netzen behandelt werden können, sind von unterschiedlicher Art. Um zu einem vorgegebenen Problem ein geeignetes Netz zu finden, ist es nützlich, eine Reihe von *Problemtypen* zu haben, zu denen dann entsprechende Netze gehören. Damit eine Verbindung zwischen Netz- und Problemtyp besteht, ist es nützlich, die verschiedenen Möglichkeiten des Reproduktionsverhaltens eines Netzes zu klassifizieren und jedem Verhaltenstyp einen Problemtyp zuzuordnen.

Das geschieht in Tabelle 7-1. Jedes neuronale Netz arbeitet wie folgt: An seinen Eingang wird eine zeitliche Folge von Eingangsmustern E angelegt; als Ergebnis produziert das Netz eine Folge von Ausgangsmustern A. Im allgemeinen Fall erhält man also eine **Zeitreihe** (Abschn. 7.1.6). Die meisten Anwendungen legen jedoch ein Muster an den Eingang an und lassen es dann unverändert; der Eingang ist also *statisch*.

Meist verlangt man bei einem statischen Eingang, daß nach einer endlichen Zahl von Reproduktionsschritten ein definierter Ausgangszustand eingenommen oder zumindest approximativ erreicht wird. Ersteres geschieht immer bei rückkopplungsfreien, letzteres häufig bei rückgekoppelten Netzen. Hier sind wiederum zwei Möglichkeiten denkbar. Wenn garantiert höchstens ein Ausgang aktiv sein kann, so spricht man von **Klassifikation** (Abschn. 7.1.2): jedes Eingangsmuster wird einer Klasse zugeordnet. Die Ausgangsneuronen wirken dann als „Großmutterzellen".

Wenn mehrere Ausgänge aktiv werden können, hat man zwischen auto- und heteroassoziativem Verhalten zu unterscheiden. Ein **autoassoziativer Speicher** (Abschn. 7.1.3) liegt vor, wenn ein gelerntes Muster, das an den Eingang angelegt wird, sich selbst reproduziert. Ein solcher Speicher ist vor allem zur *Musterergänzung* geeignet. Wenn dagegen die Eingangsmuster mit im Prinzip beliebigen Ausgangsmustern assoziiert sind, arbeitet das Netz *heteroassoziativ*. Legt man ein gelerntes Muster an, so reproduziert das Netz das zugehörige Ausgangsmuster, arbeitet also als **heteroassoziativer Speicher** (Abschn. 7.1.4). Legt man dagegen ein neues Muster an, so erhält man irgendein Ausgangsmuster, das natürlich in einer „vernünftigen" Beziehung zum Eingangsmuster stehen sollte; man spricht von **Generalisierung** (Abschn. 7.1.4).

Nicht immer führt ein statischer Eingang zu einem (zumindest approximativ) statischen Ausgang. Möglich und oft erwünscht ist ein *Grenzzyklus*, also eine Folge aus endlich vielen verschiedenen Ausgangsmustern, die laufend wiederholt wird. Hier hat man eine **Musterfolge** oder **Zeitsequenz** (Abschn. 7.1.5). Im schlimmsten Fall ergibt sich eine *chaotische* Folge von Ausgangsmustern; dieses Reproduktionergebnis ist im allgemeinen unerwünscht.

Die einzelnen Problemtypen werden in den nun folgenden Abschnitten genauer behandelt.

Tabelle 7-2 gibt an, welche Netze für die einzelnen Problemtypen besonders geeignet sind. Sie erhebt keineswegs Anspruch auf Vollständigkeit. Die Zuordnung ist auch bei weitem nicht so eindeutig, wie die Tabelle suggeriert. Beispielsweise können Klassifizierung oder autoassoziatives Verhalten unter geeigneten Umständen auch mit heteroassoziativen Netzen erreicht werden, oder ein bestimmter Netztyp mag auf Grund seiner modellbedingten Nachteile für ein konkretes Problem ungeeignet sein.

Tabelle 7-1 Einteilung der Arbeitsweise eines Netzes

Diese Einteilung beschränkt sich auf das Reproduktionsverhalten des Netzes. Das Verhalten ist vom Netztyp und in vielen Fällen auch von den Gewichten und vom angelegten Eingangsmuster abhängig. Die verschiedenen Verhaltensmöglichkeiten korrespondieren mit Problemtypen (in der Tabelle fett umrandet), für die das jeweilige Netz geeignet ist.

<table>
<tr><td colspan="7">Grundsätzliche Arbeitsweise eines Netzes:

Vorgegeben: Folge von Eingangsmustern $E(t)$, $t = 0,1,2,...$

Ergebnis: Folge von Ausgangsmustern $A(t)$, $t = 0,1,2,...$</td></tr>
<tr><td colspan="6">Statische Vorgabe: ein statisches Eingangsmuster wird an das Netz angelegt</td><td>Dynamische Vorgabe: eine Folge von Eingangsmustern wird angelegt</td></tr>
<tr><td colspan="4">Ausgang erreicht oder approximiert statischen Zustand</td><td colspan="2">Ausgang ist für beliebig große Zeiten veränderlich (nur bei rückgekoppelten Netzen möglich)</td><td>Zeitreihe</td></tr>
<tr><td>Höchstens ein Ausgang ist aktiv</td><td colspan="3">Mehrere Ausgänge sind aktiv</td><td>Grenzzyklus</td><td>Chaos</td><td></td></tr>
<tr><td>Klassifikation</td><td>Ausgangsmuster = Eingangsmuster</td><td colspan="2">Ausgangsmuster mit Eingangsmuster assoziiert</td><td>Ausgangsmusterfolge</td><td>unbrauchbar [1]</td><td></td></tr>
<tr><td></td><td>autoassoziativer Speicher: Musterergänzung</td><td>Vorgabe: gelerntes Muster</td><td>Vorgabe: neues Muster</td><td></td><td></td><td></td></tr>
<tr><td></td><td></td><td>heteroassoziativer Speicher</td><td>Generalisierung</td><td></td><td></td><td></td></tr>
</table>

[1] es sei denn, man möchte Chaos erzeugen!

Tabelle 7-2 Zuordnung zwischen Netz- und Problemtypen
Ist ein Problemtyp gegeben, so läßt sich aus dieser Tabelle ablesen, welche Netztypen dafür in
Frage kommen. Generalisierung, Musterfolgen und im allgemeinen auch Zeitreihen können als
Spezialfälle eines heteroassoziativen Speichers aufgefaßt werden; Musterfolgen und Zeitreihen
benötigen spezialisierte Netze (Abschn. 7.1.5 bzw. 7.1.6).

Netztyp	Klassi-fizie-rung	autoasso-ziativer Speicher	hetero-assozia-tiver Speicher	Genera-lisie-rung	Muster-folge	Zeit-reihe
Muster-Assoziator			●	s. heteroassoziativer Speicher		
Perzeptron	●		●			
ADALINE			●			
MADALINE			●			
Auto-Assoziator		●				
Fehlerrück-führungs-Netz			●			
Hopfield		●				
BAM			●			
Boltzmann			●			
Gegenstrom		●	●			
ART1	●					
Wettbewerbs-Netz	●					
Neocognitron	●					

7.1.2 Klassifikation

Klassifikation ist die Einteilung von Mustern in *Gruppen* (auch *Klassen* oder
Kategorien genannt). Die Reproduktionsaufgabe eines Klassifizierers besteht also darin, zu einem vorgegebenen Eingangsmuster die richtige Klasse anzugeben.
Ein neuronales Netz liefert lediglich Ausgangswerte; daher ist es Sache des Anwenders, die Netzausgänge in geeigneter Weise als Klasseneinteilung zu interpretieren.

Am einfachsten erreicht man das, wenn man für die Netzausgänge nur zwei
Werte (aktiv/inaktiv) zuläßt und verlangt, daß höchstens ein Ausgang aktiv wer-

den darf. Dann steht jeder Netzausgang für eine Klasse, und der aktive Ausgang bezeichnet diejenige Klasse, die das Netz dem Eingangsmuster zugeordnet hat. Wenn kein Ausgang aktiv ist, konnte das Netz keine geeignete Kategorie finden. Die Ausgangsneuronen sind „Großmutterzellen"; ein solches Netz ist wenig fehlertolerant, da bei Ausfall eines Ausgangsneurons die betreffende Kategorie verlorengeht.

Einen typischen Klassifizierer erhält man, wenn die Ausgangsschicht des Netzes mit Reproduktion durch Wettbewerb (Abschn. 3.2.6) arbeitet, da in diesem Fall höchstens ein Ausgang aktiv wird.

Ein Klassifizierer kann überwacht oder unüberwacht lernen. Bei der **überwachten Klassifikation** ist die Klasseneinteilung der Eingangsmuster bekannt; das Netz lernt also Musterpaare der Gestalt (Eingangsmuster,Klasse). Die **unüberwachte Klassifikation** verlangt, daß das Netz die Klasseneinteilung selbst findet. Es muß also die (häufig statistischen) Regelmäßigkeiten in der Menge der Eingangsmuster aufspüren; man kann hier von einem **Regelmäßigkeits-Detektor** sprechen.

Ein Klassifizierer kann als heteroassoziativer Speicher (Abschn. 7.1.4) aufgefaßt werden, dessen Ausgangsmuster höchstens je eine aktive Komponente enthalten. Daher kann man ein beliebiges heteroassoziatives Speichermodell als Klassifizierer trainieren, indem man die zu lernenden Musterpaare entsprechend (d.h. mit jeweils nur einer aktiven Komponente in den Sollmustern) gestaltet. Allerdings hat man keine Garantie, daß ein nicht gelerntes Eingangsmuster eindeutig klassifiziert wird; das Ergebnis muß dann „nachbearbeitet" werden, so daß es als Klassifikation interpretierbar ist.

Bisher haben wir Klassifizierer betrachtet, bei denen höchstens ein Ausgang aktiv ist. Das ist jedoch nicht die einzige Möglichkeit. Faßt man die Ausgänge eines heteroassoziativen Netzes nicht als Muster, sondern als binäre Codierung der Klasse auf, so gelangt man ebenfalls zu einer Klassifikation. Ein solches Netz sollte zweiwertige Ausgänge haben.

7.1.3   Autoassoziativer Speicher

Ein **autoassoziativer Speicher** speichert einzelne Muster. Wird einem solchen Netz ein Teil eines gespeicherten Musters oder ein einem gespeicherten Muster ähnliches (z.B. ein verrauschtes) Muster an seinem Eingang angeboten, so liefert es an seinem Ausgang im Idealfall exakt das gespeicherte Muster. Eine typische Anwendung ist also die *Musterergänzung*.

Daraus folgt, daß die Anzahl der Netzausgänge mit der Anzahl der Netzeingänge übereinstimmen muß. Das Netz assoziiert jedes Muster mit sich selbst (daher der Name *auto*assoziativ), so daß ein Teilmuster oder eine verrauschte Variante als Schlüssel für das Originalmuster dienen kann.

Beim Lernen wird dem autoassoziativen Speicher eine Menge von Mustern angeboten. Im einfachsten Fall sind die Muster dieser Menge alle deutlich voneinander verschieden, so daß das Netz die einzelnen Muster einfach speichern kann. Manche Netzmodelle (etwa das Hopfield-Netz) erlauben es, ihre Gewichte direkt gemäß diesen Mustern zu setzen.

Oft weisen die zu lernenden Muster untereinander Ähnlichkeiten auf. Nun speichert das Netz nicht die angebotenen Muster direkt, sondern an deren Stelle daraus abgeleitete Prototypen, die es allerdings selbst (sozusagen unüberwacht) finden muß.

Die Arbeitsweise eines autoassoziativen Speichers ist mit der Klassifikation (Abschn. 7.1.2) verwandt. Während jedoch ein Klassifizierer auf ein angelegtes Eingangsmuster mit der Ausgabe der zugehörigen Klasse antwortet, liefert der autoassoziative Speicher direkt den zur betreffenden Klasse gehörenden Prototyp.

7.1.4   Heteroassoziative Speicher und Generalisierung

Ein **heteroassoziativer Speicher** lernt Musterpaare: Wird eines der gelernten Eingangsmuster angelegt, so soll am Ausgang das zugehörige („assoziierte") Ausgangsmuster erscheinen.

Bietet man ein Eingangsmuster an, das vom Netz nicht gelernt wurde, so wird irgendein Ausgangsmuster erscheinen. Sei nun (E,A) eines der gelernten Musterpaare. Wird ein Muster, das dem gelernten Muster E ähnlich ist, an das Netz angelegt, so wird man erwarten, daß das erhaltene Ausgangsmuster mit A übereinstimmt oder diesem zumindest ähnlich ist; das Netz soll also auf ein bisher unbekanntes Eingangsmuster korrekt antworten. In diesem Fall spricht man von **Generalisierung**.

Da es wesentlich von den Erwartungen des Anwenders abhängt, was eine „korrekte" Antwort sein soll, kann es keine eindeutige und allgemeine Bedeutung des Begriffs „Generalisierung" geben. Alle Aussagen darüber sind daher grundsätzlich vage und sollten nur mit entsprechender Vorsicht gehandhabt werden.

Die Generalisierungsfähigkeit der verschiedenen Netze ist recht unterschiedlich. Einige allgemeine Aussagen sind jedoch möglich. Wenn, verglichen mit der Größe des Netzes, nur wenige Musterpaare zum Lernen angeboten werden, so wird das Netz die einzelnen Musterpaare speichern; bei vielen Musterpaaren wird es Gemeinsamkeiten des Trainingssatzes zu Prototypen komprimieren und diese speichern. Daher lernen große Netze gut und generalisieren schlecht (*overtraining*); bei kleinen Netzen ist es umgekehrt (Bellido 1991). Die Größe des Netzes ist dabei in Relation zum Umfang des Problems zu sehen. Die Generalisierungsfähigkeit kann zusätzlich verbessert (und das Lernen beschleunigt) werden, wenn man die Steigung der Neuronen in den Lernvorgang einbezieht (Griñó Cubero 1991).

7.1.5   Ausgangsmusterfolgen

Viele Erscheinungen, z.B. Sprache, treten als zeitliche Abfolgen auf. Um solche Probleme behandeln zu können, braucht man Netze, die an ihrem Ausgang Musterfolgen anstelle eines einzelnen Musters liefern.

In diesem Abschnitt behandeln wir *endliche* Musterfolgen, die nach dem Anlegen eines Eingangsmusters am Netzausgang erscheinen und laufend wiederholt werden (**Zeitsequenzen**). Hierzu braucht man ein rückgekoppeltes Netz, da vorwärtsgekoppelte Netze nach einer endlichen Zeit einen statischen Zustand einnehmen.

Häufig verwendet man zu diesem Zweck Varianten des Hopfield-Netzes. Da die Lernregeln ziemlich kompliziert sind, bringen wir hier lediglich einige Grundgedanken; Einzelheiten findet man etwa bei Brause (1991), Buhmann (1989), Guyon (1989), Kühn (1991) und Müller (1990).

Die Dynamik gewöhnlicher Hopfield-Netze beruht auf einer Hamilton-Funktion, die dazu führt, daß der Netzzustand einem Fixpunkt und damit einem einzelnen Ausgangsmuster zustrebt. Dieses Verhalten wird im wesentlichen durch die Symmetrie der Gewichte ($w_{ij} = w_{ji}$) garantiert, die wiederum durch die Hopfield-Lernregel (Gl. 4-16b)

$$w_{ij} \propto \sum_{\mu} S_i^{\mu} S_j^{\mu}$$

erreicht wird. Hier haben wir den Proportionalitätsfaktor $1/N$ weggelassen; der Index $\mu = 1...p$ numeriert die Muster des Trainigssatzes.

Um Musterfolgen zu bekommen, muß man von der Symmetrie der Gewichte abgehen. Einen brauchbaren Weg findet man, wenn man berücksichtigt, daß die Hopfield-Lernregel die Muster mit sich selbst assoziiert. Statt dessen assoziiert man nun ein Muster mit dem folgenden Muster:

$$w_{ij} \propto \sum_{\mu} S_i^{\mu+1} S_j^{\mu}$$

Die Summe ist zyklisch zu verstehen, d.h. $S_i^{p+1} = S_i^1$. Auf diesem Grundgedanken beruhen alle Netze, die Musterfolgen speichern.

Diese Lernregel arbeitet einwandfrei, wenn man nur eine einzige Musterfolge hat, deren Muster zudem alle voneinander verschieden sind. Enthält die Musterfolge aber zwei gleiche Muster, oder ist ein Muster zwei gleichzeitig zu lernenden Musterfolgen gemeinsam, so „weiß" das Netz nicht, welches Muster das nächste sein soll. Als Abhilfe kann man mit einem Muster nicht nur das folgende, sondern auch das vorhergehende assoziieren. Für Einzelheiten sei auf die angegebene Literatur, insbesondere auf Kühn (1991) verwiesen.

7.1.6   Zeitreihen

Eine **Zeitreihe** ist eine unendliche Folge reeller Zahlen:

$$x(t), \ t = 0,1,2,...$$

Neuronale Netze werden gelegentlich verwendet, um den zukünftigen Verlauf einer Zeitreihe vorherzusagen. Bild 7-1 zeigt, wie ein Netz mit N_E Eingängen und N_A Ausgängen zu diesem Zweck eingesetzt werden kann.

Zunächst betrachten wir die Reproduktion. t_0 sei der aktuelle Zeitpunkt; die Werte der Zeitreihe seien für diesen und für die vergangenen $N_E - 1$ Zeitpunkte bekannt und werden an die Eingänge des Netzes angelegt. Die N_A Werte, die nach der Reproduktion am Netzausgang erscheinen, sind als

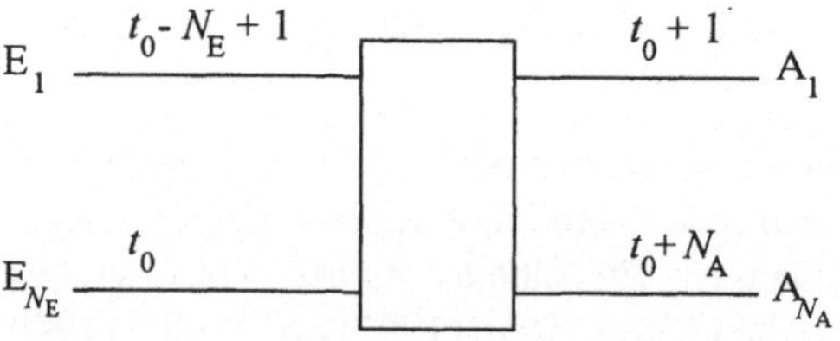

Bild 7-1 Neuronales Netz für Zeitreihen
Das Netz hat N_E Eingänge und N_A Ausgänge. Die Ein- und Ausgänge repräsentieren Werte der Zeitreihe zu verschiedenen Zeiten. Bei der Reproduktion ist t_0 der aktuelle Zeitpunkt; dem Netz werden die früheren Werte der Zeitreihe zwischen t_0-N_E+1 und t_0 angeboten; die Ausgänge liefern die Vorhersage des Netzes für die N_A späteren Zeitpunkte $t_0+1...t_0+N_A$.

die vom Netz vorhergesagten Werte der Zeitreihe für die Zeitpunkte $t_0+1...t_0+N_A$ aufzufassen. Für kurzfristige Voraussagen beschränkt man sich oft auf $N_A = 1$.

Zum Lernen braucht man einen Ausschnitt aus der Zeitreihe. Damit der Trainingssatz genügend umfangreich ist, muß dieser Ausschnitt wesentlich länger als $N_E + N_A$ sein. Der Trainingssatz läßt sich nun leicht angeben: Ist μ ein Zeitpunkt, so lauten Eingangs- und Sollwertvektor des Trainingssatzes wie folgt:

$$E^\mu = (x(\mu - N_E + 1),...,x(\mu))$$

$$S^\mu = (x(\mu + 1),...,x(\mu + N_A))$$

Die zulässigen Werte für μ ergeben sich aus dem bekannten Ausschnitt der Zeitreihe. Ist dieser durch

$$t_{min} \leq t \leq t_{max}$$

gegeben, so lauten die Grenzen für μ:

$$t_{min} + N_E - 1 \leq \mu \leq t_{max} - N_A$$

Die Größe des Trainingssatzes hängt mit der Größe des Ausschnitts gemäß

$$N_{Training} = N_{Ausschnitt} - (N_E + N_A - 1)$$

zusammen.

Im Prinzip kann man jedes heteroassoziative Netz zur Zeitreihenvorhersage einsetzen (Schöneburg 1990). Besonders häufig werden Fehlerrückführungsnetze verwendet (Müller 1990, Wong 1991a).

Neuronale Netze arbeiten oft mit beschränkten Intervallen oder gar nur mit binären Werten. Eine vorgegebene Zeitreihe ist dann nicht direkt verwendbar, sondern muß zuerst codiert werden. Die codierte Zeitreihe

$$y(t), \; t = 0,1,2,...$$

kann ein Vektor sein, d.h. der Wert y der Zeitreihe kann aus mehreren Komponenten bestehen. Für die Interpretation muß das Ergebnis wieder nach x zurückcodiert werden.

Wenn man ein Netz verwendet, das ein Intervall $[m,M]$ verarbeitet (etwa ein Fehlerrückführungs-Netz), und wenn, was in der Regel der Fall ist, die Zeitreihe x auf ein Intervall $[a,b]$ beschränkt ist, so kann man eine lineare Codierung vornehmen (Grifió Cubero 1991):

$$y(t) = \frac{(M - m)x(t) - Ma + mb}{b - a}$$

Im häufigsten Fall $[m, M] = [0,1]$ wird die Codierung besonders einfach:

$$y(t) = \frac{x(t) - a}{b - a}$$

Wesentlich komplizierter wird die Codierung, wenn das Netz binäre Eingänge benötigt. In diesem Fall wird $y(t)$ ein Vektor; die benötigte Anzahl der Netzeingänge wächst damit beträchtlich an. Für Einzelheiten sei auf Schöneburg (1990) verwiesen.

7.2 Konkrete Anwendungen

7.2.1 Übersicht

Der vorliegende Abschnitt soll dem Leser helfen, zu einem konkreten Problem, das er lösen möchte, ein geeignetes Netz zu finden. Die Anwendungen sind in verschiedene Gruppen („Schul"probleme; technische, wissenschaftliche und sonstige Anwendungen) eingeteilt, so daß die jeweiligen Lösungsvorschläge leicht zu finden sein dürften. Zu jeder Gruppe gehört eine tabellarische Zusammenstellung.

Eine bloße Aufzählung existierender und möglicher Anwendungen neuronaler Netze würde dem Leser keinen wirklichen Nutzen bringen. Statt dessen werden hier Einzelheiten des jeweiligen Problems und seiner Lösungsmöglichkeiten, d.h. also eine Problembeschreibung sowie Lösungswege, dargestellt. Das erfordert allerdings eine Beschränkung auf ausgewählte Probleme, so daß der Leser nicht in jedem Fall fündig werden wird.

7.2.2 „Schul"probleme

Unter der Bezeichnung „Schulprobleme" fassen wir eine Reihe von Problemen zusammen, die von großem didaktischem Wert sind und daher in der Literatur immer wieder besprochen werden, bei praktischen Anwendungen jedoch kaum eine Rolle spielen.

XOR-Problem

Das **XOR-Problem** wird in der einführenden Literatur über neuronale Netze häufig behandelt, da sich mit ihm die Grenzen einschichtiger Netze leicht veranschaulichen lassen. Die Aufgabe besteht darin, die logische XOR-Verknüpfung durch ein Netz darzustellen. Repräsentiert man die Wahrheitswerte „wahr" durch „1" und „falsch" durch „0", so muß das Netz die Musterpaare von Tabelle 4-1 (Abschn. 4.1.5) korrekt reproduzieren. Ein Netz, welches das leistet, hat zwei Eingänge und einen Ausgang und arbeitet als heteroassoziativer Speicher. Aus Tabelle 7-2 ist ersichtlich, daß dafür viele Netztypen in Frage kommen. Das XOR-Problem ist jedoch nicht linear teilbar (Abschn. 4.1.5), so daß einschichtige Netze aus Neuronen 1. Ordnung keine Lösung bringen.

Ein Fehlerrückführungs-Netz aus zwei verborgenen und einem Ausgangsneuron führt zum Ziel. Läßt man Neuronen 2. Ordnung zu, so genügt sogar ein Netz aus einem einzigen Neuron (Tabelle 7-3).

Paritätsproblem

Beim **Paritätsproblem** soll ein gegebener Vektor aus Nullen und Einsen daraufhin untersucht werden, ob er eine gerade oder eine ungerade Anzahl von Einsen enthält.Ist N_E die Dimension dieses Vektors, so benötigt man ein Netz mit N_E Eingängen E_j und einem einzigen Ausgang A. Ist die Anzahl der Einsen im angelegten Eingangsvektor gerade, so soll der Netzausgang den Wert $A = 0$ annehmen, andernfalls den Wert $A = 1$.

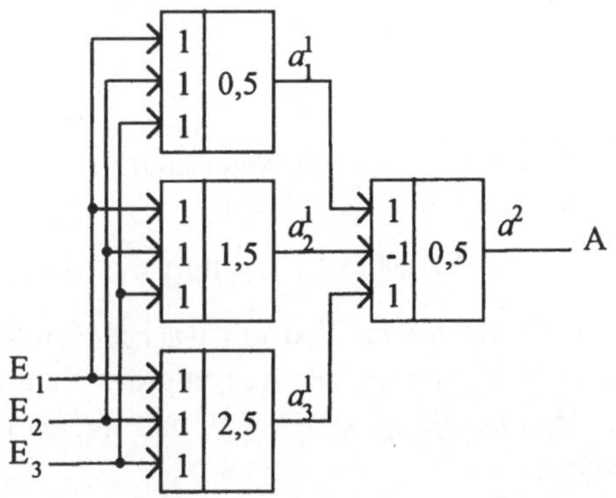

Bild 7-2 Netz zur Lösung des 3-dimensionalen Paritätsproblems
Bei den einzelnen Neuronen sind die Gewichte und Schwellen eingetragen.

Dieses Problem ist eine Verallgemeinerung des XOR-Problems (Tabelle 4-1) auf höherdimensionale Eingangsvektoren und durch einschichtige Netze aus Neuronen 1. Ordnung ebenfalls nicht lösbar. Eine Lösung durch ein zweischichtiges vorwärtsgekoppeltes Netz läßt sich jedoch leicht angeben (Rumelhart 1988b). Bild 7-2 zeigt ein Beispiel für dreidimensionale Eingangsvektoren. Sämtliche Neuronen des Netzes sind McCulloch-Pitts-Neuronen mit Schwelle. Die Anzahl N_1 der verborgenen Neuronen ist gleich der Dimension des Netzeingangs

$(N_1 = N_E)$; jedes dieser Neuronen erhält den vollständigen Eingangsvektor. Die Ausgangsschicht besteht aus einem einzigen Neuron, das die gewichtete Summe aus den Ausgängen aller verborgenen Neuronen bildet.

Die Gewichte und Schwellen der verborgenen Neuronen sind wie folgt zu wählen:

$$w^1_{ij} = 1, \; i = 1...N_1, j = 1...N_E$$

$$\vartheta^1_i = i - 0{,}5, \; i = 1...N_1$$

Für das Ausgangsneuron gilt:

$$w^2_{1i} = (-1)^{i+1}, \; i = 1...N_1$$

$$\vartheta^2_1 = 0{,}5$$

Es läßt sich leicht nachrechnen, daß dieses Netz das Pritätsproblem löst: Im Eingangsvektor seien k Komponenten aktiv. Der effektive Eingang des verborgenen Neurons i lautet dann:

$$\varepsilon^1_i = \sum_{j=1}^{N_E} w^1_{ij} E_j = \sum_{j=1}^{N_E} E_j = k$$

Die letzte Gleichheit gilt, weil E_j nur die Werte „0" und „1" annehmen kann. Für die Aktivität erhält man damit:

$$c^1_i = \varepsilon^1_i - \vartheta^1_i = k - (i - 0{,}5) = k - i + 0{,}5$$

Die Aktivität nimmt also mit wachsender Nummer des Neurons i stufenweise ab; für kleine i wird der Ausgang des Neurons i gleich „1", für große i gleich „0". Man überzeugt sich leicht, daß wegen $a^1_i = \Theta(c^1_i)$ (Stufenfunktion) die Beziehung

$$a^1_i = \begin{cases} 1 & \text{für } i \le k \\ 0 & \text{für } i > k \end{cases}$$

richtig ist.

Die Aktivität des Ausgangsneurons lautet jetzt:

$$c^2_1 = \sum_{i=1}^{N_1} w^2_{1i} a^1_i - \vartheta^2_1 = \sum_{i=1}^{k} (-1)^{i+1} - 0{,}5$$

Für gerade k heben sich die Beiträge in der Summe auf:

$$c^2{}_1 = -0,5$$

Der Netzausgang nimmt also den Wert $A = 0$ an. Ist k ungerade, so bleibt ein Term in der Summe übrig:

$$c^2{}_1 = (-1)^{k-1} - 0,5 = 1 - 0,5 = 0,5$$

Das ergibt den Wert $A = 1$.

Damit ist nachgewiesen, daß das angegebene Netz das Paritätsproblem löst.

Bisher haben wir die Gewichte und Schwellen vorgegeben. Bei einer realistischeren Anwendung sollten diese natürlich gelernt werden. Da die Parität ein heteroassoziatives Problem ist, bietet sich für seine Lösung ein Fehlerrückführungs-Netz an. Anstelle der McCulloch-Pitts-Neuronen muß man dann eine differenzierbare Ausgangsfunktion, z.B. die Fermi-Funktion, verwenden; außerdem darf man nicht vergessen, die Schwellen in den Lernvorgang mit einzubeziehen.

Ein solches Netz kann das Paritätsproblem ohne weiteres lösen; die erforderliche Anzahl der Lernschritte ist jedoch beträchtlich (Rumelhart 1988b). Das ist kein Wunder, denn die Parität ist kein sehr „natürliches" Problem für ein neuronales Netz: Eingangsmuster, die sich nur in einer einzigen Komponente unterscheiden, die also untereinander sehr ähnlich sind, müssen zu entgegengesetzten Ausgangswerten führen.

Encoder-Decoder-Problem

Beim **Encoder-Decoder-Problem** soll ein Netz seinen Eingangsvektor unverändert auf den Ausgangsvektor durchschalten. Wesentlich ist, daß der Signalfluß durch eine verborgene Neuronenschicht läuft, deren Neuronenzahl N_1 *kleiner* als die Netzeingangszahl N_E ist. Es gilt also $N_E = N_A > N_1$. Das zugehörige Netz ist vorwärtsgekoppelt, wobei die Ausgangsschicht ausschließlich mit der verborgenen Schicht verbunden ist; es kann mit der Fehlerrückführungs-Lernregel trainiert werden. Bild 7-3 zeigt einen 4-2-4-Encoder.

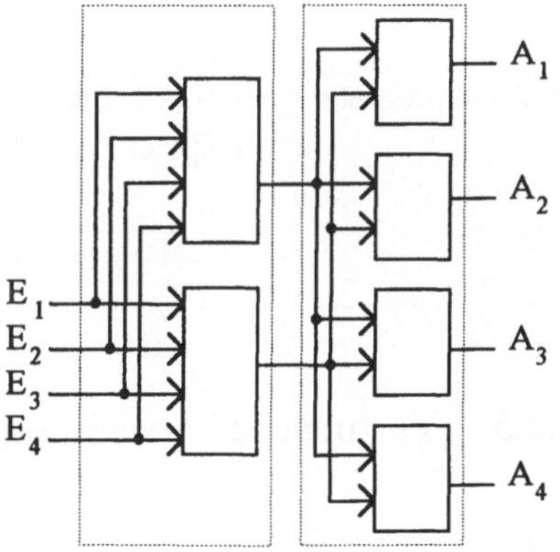

Bild 7-3 4-2-4-Encoder
Die beiden Schichten des Netzes sind durch gepunktete Linien zusammengefaßt.

Wir betrachten den Fall, daß sämtliche Ein- und Ausgänge nur die Werte „0" und „1" annehmen dürfen. Wegen $N_1 < N_E$ kann das Netz nicht für beliebige

Eingangsvektoren korrekt arbeiten. Vielmehr muß man die Menge der zulässigen Eingangsvektoren beschränken, etwa auf linear unabhängige. Dann codiert die verborgene Schicht die Eingangsvektoren; die Ausgangsschicht decodiert sie wieder. Solche Netze können für die Datenübertragung eingesetzt werden, da die verborgene Schicht Redundanzen der Eingangsmuster herausfiltert (Abschn. 7.2.3).

Dieses Problem läßt sich keinem Prototyp eindeutig zuordnen. Da das Ausgangsmuster gleich dem Eingangsmuster sein soll, arbeitet das zugehörige Netz eigentlich autoassoziativ; es zeigt jedoch keine für einen autoassoziativen Speicher typische Verhaltensweise wie etwa Musterergänzung. Es soll auch gar nichts speichern, sondern seinen Eingang möglichst unverändert auf seinen Ausgang durchschalten. Andererseits ist das Netz mehrschichtig vorwärtsgekoppelt und lernt durch Fehlerrückführung; das ist typisch für ein heteroassoziatives Netz.

Tabelle 7-3 „Schul"probleme
Die erste Spalte benennt die Anwendung, die zweite den zugehörigen Problemtyp (Abschn. 7.1). Die beiden übrigen Spalten enthalten geeignete Netztypen sowie Literaturstellen, in denen die Beispiele beschrieben sind.

Anwendung	Problemtyp	Netz	Literatur
XOR-Problem	heteroassoziativer Speicher	Fehlerrückführungs-Netz	Hoffmann 1992 Dorffner 1991
		Sigma-Pi-Neuron	Abschn. 5.5.2
Paritätsproblem	heteroassoziativer Speicher	Fehlerrückführungs-Netz	Rumelhart 1988b
Encoder-Decoder-Problem	–	Fehlerrückführungs-Netz	Hertz 1991 Rumelhart 1988b

7.2.3   Technische Anwendungen

Mustererkennung

Bei der **Mustererkennung** steht man vor der Aufgabe, ein vorgegebenes Muster entweder zu klassifizieren (Problemtyp: Klassifizierung) oder aus einer verrauschten Version das korrekte Muster zu rekonstruieren (Problemtyp: autoassoziativer Speicher). Beispiel für Klassifizierung ist etwa das Erkennen von Schrift (hier muß einem vorgegebenen Zeichen ein Buchstabenname zugeordnet werden); zur Musterrekonstruktion gehören die Rekonstruktion (das „Erkennen") von Gesichtern oder allgemeiner von Bildern (Tabelle 7-4).

Ein Netz benötigt an seinem Eingang einen Vektor. In der Regel liegen die zu untersuchenden Muster in anderer Form vor, so daß sie zunächst in einen solchen umgewandelt werden müssen. Ein häufiger Fall sind zweidimensionale Bilder wie etwa das Gesicht in Bild 7-4. Solche Bilder kann man in einzelne Pixel mit verschiedenen Graustufen auflösen und diese zeilenweise zu einem Vektor zusammenfassen. Das Beispiel wird dann durch den Vektor

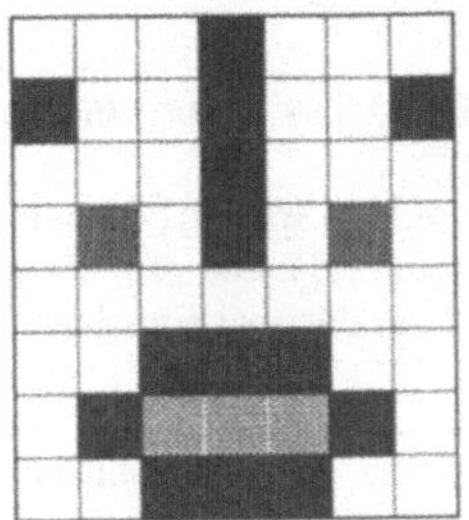

Bild 7-4 Zweidimensionales Bild als Eingangsmuster
Dieses Gesicht besteht aus 7×8=56 Pixeln mit vier Graustufen (0; 0,3; 0,6; 1); um als Eingangsmuster eines neuronalen Netzes dienen zu können, wird es in einen 56-dimensionalen Vektor umgesetzt.

$$
\begin{array}{rrrrrrrr}
(& 0 & 0 & 0 & 1 & 0 & 0 & 0 \\
& 1 & 0 & 0 & 1 & 0 & 0 & 1 \\
& 0 & 0 & 0 & 1 & 0 & 0 & 0 \\
& 0 & 0{,}6 & 0 & 1 & 0 & 0{,}6 & 0 \\
& 0 & 0 & 0 & 0 & 0 & 0 & 0 \\
& 0 & 0 & 1 & 1 & 1 & 0 & 0 \\
& 0 & 1 & 0{,}3 & 0{,}3 & 0{,}3 & 1 & 0 \\
& 0 & 0 & 1 & 1 & 1 & 0 & 0 &)
\end{array}
$$

repräsentiert.

Einfache Netze wie Muster-Assoziatoren oder Fehlerrückführungs-Netze können verschoben, verdreht oder verzerrt angebotene Muster nicht ohne weiteres erkennen. Abhilfe kann man durch *Vorverarbeitung* (Fouriertransformation oder Normierung der Muster) oder durch Verwendung von *Sigma-Pi-Neuronen* schaffen (invariante Mustererkennung). Ein Netz, das diese Invarianzen bereits eingebaut hat, ist das *Neocognitron* (Tabelle 7-4).

Sprachanalyse und -synthese

Die Mensch-Maschine-Kommunikation findet derzeit überwiegend durch Tastatur und Bildschirm bzw. Drucker statt. Methoden für eine akustische Kommunikation, die vielfach auf neuronalen Netzen beruhen, werden seit einiger Zeit entwickelt, sind aber für den praktischen Einsatz noch nicht ausgereift. Tabelle 7-4 bringt einige Beispiele.

Datenübertragung

Bei der Übertragung von Sprache und insbesondere von Bildern sind oft gewaltige Datenmengen im Spiel. Wenn man Qualitätsverluste in Kauf nimmt, kann

man diese Mengen beträchtlich reduzieren. Zu diesem Zweck wurde eine Reihe
von Algorithmen entwickelt, die teilweise durch neuronale Netze realisiert werden können.

**Tabelle 7-4 Technische Anwendungen (Mustererkennung, Sprachverarbei-
tung)**
Die erste Spalte benennt die Anwendung, die zweite den zugehörigen Problemtyp
(Abschn. 7.1). Die drei übrigen Spalten enthalten Anwendungsbeispiele, geeignete Netztypen
und Literaturstellen, in denen die Beispiele beschrieben sind.

Anwendung	Problemtyp	Beispiel	Netz	Literatur
Muster-erkennung	Klassifizierung	Schrift-erkennung	Muster-Assoziator	Hoffmann 1992
			ART	Dimitriadis 1991
			Neocognitron	Kap. 11
	autoassoziati-ver Speicher	Rekonstrukti-on von Bildern	Auto-Assoziator	Hoffmann 1992
			Hopfield-Netz	Hoffmann 1992
		Rekonstruktion von Gesichtern	Auto-Assoziator	Kohonen 1988
		Invariante Mu-stererkennung	Netz mit Vor-verarbeitung durch Fourier-transformation	Haken 1989 Müller 1990
			Netz mit $\Sigma\Pi$-Neuronen	Abschn. 5.5
			Neocognitron	Kap. 11
Sprachanaly-se/synthese	Klassifizierung	Erkennen von Phonemen	Selbstorgani-sierende Karte	Brause 1991
		Erk. gespro-chener Vokale	Fehlerrück-führungs-Netz	Cañas 1991
		Erkennen ge-sprochener Wörter	spezielles Netz (TRACE)	McClelland 1988c
			Kombination versch. Typen	Tom 1989
	heteroassozia-tiver Speicher	ASCII-Text in Phoneme um-wandeln („Vor-lesen")	Fehlerrück-führungs-Netz (NETtalk)	Brause 1991 Kratzer 1990 Sejnowski 1986

Eine Datenübertragung mit Verdichtung erfolgt nach dem Schema von Bild 7-5.
Die Daten liegen in Form eines hochdimensionalen Vektors E vor und werden
zunächst vom Sender verdichtet, d.h. in einen niedrigdimensionalen Vektor umgewandelt. Dieser Vektor wird zum Empfänger geschickt, der daraus den hochdimensionalen Vektor A rekonstruiert. Im Idealfall stimmt dieser mit E überein.

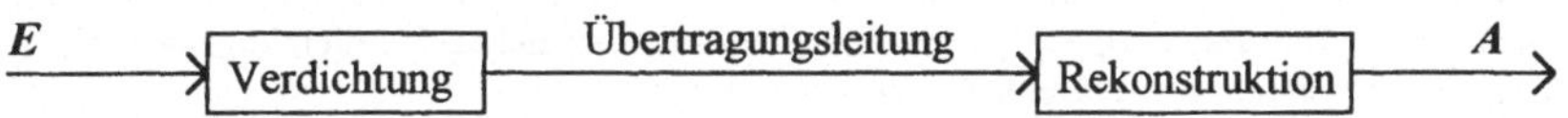

Bild 7-5 Datenübertragung durch Datenverdichtung
Die zu übertragenden Daten E werden vom Sender verdichtet und über die Übertragungslei-
tung zum Empfänger geschickt. Dieser erzeugt aus den empfangenen Daten einen Vektor A,
der möglichst genau mit E übereinstimmen sollte.

Damit die Datenverdichtung zufriedenstellend funktioniert, muß die Menge der
zu übertragenden Muster Redundanzen aufweisen. Das ist bei Bildern in der
Regel der Fall, da die Pixel nicht statistisch verteilt sind, sondern Gestalten bilden. Anstelle eines Bildes werden dann diese Gestalten übertragen.

Einen Hinweis darauf, wie man Datenverdichtung durch ein neuronales Netz
realisieren könnte, gibt Bild 7-5, wenn man die beiden Kästen „Verdichtung"
und „Rekonstruktion" als zwei Schichten des Netzes auffaßt. Da die Übertragung nur in eine Richtung erfolgt, braucht man ein mindestens zweischichtiges
vorwärtsgekoppeltes Netz, bei dem die Ausgangszahl gleich der Eingangszahl
ist. Hier bietet sich das Netz des Encoder-Decoder-Problems (Abschn. 7.2.2) an.
Aus Bild 7-3 läßt sich die Zuordnung ablesen: die verborgene Schicht dient zur
Verdichtung, die Ausgangsschicht zur Rekonstruktion. Übertragen wird eine
„encodierte" Fassung des Eingangsmusters. Die erforderliche Anzahl der verborgenen Neuronen hängt von den Redundanzen in der Menge der zu übertragenden Muster ab.

Eine andere Methode der Datenverdichtung ist unter der Bezeichnung **Vektorquantisierung** bekanntgeworden. Hier teilt der Sender die Eingangsmuster in
Klassen ein; diese Klassen werden an den Empfänger übertragen. Der Empfänger verfügt über ein „Codebuch", das zu jeder Klasse den zugehörigen Prototyp
enthält, und gibt den zur übertragenen Klasse gehörenden Prototyp aus. Gewöhnlich werden die Klassen unüberwacht gelernt; es gibt jedoch auch die
überwachte Vektorquantisierung (*learning vector quantization*).

Tabelle 7-5 faßt die besprochenen Methoden zusammen und gibt einige Literaturhinweise.

Die zuerst besprochene Encoder-Methode ist, wenn sie mit binären Werten arbeitet, eine Variante der Vektorquantisierung: man braucht lediglich den Zustand der verborgenen Schicht als binär codierte Klassifikation (Abschn. 7.1.2) aufzufassen.

Tabelle 7-5 Datenübertragung
Die erste Spalte benennt die Anwendung, die zweite den zugehörigen Problemtyp (Abschn. 7.1). Die drei übrigen Spalten enthalten die verwendete Verdichtungsmethode, geeignete Netztypen und weiterführende Literatur.

Anwendung	Problemtyp	Methode	Netz	Literatur
Daten-übertragung,	–	Encoder	Fehlerrückfüh-rungs-Netz	Hertz 1991
Daten-verdichtung	Klassifi-zierung	Vektorquan-tisierung	Selbstorganisie-rende Karte	Hertz 1991 Cabrera 1991 Ritter 1991

Robotersteuerung

Roboter müssen sich im Raum orientieren. Als Hilfsmittel bieten sich vor allem selbstorganisierende Karten an. Eine besonders ausführliche Darstellung des Problems findet man in der Monographie von Ritter (1991). Tabelle 7-6 faßt einige Beispiele zusammen.

Regelung

Bei der **Regelung** hat man die Aufgabe, einen Prozeß so zu beeinflussen, daß seine Ausgangsgrößen konstant bleiben oder einem vorgegebenen Verlauf (den *Führungsgrößen*) möglichst genau folgen. Dies wird durch einen geschlossenen *Regelkreis* (Bild 7-6) erreicht. Der Regler vergleicht die Führungsgrößen mit den Prozeßausgangsgrößen und bildet aus dieser Regelabweichung ein Stellsignal, das dem Prozeß zugeführt wird. Regelung ist eine Standardaufgabe der Technik, die analog (Föllinger 1978) oder digital (Hoffmann 1983, Isermann 1977) gelöst werden kann.

Die Arbeit eines Reglers wird durch einen *Regelalgorithmus* beschrieben, der mehrere Parameter enthält. Meist ist es nicht einfach, diese Parameter so festzulegen, daß der Regelkreis zufriedenstellend funktioniert. Wenn sich der Prozeß im Lauf der Zeit ändert (d.h. auf gleiche Eingangsdaten unterschiedlich reagiert), muß der Regler diese Änderungen erkennen (*Prozeßidentifikation*) und seine Parameter selbst anpassen (*adaptiver* Regler).

Als Regler können neuronale Netze eingesetzt werden. Tabelle 7-6 enthält einige
Beispiele.

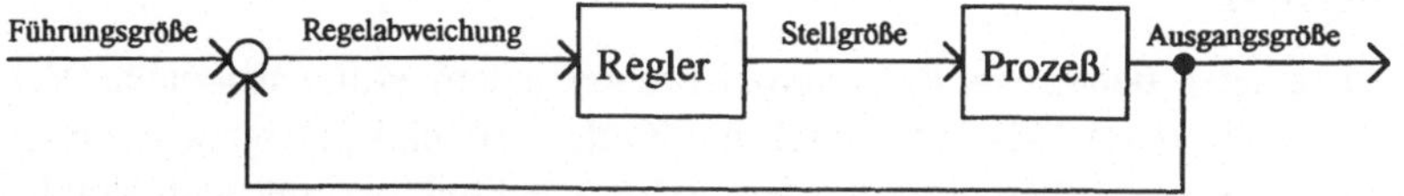

Bild 7-6 Regelung eines Prozesses
Ein Regelkreis besteht aus dem Regler und dem Prozeß. Der Regler bildet aus der Regelabweichung (d.h. der Differenz zwischen Führungsgröße und Ausgangsgröße) eine Stellgrö-
ße, die den Prozeß veranlaßt, die vorgegebene Ausgangsgröße anzunehmen. Da die Ausgangsgröße auf den Regler zurückgeführt wird, handelt es sich hier um ein rückgekoppeltes
System.

Sonstige

Unter den vielen weiteren technischen Anwendungsmöglichkeiten neuronaler
Netze sei noch das Aufspüren von Computerviren und das Erkennen von
Sprengladungen in Gepäckstücken erwähnt (Tabelle 7-6).

**Tabelle 7-6 Technische Anwendungen (Robotersteuerung, Regelung, Son-
stige)**

Anwendung	Beispiel	Netz	Literatur
Roboter- steuerung	Stabbalance	Selbstorgan. Karte	Ritter 1991
	Armbewegung	Selbstorganisierende Karte	Ritter 1989b Ritter 1989a Brause 1991 Ritter 1991
Regelung	Prozeß- identifikation	mehrschichtig vorwärtsgekoppelt	Bulsari 1991
	adaptive Regelung		Pao 1990
		Fehlerrückführungs- Netz	García 1991 Fernández 1991
Sonstige	Computerviren	Fehlerrückführungs- Netz	Schöneburg 1991
	Sprengladungs- detektor	Fehlerrückführungs- Netz	Sánchez 1989

7.2.4 Wissenschaftliche Anwendungen

Mathematik

Logische oder **boolesche Funktionen** ordnen jedem n-dimensionalen Vektor aus Wahrheitswerten (die z.B. durch die Zahlen „0" und „1" repräsentiert sein können) einen Wahrheitswert zu. Jede derartige Funktion läßt sich durch ein mehrschichtiges heteroassoziatives Netz darstellen; ein einfaches Beispiel ist das XOR-Problem (Abschn. 7.2.2).

Funktionen der Gestalt $f:\mathbb{R}^n \to \mathbb{R}^m$ ordnen jedem n-dimensionalen reellen Vektor einen m-dimensionalen reellen Vektor zu. **Stetige Funktionen** dieser Art können durch mehrschichtige heteroassoziative Netze beliebig genau approximiert werden. Die Gewichte erhält man z.B. mit der Fehlerrückführungs-Lernregel. Die verborgenen Neuronen benötigen nichtlineare Ausgangsfunktionen. Da die Netzausgänge jeden reellen Wert annehmen können, brauchen die *Ausgangs*neuronen eine unbeschränkte Ausgangsfunktion; die lineare Ausgangsfunktion ist hier durchaus zulässig.

Für die Lösung von Gleichungen können ebenfalls neuronale Netze eingesetzt werden. Wenn man keinen geschlossenen Ausdruck für das Ergebnis angeben kann, löst man Gleichungen mit iterativen Verfahren. Daher bieten sich rückgekoppelte Netze an.

Einige Beispiele sind in Tabelle 7-7 zusammengestellt.

Tabelle 7-7 Mathematische Anwendungen

Anwendung	Problemtyp	Beispiel	Netz	Literatur
Mathematische Funktionen	heteroassoziativer Speicher	logische Funktionen	mehrschichtig vorwärtsgekoppelt	Müller 1990
		stetige Funktionen	mehrschichtig vorwärtsgekoppelt	Brause 1991 Müller 1990
Lösung von Gleichungen		Diophantische Gleichungen	Hopfield-Netz mit Sigma-Pi-Neuronen	Joya 1991

Neurophysiologie

Viele Modelle neuronaler Netze lehnen sich an die Verhältnisse in Nervensystemen an. So liegt es nahe, Theorien der Neurophysiologie in der Sprache neu-

ronaler Netze zu formulieren und etwa durch Computersimulation zu über-
prüfen. Einige Anwendungsbeispiele sind in Tabelle 7-8 aufgelistet.

Psychologie

Da die Psychologie mit Gehirnvorgängen zu tun hat, kann man erwarten, daß
neuronale Netze auch auf diesem Gebiet zur Klärung beitragen können. In
Tabelle 7-8 sind zwei Anwendungen aus dem Bereich der Sprache angegeben.

**Tabelle 7-8 Wissenschaftliche Anwendungen (Neurophysiologie, Psycholo-
gie)**

Anwendung	Beispiel	Netz	Literatur
Neuro-physiologie	Bewegungssteuerung des Arms	spezielles Netz (VITE)	Bullock 1988
	Bewegungssteuerung der Augen	Selbstorganisie-rende Karte	Ritter 1991
	Auditiver Kortex der Fledermaus	Selbstorganisie-rende Karte	Ritter 1991
	Somatotopische Karte[1]	Selbstorganisie-rende Karte	Ritter 1991
	Räumliches Sehen	Simul. Kühlen	Buhmann 1987
Psychologie	Sprachlernen	Muster-Assoziator	Rumelhart 1988c
	Kategorische Sprachwahrnehmung	BSB	Brause 1991

[1] Eine *somatotopische Karte* ist die Projektion der Körperoberfläche auf das *somatosensorische Rindenfeld*; das ist ein für den Tastsinn wichtiger Teil der Großhirnrinde.

Sonstige

Einige weitere wissenschaftliche Anwendungen sind in Tabelle 7-9 zusammengefaßt.

Tabelle 7-9 Sonstige wissenschaftliche Anwendungen

Anwendung	Beispiel	Netz	Literatur
Medizin	Nebenwirkungen von Medikamenten	Fehlerrückführungs-Netz	Stubbs 1990
Chemie	Analyse von Proteinen	Selbstorganisierende Karte (Vektorquantisierung)	Merelo 1991
		Fehlerrückführungs-Netz	Blazek 1991

7.2.5   Sonstige Anwendungen

Prognosen

Prognosen sind typische Anwendungsfälle für Zeitreihen (Abschn. 7.1.4).
Tabelle 7-10 zeigt einige Beispiele.

Vertreterproblem

Auf einer Ebene seien N Punkte fest vorgegeben. Es ist nicht schwer, eine geschlossene Linie aus Geradenstücken anzugeben, die alle diese Punkte miteinander verbindet. Grundsätzlich läßt sich die kürzeste dieser Linen ohne weiteres
finden; da es nur endlich viele Möglichkeiten gibt, kann man alle systematisch
durchprobieren und die Längen vergleichen. Allerdings wächst der erforderliche
Rechenaufwand mit wachsendem N stark an.

Eine praktische Anwendung ist der Fall eines Vertreters, der eine Reihe von
Städten besuchen muß und dabei die gesamte Fahrzeit so kurz wie möglich halten möchte. Daher wird dieses Problem als **Vertreterproblem** (auch als *Problem des Handlungsreisenden*) bezeichnet.

Wenn man Rechenzeit sparen will und sich damit begnügt, eine kurze (und nicht
unbedingt die kürzeste) Verbindungslinie zu finden, kann man das Problem näherungsweise lösen. Da eine Abbildung der Ebene der Städte auf die eindimensionale Verbindungslinie gesucht wird, bieten sich selbstorganisierende Karten
an. Andere Möglichkeiten sind Hopfield-Netze oder simuliertes Kühlen
(Tabelle 7-10).

Datenbanken

Datenbanken dienen zur Speicherung großer Datenmengen. Das Problem ist dabei weniger die Speicherung der Daten als vielmehr die Anforderung, die gespeicherten Daten auf eine anwendergerechte Weise abrufen zu können. In der
konventionellen Datenbanktechnik müssen dazu die Daten sehr sorgfältig
strukturiert werden. Das ist nicht unbedingt ein Nachteil, weil man sich sehr genau überlegen muß, was man überhaupt speichern will. Für das Abrufen der
Daten gibt es eine ganze Reihe komplizierter Algorithmen wie Schlüssel, Sortiermethoden etc. Trotzdem braucht der Anwender einiges Vorwissen, um die
Datenbank nutzen zu können; beispielsweise muß er die Schreibweise eines gesuchten Schlüsselbegriffes genau kennen.

Wünschenswert wäre, wenn der Anwender auf eine Datenbank genauso zugreifen könnte wie auf sein Gedächtnis. Die Datenbank müßte also als heteroassoziativer Speicher strukturiert sein. Lösungsansätze mit neuronalen Netzen existieren bereits (Tabelle 7-10).

Tabelle 7-10 Sonstige Anwendungen

Anwendung	Beispiel	Netz	Literatur
Prognosen	Aktienkurse	ADALINE, MADALINE, Fehlerrückführung	Schöneburg 1990
	Wasserverbrauch	mehrschichtig vorwärtsgekoppelt	Griñó 1991
Vertreter-problem		Selbstorganisie-rende Karte	Ritter 1991 Brause 1991
		Hopfield-Netz	Brause 1991
		Simuliertes Kühlen	Brause 1991
Datenbanken		Muster-Assoziator	Brause 1991
		Spezielles Netz	Cherkassky 1989
		Spezielles Netz (Netzbasis)	Heather 1991
	Dokumentsuche	mehrschichtig (RETRIEVALNET)	Húsek 1992

8 Realisierung

8.1 Übersicht

Neuronale Netze sind ein theoretisches Konzept, das auf verschiedene Weise realisiert werden kann. Dabei ist wesentlich, daß die einzelnen Neuronen voneinander unabhängig sind und daher gleichzeitig arbeiten können.

Derzeit werden neuronale Netze überwiegend auf Computern simuliert. Das hat den Nachteil, daß die einzelnen Neuronen der Reihe nach abgearbeitet werden müssen. Im Prinzip gilt das auch bei Multiprozessorsystemen; da ein einzelnes Neuron sehr einfach ist, wäre es Verschwendung, für jedes Neuron einen eigenen Prozessor vorzusehen. Von Vorteil ist jedoch die große Flexibilität von Computern: da man derzeit nicht weiß, welches Netz für eine bestimmte Anwendung am besten geeignet ist, kann man verschiedene Netzmodelle erproben.

Wünschenswert wäre eine Realisierung durch Hardware, weil hierbei die Parallelität des Konzepts voll zum Tragen käme, so daß äußerst schnelle Netze gebaut werden könnten. Bisher gibt es dazu erst einige (wenn auch vielversprechende) Ansätze.

Eine dritte Möglichkeit soll hier nur angedeutet werden. Bringt man isolierte Nervenzellen zusammen, so können sie sich selbständig zu Netzen zusammenschließen (Ooyen 1992). Wenn es gelänge, diese in ein handhabbares System zu integrieren, hätte man „natürliche" Netze zur Verfügung.

Eine Liste von Firmen, die Hilfsmittel für die Entwicklung neuronaler Netze anbieten, ist bei Schöneburg (1990) zu finden.

Tabelle 8-1 PC-Simulatoren

Buch	Bediener-führung	Modelle[1]	Quell-text[2]	Disket-tenformat	Program-miersprache
McClelland 1988b	Kommando-zeilen	Wettbewerb Muster-Ass. Auto-Ass. FR Boltzmann	ja	5¼" 360 KB 2 Stück	C
Müller 1990	Eingabemasken; Bildschirmaus-gabe durch Listen und einfache Grafiken	FR Hopfield Musterfolgen Selbstorg. Karten Vertreterproblem	ja	5¼" 1,2 MB	Microsoft C 5.0
Schöneburg 1990	Fenstertechnik im Textmodus	Perzeptron ADALINE MADALINE FR	nein	5¼" 360 KB	keine Angabe
Hoffmann 1992	Turbo Vision (Fenstertechnik im Textmodus)	Muster-Ass. Auto-Ass. FR Hopfield	ja	5¼" 360 KB	Turbo Pascal 6.0
Buhmann 1987	–[3]		ge-druckt	–	Turbo Pascal
Kruse 1991	–[4]	Perzeptron FR Selbstorg. Karten Hopfield Boltzmann	ja	5¼" 360 KB	Turbo Pascal ab 4.0

[1] FR = Fehlerrückführungs-Netz
[2] auf der Diskette vorhanden
[3] Einfache Demonstrationsprogramme
[4] Sammlung von Deklarationen und Routinen für den Aufbau eines Simulators. Einige lauffähige Demonstrationsprogramme (ohne Eingreifmöglichkeit durch den Benutzer) sind beigegeben.

8.2   Simulation durch Software

8.2.1   Grundsätze

Simulationsprogramme für neuronale Netze bestehen grundsätzlich aus zwei
Teilen. Damit das simulierte Netz mit der Umwelt kommunizieren kann, braucht
man ein zumindest rudimentäres „Expertensystem". Dieses ermöglicht es dem
Anwender, den Netztyp und seine Parameter festzulegen sowie die Daten an das
Netz zu übergeben. Umgekehrt werden die Ergebnisse des Netzes durch An-
zeige oder Druck dem Anwender zur Kenntnis gebracht oder in einer Datei gespeichert. Der Netzausgang kann auch direkt, z.B. an einen zu regelnden Prozeß,
weitergegeben werden. Häufig stellt sich das Expertensystem dem Anwender als
menügeführte Bedieneroberfläche dar.

Für die Simulation des Netzes werden die einzelnen Neuronen durch Datenstrukturen dargestellt und der Reihe nach berechnet. In Multiprozessorsystemen
können die Neuronen mehr oder weniger parallel abgearbeitet werden. Eine
Übersicht über Parallelisierungsmöglichkeiten findet man etwa bei
Brause (1991), die Beschreibung einer Simulation von Fehlerrückführungs-Netzen mit Transputern bei Straub (1991).

8.2.2   Simulationsprogramme für den PC

Für PC-Anwender gibt es eine Reihe von Simulatoren, die Bestandteile von Bü-
chern bilden und daher erschwinglich sind. Tabelle 8-1 bringt einige Hinweise.

8.3   Aufbau durch Hardware

Hardware für Neuronale Netze wird hauptsächlich in Form von VLSI-Chips oder
mit optischen Mitteln aufgebaut. Die größte Schwierigkeit bereitet dabei die
gewaltige Anzahl der Verbindungen zwischen den Neuronen. Ein Ziel der Entwicklung ist daher, die Verbindungen erheblich zu reduzieren. Bisher haben sich
noch keine Standards herausgebildet; eine – bei weitem nicht vollständige – Liste ist in Tabelle 8-2 zu finden.

Tabelle 8-2 Hardware für den Aufbau neuronaler Netze

Netztyp	Technik	Bemerkung	Literatur
	VLSI	Übersicht	Carrabina 1991
	Optisch		Anderson 1989
Verschiedene		Übersicht	Schacht 1989
	VLSI	Übersicht	Poechmueller 1991
	MOS, CMOS	Übersicht	Goser 1991
BAM	CMOS		Linares 1991
Hopfield	VLSI		Barro 1991
mehrschichtig vorwärtsgekoppelt	VLSI analog		Murray 1992
Fehlerrückführung			Castillo 1991
	CMOS	Nur Reproduktion	Akers 1989
Zelluläres Netz	CMOS analog		Anguita 1991
Optische Computer	Optisch	Grundsatzartikel	Klipstein 1991

IV ANHANG

9 Symbolverzeichnis

9.1 Begründung der Symbolauswahl

In der Literatur hat sich bisher noch keine einheitliche Symbolik für die Bezeichnung der verschiedenen Größen in neuronalen Netzen herausgebildet. Die in diesem Buch verwendeten Symbole sind daher notgedrungen etwas willkürlich. Für einige Bezeichnungen waren allerdings besondere Überlegungen maßgebend; diese sind in Tabelle 9-1 zusammengefaßt.

9.2 Vergleichsliste üblicher Symbole

Um dem Leser den Vergleich mit anderen Autoren zu erleichtern, ist in Tabelle 9-2 und 9-3 eine Auswahl aus den in der Literatur üblichen Symbolen zusammengestellt.

Tabelle 9-1 Begründung einiger Bezeichnungsweisen

übliche Bezeichnung	Bezeichnung in diesem Buch	Bedeutung	Begründung
net_i	ε_i	effektiver Eingang	Mathematische Variable sollten durch einen Buchstaben, nicht durch ein Wort bezeichnet werden.
o_i	a_i	Ausgang („output")	Verwechslungsgefahr mit Ziffer „0"; „a" für „Ausgang"
i_i	e_i	Eingang („input")	„i" sollte für Indizes vorbehalten bleiben
a_i	c_i	Aktivität	„a" wird bereits für „Ausgang" verwendet, daher ist ein anderer Buchstabe für „Aktivität" nötig.
F, f	c, a	Aktivierungsfunktion, Ausgangsfunktion	Gewöhnlich steht „f" für eine beliebige Funktion und sollte daher nicht für eine bestimmte Funktion verwendet werden. Um die Symbolik zu entlasten, wird die Funktion mit demselben Buchstaben wie die Variable bezeichnet[1].

[1] Hier besteht i.a. keine Verwechslungsgefahr. Z.B. steht in

$$c_i(t) = c_i(\varepsilon_i(t), c_i(t-1))$$

links der Wert der Aktivität, rechts die Funktion, mit der dieser Wert berechnet wird. Der Ausdruck $c_i(t-1)$ in der rechten Seite bezeichnet den Wert der Aktivität zur Zeit $t-1$.

Tabelle 9-2 Symbole für die Bestandteile eines Neurons

	Ein-gang	Ausgang	eff. Eing.	Akt.-funkt.	Akti-vität	Aus.-funkt.	Schw.	Stei-gung
dieses Buch	e	a	ε	c	c	a	ϑ	σ
Rumelhart 1988a	[1]	o	net	F	a	f	ϑ	
Hertz 1991	[1]	$\eta, S, \zeta, V...$ [2]	h	g			μ, ϑ [2]	
Kratzer 1990	[1]	o	net	f_{akt}	a	f_{out}	ϑ	
Schöneburg 1990	I, x	o, y	net	F	a	f	$-\vartheta$	g
Brause 1991	x	y			z	S	T	k

[1]   Da Ein- und Ausgänge verbunden sind, wird für den Eingang derselbe Buchstabe wie für den Ausgang verwendet.

[2]   Verschieden je nach Netzmodell

Tabelle 9-3 Symbole für die Bestandteile eines Netzes

	Sollwert	Eingang	Ausgang	Lernrate
dieses Buch	S	E	A	η
Rumelhart 1988a	t			η
Hertz 1991	ξ			η
Kratzer 1990	a_{soll}			η
Schöneburg 1990	z			σ
Brause 1991	L			γ

9.3   Vergleichsliste üblicher Namen

Tabelle 9-4 Namen für die Bestandteile eines Neurons

Begriff	Synonyme
Eingangsfunktion	Inputfunktion, Propagierungsfunktion, Vermittlungsfunktion, Vermittlungsregel
effektiver Eingang	Netzaktivität
Aktivierungsfunktion	Aktivitätsfunktion, Aktivierungsregel
Ausgangsfunktion	Ausgabefunktion, Ausgaberegel, Outputfunktion
Stufenfunktion	Heaviside-Funktion
Schwellenwertfunktion	binäre Funktion, Treppenfunktion
Sigma-Funktion	S-förmige Funktion, sigmoide Funktion, sigmoidale Funktion, Quetschfunktion, semilineare Funktion, gain function
Fermi-Funktion	Sigmoid-Funktion
Rampenfunktion	begrenzt-lineare Funktion
Lineare Schwellenwertfunktion	Rampenfunktion
Eingangsfunktion + Aktivierungsfunktion + Ausgangsfunktion	Transferfunktion
Aktivierungsfunktion + Ausgangsfunktion	Transferfunktion

9.4   Liste der Symbole

Die folgende Liste enthält die Symbole, die in diesem Buch verwendet werden.

$A_1, A_2, \ldots$ Ausgänge eines Netzes

a Ausgangsfunktion

a_i Ausgang des Neurons i, Ausgangsfunktion des Neurons i

c Aktivierungsfunktion

c_i	Aktivität des Neurons i, Aktivierungsfunktion des Neurons i
d	Abklingkonstante in der Aktivierungsfunktion
$E_1, E_2, \ldots$	Eingänge eines Netzes
$e_1, e_2, \ldots$	Eingänge eines Neurons
i (Index)	numeriert gewöhnlich die Neuronen eines Netzes
j (Index)	numeriert gewöhnlich die Eingänge eines Neurons
M	Maximum in der Aktivierungs- und in der Ausgangsfunktion
m	Minimum in der Aktivierungs- und in der Ausgangsfunktion
N	Anzahl der Neuronen eines Netzes
N_A	Anzahl der Ausgänge eines Netzes
N_E	Anzahl der Eingänge eines Netzes
N_i	Anzahl der Neuronen in der Schicht i
n	Anzahl der Eingänge eines Neurons
n_i	Anzahl der Eingänge des Neurons i
p	Anzahl der Muster in einem Trainingssatz
$S_1, S_2, \ldots$	Sollwerte eines Netzes
s	Skalierungsfaktor in der Aktivierungsfunktion
w_{ij}	Gewicht des Neurons i am Eingang j
δ_{ij}	Kroneckersymbol: 1 für $i = j$, 0 für $i \neq j$
δw_{ij}	Änderung des Gewichts w_{ij}
ε_i	effektiver Eingangswert des Neurons i
η	Lernrate in der Lernregel
ϑ	Schwelle der Ausgangsfunktion
μ	Momentfaktor in der Fehlerrückführungs-Lernregel
μ (Index)	numeriert gewöhnlich die Muster eines Trainingssatzes
σ	Steigung der Ausgangsfunktion

10 Lexikon englisch - deutsch

Das Lexikon enthält Begriffe aus folgenden Gebieten:
1) Grundbegriffe der Neurophysiologie
2) Eine Auswahl wichtiger Begriffe, die in der Literatur über neuronale Netze verwendet werden

Zu jedem Begriff wird die *englische* und die *deutsche* Form sowie, falls vorhanden, die *Abkürzung* gebracht. Auf *Synonyme* und auf *verwandte Begriffe* wird hingewiesen. Ein einfacher Pfeil (→) gibt an, daß man beim betreffenden Stichwort eine nähere Erklärung und gegebenenfalls Literaturhinweise findet.

In der Regel sind die Begriffe im *Glossar deutsch - englisch* (Kap. 11) erklärt. Nur dann, wenn (wie das gelegentlich bei Abkürzungen vorkommt) keine deutsche Übersetzung üblich ist, steht die Erklärung im *Lexikon englisch - deutsch*.

Übersetzungen, Synonyme und *verwandte Begriffe* sind kursiv gedruckt.

englisch	deutsch	Bemerkungen
action potential	→*Aktionspotential, Spike*	
activation function	→*Aktivierungsfunktion*	
activation rule	→*Aktivierungsfunktion, Aktivierungsregel*	
activation value	→*Aktivität*	
ADALINE	→*ADALINE, adaptives lineares Element, adaptives lineares Neuron*	Bedeutung: *a̲da̲ptive li̲near e̲lement, a̲da̲ptive linear ne̲uron*

adaline rule	→*Delta-Lernregel, Widrow-Hoff-Lernregel*	Synonyme: *delta rule, Widrow-Hoff rule, LMS rule*
adaptive linear element	*adaptives lineares Element, adaptives lineares Neuron;*	Abkürzung: →*ADALINE* Verwandt: →*MADALINE*
adaptive linear neuron	*adaptives lineares Neuron, adaptives lineares Element;*	Abkürzung: →*ADALINE* Verwandt: →*MADALINE*
adaptive resonance	*adaptive Resonanz*	Erklärung: →*ART*
adaptive resonance theory network	→*ART*	
afferent neuron	→*afferentes Neuron*	
alternating projection neural network		Abkürzung: →*APNN*
AmSpec	→*AmSpec*	Erklärung: Eine Netzbeschreibungssprache
anti-Hebb rule	→*Anti-Hebbsche Lernregel*	
APNN		Bedeutung: *alternating projection neural network* Erklärung: Ein spezieller Assoziativspeicher. Oh (1991)
ARAS	→*Formatio reticularis, aufsteigendes retikuläres aktivierendes System;* dt. Abkürzung: *ARAS*	Bedeutung: *ascending reticular activating system*

ART	→*ART*	
ART1	→*ART1*	
ART2	→*ART2*	
ART3	→*ART3*	
ascending reticular activating system	→*Formatio reticularis, aufsteigendes retikuläres aktivierendes System*; dt. Abkürzung: *ARAS*	Abkürzung: *ARAS*
association area	→*Assoziationsschicht*	
association cell	→*A-Zelle, A-Unit, Assoziations-Zelle*	Synonyme: *A-unit, associator unit*
associative decay rule		Erklärung: Eine Lernregel für die Gewichte d. Eingangs-Vergleichsschicht im →*ART1*. Carpenter 1987
associator unit	→*A-Zelle, A-Unit, Assoziations-Zelle*	Synonyme: *A-unit, association cell*
attentional gain control	→*Gain, Aufmerksamkeitskontrolle, Aufmerksamkeitssteuerung, Aufmerksamkeitssystem, Verstärkungskontrolle*	
attentional vigilance	→*Aufmerksamkeitsparameter, Ähnlichkeitskoeffizient, Aufmerksamkeit, Vigilanz, Wachsamkeit*	Synonyme: *vigilance parameter, vigilance threshold*
auto-associative memory	→*autoassoziativer Speicher*	
auto-associator	→*Auto-Assoaziator*	

AXON	→*AXON*	Erklärung: Eine Netzbeschreibungssprache
axon	→*Axon, Neurit*	
A-unit	→*A-Zelle, A-Unit, Assoziations-Zelle*	Synonyme: *association cell, associator unit*
backpropagation network	→*Fehlerrückführungs-Netz, Backpropagation-Netz, Netz mit Fehlerrückführung, Fehlerrückvermittlungs-Netz*	
backpropagation rule	→*Fehlerrückführungs-Lernregel, Backpropagation-Lernregel, verallgemeinerte Delta-Lernregel*	Synonym: *generalized Delta rule*
BAM	→*BAM*	Bedeutung: *bidirectional associative memory*
basin of attraction	→*Anziehungsbereich, Anziehungsbecken*	Synonym: *domain of attraction*
bias	→*Bias*	Synonym: *input bias*
bidirectional associative memory	→*BAM, bidirektionaler assoziativer Speicher*	Abkürzung: *BAM*
binary weight	→*binäres Gewicht*	Synonym: *clipped synapse*
Boltzmann machine	→*Boltzmann-Maschine*	
BSB model	→*BSB-Modell*	Bedeutung: *brain state in a box model*
CAM	→*Assoziativspeicher, inhaltsadressierbarer Speicher*	Bedeutung: *content-addressed memory, content-addressable memory*

ceiling activation level	→*Maximum*	Synonym: *maximum*
cell body	→*Soma, Zellkörper*	Synonym: *soma*
cerebral cortex	*Großhirnrinde*	
characteristic function	→*Zugehörigkeitsfunktion, charakteristische Funktion*	Synonym: *membership function*
classification	→*Klassifikation, Klassifizierung*	
classifier	→*Klassifizierer*	
clipped synapse	→*binäres Gewicht*	
cluster	→*Gruppe², Cluster*	
cognitron	→*Cognitron*	
competitive layer	→*Wettbewerbs-Schicht, kompetitive Schicht*	
competitive learning	→*Wettbewerbs-Lernen, kompetitives Lernen, konkurrierendes Lernen*	
competitive network	→*Wettbewerbs-Netz, kompetitives Netz*	Synonym: *Winner-Take-All-network* Abkürzung: *WTA*
competition	→*Wettbewerb, Kompetition*	
connectionism	→*Konnektionismus*	
connection matrix	→*Gewichtsmatrix, Verbindungsmatrix, Konnektivitätsmatrix*	
connections per second	→*Verbindungen pro Sekunde*	Abkürzung: *CPS* Synonym: *interconnects per second*

connection strength	→*Gewicht, Kopplungskoeffizient, Synapsenstärke*	Synonym: *weight*
connection updates per second		Abkürzung: →*CUPS*
conscience	→*Gewissen*	
content-addressable memory	→*Assoziativspeicher, inhaltsadressierbarer Speicher, inhaltsadressierter Speicher*	Synonym: *content-addressed memory* Abkürzung: *CAM*
content-addressed memory	→*Assoziativspeicher, inhaltsadressierbarer Speicher, inhaltsadressierter Speicher*	Synonym: *content-addressable memory* Abkürzung: *CAM*
convergence	→*Konvergenz*	
convex combination	→*konvexe Kombination*	
cosinus-squasher	→*Sinus-Ausgangsfunktion, Cosinus-Quetschfunktion*	
counterpropagation network	→*Gegenstrom-Netz, Counterpropagation-Netz*	
CPS	→*Verbindungen pro Sekunde*	Bedeutung: *connections per second* Synonym: *IPS*
CUPS		Bedeutung: *connection updates per second* Erklärung: Ein Maß für die Arbeitsgeschwindigkeit neuronaler Netze: mißt die Anzahl der Verbindungen, die pro Sekunde beim Lernen geändert werden können

Dale's law	→*Dalesches Prinzip*	
decay	→*Abklingkonstante*	Synonym: *decay factor*
decay factor	→*Abklingkonstante*	Synonym: *decay*
delta rule	→*Delta-Lernregel, Widrow-Hoff-Lernregel*	Synonyme: *Widrow-Hoff rule, adaline rule, LMS rule*
dendrite	→*Dendrit*	
divergence	→*Divergenz*	
domain of attraction	→*Anziehungsbereich, Anziehungsbecken*	Synonym: *basin of attraction*
dot product	→*Skalarprodukt, inneres Produkt;* weniger gebräuchlich: *Punktprodukt*	Synonyme: *scalar product, inner product*
easy learning	→*vollständiges Lernen*	
efferent neuron	→*efferentes Neuron*	
encoding problem	→*Encoder-Decoder-Problem, Encoder-Problem, Enkoder-Problem*	
energy function	→*Hamilton-Funktion, Energiefunktion*	Verwandt: allgemeiner (Theorie der dynamischen Systeme): *Lyapunov function;* in der statistischen Mechanik und bei neuronalen Netzen: *Hamiltonian;* in der Theorie der Optimierung: *cost function, objective function*
excitatory	→*erregend*	

feature map	→*nachbarschaftserhaltende Abbildung, topologieerhaltende Abbildung*	Synonyme: *topology preserving map, geometric map, topographic map*
feedback	→*Rückkopplung*	
feedforward network	→*vorwärtsgekoppeltes Netz*	
Fermi function	→*Fermi-Funktion*	
fire	→*feuern*	
first order neuron	→*Neuron erster Ordnung*	
floor activation level	→*Minimum*	Synonym: *minimum*
frequency bar chart	→*Histogramm*	
fully connected network	→*vollständig verbundenes Netz*	
fuzzy set	→*unscharfe Menge*	
fuzzy subset	→*unscharfe Teilmenge*	
gain control	→*Gain, Aufmerksamkeitskontrolle, Aufmerksamkeitssteuerung, Aufmerksamkeitssystem, Verstärkungskontrolle*	
gain function	→*Sigma-Funktion*	
generalization	→*Generalisierung, Generalisation*	
generalized Delta rule	→*Fehlerrückführungs-Lernregel, Backpropagation-Lernregel, verallgemeinerte Delta-Lernregel*	Synonym: *backpropagation rule*

generalized Hebbian rule	→*Sangersche Lernregel, verallgemeinerte Hebbsche Lernregel, generalisierte Hebbsche Lernregel*	Synonym: *Sanger's rule*
geometric map	→*nachbarschaftserhaltende Abbildung, topologieerhaltende Abbildung*	Synonyme: *topology preserving map, feature map, topographic map*
gradient descent algorithm	→*Gradientenabstiegsverfahren, Gradientenmethode*	
grandmother cell	→*Großmutterzelle*	
group	→*Schicht, Lage, Gruppe²*	Synonym: *layer*
Hamiltonian	→*Hamilton-Funktion, Energiefunktion*	Synonym: *energy function* Verwandt: allgemeiner (Theorie der dynamischen Systeme): *Lyapunov function*; in der Theorie der Optimierung: *cost function, objective function*
hard learning	→*Ein-/Ausgabelernen*	
hard-limiting function	→*Rampenfunktion¹*	Synonyme: *linear ramp, pseudo linear function*
harmony theory	→*Harmonie-Theorie*	
Heaviside function	→*Stufenfunktion, Heaviside-Funktion*	Synonym: *step function*
Hebb rule	→*Hebbsche Lernregel*	
Hebb's rule	→*Hebbsche Lernregel*	

hetero-associative memory	→*heteroassoziativer Speicher*	
hidden layer	→*verborgene Schicht, verdeckte Schicht, Zwischenschicht*	
hidden neuron	→*verborgenes Neuron, Zwischeneinheit, inneres Neuron, verborgene Zelle*	Synonym: *hidden unit*
hidden unit	→*verborgenes Neuron, Zwischeneinheit, inneres Neuron, verborgene Zelle*	Synonym: *hidden neuron*
higher-order neuron	→*Sigma-Pi-Neuron, Neuron höherer Ordnung*	Synonyme: *sigma-pi-neuron, sigma-pi-unit*
high-order synapse	→*Synapse höherer Ordnung*	
Hinton diagram	→*Hinton-Diagramm*	
histogram	→*Histogramm, Treppenpolygon*	Synonyme: *stepped polygon*; für Frequenzen: *frequency bar chart*
Hopfield network	→*Hopfield-Netz, Hopfield-Modell*	
HTNSL	→*HTNSL*	Bedeutung: *Hierarchical Type Neural Simulation Language* Erklärung: Eine Netzbeschreibungssprache
hyperbolic tangent	*Tangens hyperbolicus*	Abkürzung: →*tanh*
inhibitory	→*hemmend*	

inner product	→*Skalarprodukt, inneres Produkt;* weniger gebräuchlich: *Punktprodukt*	Synonyme: *scalar product, dot product*
input	→*Eingang*	
input bias	→*Bias*	Synonym: *bias*
input layer	→*Eingangsschicht, Eingabeschicht*	
input neuron	→*Eingangsneuron, Eingabeneuron*	Synonym: *input unit*
input unit	→*Eingangsneuron*	Synonym: *input neuron*
input value	→*Eingangswert, Eingabe*	
interconnects per second	→*Verbindungen pro Sekunde*	Abkürzung: *IPS* Synonym: *connections per second*
IPS	→*Verbindungen pro Sekunde*	Bedeutung: *interconnects per second* Synonym: *CPS*
lateral inhibition	→*Umfeldhemmung, laterale Hemmung*	
layer	→*Schicht, Lage, Gruppe², Funktionalgruppe*	Synonyme: *group, slab*
learning	→*Lernen*	
learning law	→*Lernregel, Lernmodell*	
learning rate	→*Lernrate*	
learning vector quantization	→*überwachte Vektorquantisierung*	Abkürzung: *LVQ*
least mean square rule	→*Delta-Lernregel, Widrow-Hoff-Lernregel*	Synonyme: *LMS-rule, delta rule, Widrow-Hoff rule, adaline rule*

linearly separable	→*linear teilbar, linear separierbar, linear trennbar, separabel*	
linear ramp	→*Rampenfunktion[1]*	Synonyme: *hard-limiting function, pseudo linear function*
LMS rule	→*Delta-Lernregel, Widrow-Hoff-Lernregel*	Bedeutung: *least mean square rule* Synonyme: *delta rule, Widrow-Hoff rule, adaline rule*
logistic function	→*Fermi-Funktion*	
long term memory	*Langzeitgedächtnis*	Abkürzung: *LTM*
LTM	*Langzeitgedächtnis*	Bedeutung: *long term memory*
LVQ	→*überwachte Vektorquantisierung*	Bedeutung: *learning vector quantization*
MADALINE	→*MADALINE*	Bedeutung: *multiple adaptive linear element, multiple adaptive linear neuron*
maximum	→*Maximum*	Synonym: *ceiling activation level*
meiosis	→*Meiose*	
membership function	→*Zugehörigkeitsfunktion, charakteristische Funktion*	Synonym: *characteristic function*
Mexican hat function	→*Mexikanerhut-Funktion*	
minimum	→*Minimum*	Synonym: *floor activation level*

MLP		Bedeutung: →*multilayer perceptron*
momentum parameter	→*Momentfaktor, Lernmoment, Momentum, Momentumfaktor*	
multilayer perceptron	→*mehrschichtiges Perzeptron*	Abkürzung: *MLP*
multiple adaptive linear element		Abkürzung: →*MADALINE* Synonym: *multiple adaptive linear neuron*
multiple adaptive linear neuron		Abkürzung: →*MADALINE* Synonym: *multiple adaptive linear element*
neocognitron	→*Neocognitron*	
nerve cell	→*Neuron; Nervenzelle, Ganglienzelle*	Synonyme: *neuron, neural cell*
netbase	→*Netzbasis*	
net input	→*effektiver Eingang, effektiver Eingangswert*	
NETtalk	→*NETtalk*	
network paradigm	→*Netzarchitektur, Netzmuster, Netz-Paradigma*	
NEUNET	→*NEUNET*	Bedeutung: *neural network*
neural cell	→*Neuron; Nervenzelle, Ganglienzelle*	Synonyme: *neuron, nerve cell*
neural gate	→*neuronales Gatter*	
neural network	*neuronales Netz, neuronales Netzwerk*	Synonym: *neuronal network*

neurocomputer	→*Neurocomputer*	
neuron	→*Neuron; Nervenzelle, Ganglienzelle; Verarbeitungselement, Prozessoreinheit, PE*	Synonym: *nerve cell, neural cell; neurone, unit*
neuronal network	*neuronales Netz, neuronales Netzwerk*	Synonym: *neural network*
noise	*Rauschen*	
Oja's rule	→*Oja-Lernregel*	
one-layer network	→*einschichtiges Netz*	
output	→*Ausgang*	
output function	→*Ausgangsfunktion, Ausgabefunktion, Ausgaberegel, Outputfunktion*	Synonym: *output rule*
output layer	→*Ausgangsschicht, Ausgabeschicht*	
output neuron	→*Ausgangsneuron*	Synonym: *output unit*
output rule	→*Ausgangsfunktion, Ausgabefunktion, Ausgaberegel, Outputfunktion*	Synonym: *output function*
output unit	→*Ausgangsneuron*	Synonym: *output neuron*
output value	→*Ausgangswert, Ausgabe*	
outstar	→*Grossberg-Schicht, Ausgangsstern, Grossberg-Outstar-Schicht, Outstar-Schicht*	
parallel distributed processing	→*parallel verteilte Verarbeitung*	Abkürzung: *PDP*
pattern associator	→*Muster-Assoziator*	

pattern recognition	*Mustererkennung*	
PDP	→*parallel verteilte Verarbeitung*	Bedeutung: *parallel distributed processing*
PE	*Verarbeitungselement, Prozessoreinheit, PE*	Bedeutung: *processing element* Erklärung: Bei künstlichen neuronalen Netzen wird häufig dieses Wort anstelle von →*neuron* verwendet, um den Gegensatz zu natürlichen Nervensystemen zu betonen.
perceptron	→*Perzeptron, Perceptron*	
perceptron convergence theorem	→*Perzeptron-Konvergenzsatz*	
perceptron learning rule	→*Perzeptron-Lernregel*	Abkürzung: *PLR*
PERHID		Bedeutung: *perceptron learning with a hidden layer* Erklärung: Weiterentwicklung des →*Perzeptrons*, die eine zusätzliche Schicht verborgener Neuronen verwendet. Hung (1991)
PLR	→*Perzeptron-Lernregel*	Bedeutung: *perceptron learning rule*
preprocessing	→*Vorverarbeitung*	

processing element	*Verarbeitungselement, Prozessoreinheit, PE, Prozessorelement*	Abkürzung: *PE* Erklärung: Bei künstlichen neuronalen Netzen wird häufig dieses Wort anstelle von →*neuron* verwendet, um den Gegensatz zu natürlichen Nervensystemen zu betonen.
propagation rule	→*Eingangsfunktion, Inputfunktion, Propagierungsfunktion, Vermittlungsfunktion, Vermittlungsregel*	
pseudo-inverse	→*pseudoinverse Matrix*	
pseudo-inverse matrix	→*pseudoinverse Matrix*	
pseudo linear function	→*Rampenfunktion[1]*	Synonyme: *linear ramp, hard-limiting function*
quadratic neuron	→*quadratisches Neuron, Neuron zweiter Ordnung*	Synonym: *quadratic perceptron*
quadratic perceptron	→*quadratisches Neuron, Neuron zweiter Ordnung, quadratisches Perzeptron*	Synonym: *quadratic neuron*
quantized weight	→*quantisiertes Gewicht*	
quickprop learning rule	→*Quickprop-Lernregel*	
recall	→*Reproduktion*	
receptive field	→*rezeptives Feld*	
recurrent	→*rückgekoppelt, rekurrent*	
regularity detector	→*Regelmäßigkeits-Detektor*	

reproduction	→*Reproduktion*	
reset	→*Reset, Orientierungssystem, Rücksetzungssystem*	
resonance	→*Resonanz*	
response unit	→*R-Zelle, R-Unit, Response-Zelle*	Synonym: *R-unit*
resting level	→*Ruhewert*	Synonym: *rest value*
rest value	→*Ruhewert*	Synonym: *resting level*
retina	→*Retina*	
reward and penalty learnung	→*Lernen durch Lohn und Strafe, Lernen mit Bewerter*	
rotation invariance	→*Drehinvarianz, Rotations-Invarianz*	
R-unit	→*R-Zelle, R-Unit, Response-Zelle*	Synonym: *response unit*
saccade	→*Sakkade*	
Sanger's rule	→*Sangersche Lernregel, verallgemeinerte Hebbsche Lernregel, generalisierte Hebbsche Lernregel*	Synonym: *generalized Hebbian rule*
scalar product	→*Skalarprodukt, inneres Produkt;* weniger gebräuchlich: *Punktprodukt*	Synonyme: *inner product, dot product*
scale invariance	→*Skalierungs-Invarianz*	
scaling invariance	→*Skalierungs-Invarianz*	
self-coupling	→*Selbstrückkopplung, Selbstkopplung*	

self-organizing feature map	→*selbstorganisierende Karte, selbstorganisierendes Tableau*	
self-supervised back-propagation	→*selbstüberwachte Fehlerrückführung*	
self-supervised learning	→*selbstüberwachtes Lernen*	
sensory unit	→*S-Zelle, S-Unit, Stimulus-Zelle*	Synonyme: *S-unit, S-point*
sgn	→*Signum-Funktion*	Bedeutung: *sign function*
short term memory	*Kurzzeitgedächtnis*	Abkürzung: *STM*
sigma-pi-neuron	→*Sigma-Pi-Neuron, Neuron höherer Ordnung*	Synonyme: *sigma-pi-unit, higher-order neuron*
sigma-pi-unit	→*Sigma-Pi-Neuron, Sigma-Pi-Einheit, Neuron höherer Ordnung*	Synonyme: *sigma-pi-neuron, higher-order neuron*
sigmoidal function	→*Sigma-Funktion*	
sigmoid function	→*Sigma-Funktion*	
sign-constrained weight	→*Gewicht mit vorgegebenem Vorzeichen*	
sign function	→*Signum-Funktion*	Abkürzung: *sgn*
simulated annealing	→*simuliertes Kühlen, simuliertes Ausglühen, simuliertes Härten, simuliertes Hitzeglätten*	
slab	→*Schicht, Lage, Gruppe², Funktionalgruppe*	Synonyme: *group, layer*

slope	→*Steigung*	Synonym: *steepness*
soma	→*Soma, Zellkörper*	Synonym: *cell body*
S-point	→*S-Zelle, S-Unit, Stimulus-Zelle*	Synonyme: *S-unit, sensory unit*
spurious state	→*unerwünschter Zustand, Bastard-Zustand, Nebenminimum, fingierter Zustand*	
squashing function	→*Sigma-Funktion*	
stability-plasticity dilemma	→*Stabilitäts-Plastizitäts-Dilemma*	
state of activation	→*Aktivierungszustand*	
steepness	→*Steigung*	Synonym: *slope*
step function	→*Stufenfunktion, Heaviside-Funktion*	Synonym: *Heaviside function*
stepped polygon	→*Histogramm, Treppenpolygon*	Synonym: *histogram*; für Frequenzen: *frequency bar chart*
STM	*Kurzzeitgedächtnis*	Bedeutung: *short term memory*
stochastic delta rule	→*stochastische Delta-Lernregel*	
summation function	→*Summierungsfunktion*	
S-Unit	→*S-Zelle, S-Unit, Stimulus-Zelle*	Synonyme: *S-point, sensory unit*
supervised learning	→*überwachtes Lernen, Lernen durch Unterweisung, Lernen mit Lehrer*	

synapse	→*Synapse*	
temporal sequence	→*Zeitsequenz, Musterfolge*	Synonym: *time sequence*
threshold	→*Schwelle*	
threshold function	→*Schwellenwertfunktion*	
threshold logic unit	→*Schwellenwertelement*	
time sequence	→*Zeitsequenz, Musterfolge*	Synonym: *temporal sequence*
time series	→*Zeitreihe*	
topographic map	→*nachbarschaftserhaltende Abbildung, topologieerhaltende Abbildung*	Synonyme: *topology preserving map, feature map, geometric map*
topology	→*Topologie*	
topology preserving map	→*nachbarschaftserhaltende Abbildung, topologieerhaltende Abbildung*	Synonyme: *feature map, geometric map, topographic map*
TRACE model	→*TRACE model*	
training set	→*Trainingssatz*	
transfer function	→*Übertragungsfunktion*	
translation invariance	→*Verschiebungs-Invarianz, Translations-Invarianz*	
travelling salesman problem	→*Vertreterproblem, Handlungsreisendenproblem*	Abkürzung: *TSP*
TSP	→*Vertreterproblem, Handlungsreisendenproblem*	Bedeutung: *travelling salesman problem*

unit	*Einheit*	Erklärung: Bei künstlichen neuronalen Netzen wird häufig dieses Wort anstelle von →*neuron* verwendet, um den Gegensatz zu natürlichen Nervensystemen zu betonen.
unsupervised learning	→*unüberwachtes Lernen, nichtüberwachtes Lernen, Lernen ohne Lehrer, Lernen ohne Unterweisung, unüberwachte Adaption*	
vector quantization	→*Vektorquantisierung*	Abkürzung: *VQ*
vigilance parameter	→*Aufmerksamkeitsparameter, Ähnlichkeitskoeffizient, Aufmerksamkeit, Vigilanz, Wachsamkeit*	Synonyme: *attentional vigilance, vigilance threshold*
vigilance threshold	→*Aufmerksamkeitsparameter, Ähnlichkeitskoeffizient, Aufmerksamkeit, Vigilanz, Wachsamkeit*	Synonyme: *attentional vigilance, vigilance parameter*
visible layer	→*sichtbare Schicht*	
visible neuron	→*sichtbares Neuron*	Synonym: *visible unit*
visible unit	→*sichtbares Neuron*	Synonym: *visible neuron*
VQ	→*Vektorquantisierung*	Bedeutung: *vector quantization*
weight	→*Gewicht, Kopplungskoeffizient, Synapsenstärke*	Synonym: *connection strength*
Widrow-Hoff rule	→*Delta-Lernregel, Widrow-Hoff-Lernregel*	Synonyme: *delta rule, adaline rule, LMS rule*

Willshaw-network	→*Willshaw-Netz*	
winner-take-all-network	→*kompetitives Netz*	Synonym: *competitive network* Abkürzung: *WTA*
WTA	→kompetitives Netz	Synonym: *competitive network* Bedeutung: *winner-take-all-network*
XOR problem	→*XOR-Problem*	
2/3 rule	→*2/3-Regel*	

11   Lexikon und Glossar deutsch - englisch

Das Glossar enthält Begriffe aus folgenden Gebieten:
1) Grundbegriffe der Neurophysiologie
2) Eine Auswahl wichtiger Begriffe, die in der Literatur über neuronale Netze verwendet werden

Zu jedem Begriff wird die *deutsche* und die *englische* Form sowie, falls vorhanden, die *Abkürzung* gebracht. Auf *Synonyme* und auf *verwandte Begriffe* wird hingewiesen. Ein einfacher Pfeil ($\rightarrow$) gibt an, daß man beim betreffenden Stichwort eine nähere Erklärung und gegebenenfalls Literaturhinweise findet. Wenn der Begriff im Hauptteil des Buches behandelt wird, erfolgt durch einen Doppelpfeil ($\Rightarrow$) ein Hinweis auf das entsprechende Kapitel.

In der Regel sind die Begriffe im *Glossar deutsch - englisch* erklärt. Nur dann, wenn (wie das gelegentlich bei Abkürzungen vorkommt) keine deutsche Übersetzung üblich ist, steht die Erklärung im *Lexikon englisch - deutsch* (Kap. 10).

Übersetzungen, Synonyme und *verwandte Begriffe* sind kursiv gedruckt.

Abklingkonstante
Englisch: *decay, decay factor*
Synonym: *Abnahme*
Erklärung: Ein Parameter der →*Aktivierungsfunktion.* ⇒2.2.2

Abnahme
→*Abklingkonstante*

ADALINE
Englisch: *adaptive linear element, adaptive linear neuron*
Synonyme: *adaptives lineares Element, adaptives lineares Neuron*
Erklärung: Ein spezielles neuronales Netz (⇒4.2.2)
Verwandt: →*MADALINE*

Adaption
→*Lernen*

Adaptionsregel

→*Lernregel*

adaptive Resonanz

Englisch: *adaptive resonance*

Verwandt: →*ART*

adaptives lineares Element

→*ADALINE*

adaptives lineares Neuron

→*ADALINE*

afferentes Neuron

Englisch: *afferent neuron*

Erklärung: →*Neuron*, das Erregungen von außen (z.B. von den Sinnesorganen) an das Nervensystem leitet

Ähnlichkeitskoeffizient

→*Aufmerksamkeitsparameter*

Aktionspotential

Englisch: *action potential*

Synonym: *Spike*

Erklärung: Der elektrische Impuls eines Neurons beim Feuern. ⇒1.1.1

Aktivierung

→*Aktivität*

Aktivierungsfunktion

Englisch: *activation function, activation rule*

Synonyme: *Aktivitätsfunktion, Aktivierungsregel*, →*Transferfunktion*

Erklärung: Dient zur Berechnung der Aktivität eines künstlichen Neurons aus dem →*effektiven Eingang*. ⇒2.2.2

Bei vielen Netzmodellen wird zwischen A. und →*Ausgangsfunktion* nicht unterschieden.

Aktivierungsregel

→*Aktivierungsfunktion*

Aktivierungswert

→*Aktivität*

Aktivierungszustand (eines Netzes)
Englisch: *state of activation*
Erklärung: Die Gesamtheit der →*Aktivitäten* aller Neuronen eines Netzes

Aktivierungszustand (eines Neurons)
→*Aktivität*

Aktivität
Englisch: *activation value*
Synonyme: *Aktivierungswert, Aktivierung, Aktivierungszustand eines Neurons*
Erklärung: Charakterisiert den Zustand eines Neurons. Die A. wird mit der
             →*Aktivierungsfunktion* berechnet. Bei vielen Neurontypen ist die
             A. mit dem Ausgang des Neurons identisch; in anderen Fällen
             wird der Ausgangswert des Neurons mit der →*Ausgangsfunktion*
             aus der A. berechnet.
Verwandt: *Aktivierungszustand (eines Netzes)*

Aktivitätsfunktion
→*Aktivierungsfunktion*

AmSpec
Erklärung: Eine Netzbeschreibungssprache. Kratzer (1990)

Anti-Hebbsche Lernregel
Englisch: *anti-Hebb rule*
Erklärung: Eine →*Lernregel*. Brause (1991), Hertz (1991)

Anwendungsphase
→*Reproduktion*

Anziehungsbecken
→*Anziehungsbereich*

Anziehungsbereich
Englisch: *domain of attraction, basin of attraction*
Synonym: *Anziehungsbecken*
Erklärung: Ae. gibt es in Netzen, deren Reproduktion durch eine →*Hamilton-
             Funktion* beschrieben wird. Zu jedem lokalen Minimum dieser
             Funktion gibt es einen A.; ein Zustand, der sich in diesem Bereich
             befindet, bewegt sich im Lauf der Zeit auf das zugehörige lokale
             Minimum zu. ⇒3.2.7

ARAS
→*Formatio reticularis*

ART

Englisch: *adaptive resonance theory*; Abkürzung: *ART*
Erklärung: Eine Gruppe spezieller unüberwacht lernender neuronaler Netze
                (→*ART1, ART2, ART3*)

ART1

Englisch: *ART1*
Synonym: *Carpenter-Grossberg-Klassifikator*
Erklärung: Ein Netz aus der →*ART*-Gruppe, bei dem nur Eingangsvektoren
                mit Komponenten aus {0,1} zulässig sind. In seiner ursprüngli-
                chen Fassung ist dieses Netz zeitkontinuierlich. ⇒6.2.
                Carpenter (1987)
Verwandt: *Kosinus-Klassifikator*

ART2

Englisch: *ART2*
Erklärung: Eine Variante des →*ART1*, bei dem reelle Eingangsvektoren zu-
                lässig sind

ART3

Englisch: *ART3*
Erklärung: Eine Weiterentwicklung des →*ART2*

Assoziationsschicht

Englisch: *association area*
Erklärung: Die Schicht der *A-Zellen* beim →*Perzeptron*

Assoziations-Zelle

→*A-Zelle*

Assoziativspeicher

Englisch: *content-addressed memory, content-addressable memory*; Abkür-
                zung: *CAM*
Synonyme: *inhaltsadressierbarer Speicher, inhaltsadressierter Speicher*
Erklärung: Ein Speicher, der nicht durch seine Adresse, sondern durch einen
                Teil seines Inhalts (oder durch eine Variante seines Inhalts) ange-
                sprochen wird. ⇒7.1.3, 7.1.4
Verwandt: →*autoassoziativer Speicher,* →*heteroassoziativer Speicher*

Aufmerksamkeit

→*Aufmerksamkeitsparameter*

Aufmerksamkeitskontrolle

→*Gain*

Aufmerksamkeitsparameter

Englisch: *vigilance parameter, attentional vigilance, vigilance threshold*

Synonyme: *Aufmerksamkeit, Vigilanz, Wachsamkeit, Ähnlichkeitskoeffizient*

Erklärung: Ein Parameter beim →*ART1*, der die Feinheit der Klasseneinteilung steuert

Aufmerksamkeitssteuerung

→*Gain*

Aufmerksamkeitssystem

→*Gain*

aufsteigendes retikuläres aktivierendes System

→*Formatio reticularis*

A-Unit

→*A-Zelle*

Ausführungsmodus

→*Reproduktion*

Ausgabe

→*Ausgangswert*

Ausgabeeinheit

→*Ausgangsneuron*

Ausgabefunktion

→*Ausgangsfunktion*

Ausgabeneuron

→*Ausgangsneuron*

Ausgaberegel

→*Ausgangsfunktion*

Ausgabezelle

→*Ausgangsneuron*

Ausgang

Englisch: *output*

Erklärung: Teil eines Netzes oder Neurons, der Daten an die Außenwelt lie-
                fert. Oft wird der Ausgangswert, also der Wert, den der A. liefert,
                ebenfalls kurz als „Ausgang" bezeichnet.

Ausgangsfunktion

Englisch: *output function, output rule*

Synonyme: *Ausgabefunktion,   Ausgaberegel,   Bewertungsfunktion,   Output-
                funktion*

Erklärung: Berechnet den Ausgang eines Neurons aus seiner Aktivität. Bei
                vielen Netzmodellen wird zwischen →*Aktivierungsfunktion* und
                A. nicht unterschieden. ⇒2.3

Verwandt: →*Übertragungsfunktion*

Ausgangsneuron

Englisch: *output unit, output neuron*

Synonyme: *Ausgabeneuron, Ausgabeeinheit, Ausgabezelle*

Erklärung: Ein Neuron, dessen Ausgang mit dem Netzausgang verbunden ist.
                ⇒3.1.3

Verwandt: *Eingangsneuron, verborgenes Neuron, sichtbares Neuron*

Ausgangsschicht

Englisch: *output layer*

Synonym: *Ausgabeschicht*

Erklärung: In einem aus Schichten aufgebauten Netz die Schicht der →*Aus-
                gangsneuronen*

Verwandt: *Eingangsschicht, verborgene Schicht*

Ausgangsstern

→*Grossberg-Schicht*

Ausgangswert

Englisch: *output value*

Synonym: *Ausgabe*

Erklärung: Wert, den der →*Ausgang* an die Außenwelt liefert. Oft wird der A.
                kurz als „Ausgang" bezeichnet.

autoassoziativer Speicher

Englisch: *auto-associative memory*

Erklärung: Speichert einzelne Muster. Wird ihm ein Teil eines gespeicherten
                Musters oder eine verrauschte Variante eines gespeicherten Mu-

sters angeboten, so liefert er im Idealfall exakt das gespeicherte Muster. ⇒7.1.3

Verwandt: →*Assoziativspeicher*, →*heteroassoziativer Speicher*

Auto-Assoziator

Englisch: *auto-associator*

Erklärung: Ein einschichtiges, vollständig verbundenes Netz, das Muster speichert, also einen →*autoassoziativen Speicher* darstellt. ⇒4.3

AXON

Erklärung: Eine Netzbeschreibungssprache. Kratzer (1990)

Axon

Englisch: *axon*

Synonym: *Neurit*

Erklärung: Fortsatz eines →*Neurons*. ⇒1.1.1

A-Zelle

Englisch: *A-unit, association cell, associator unit*

Synonyme: *A-Unit, Assoziations-Zelle*

Erklärung: Neuron der mittleren Schicht eines →*Perzeptrons*

Backpropagation-Lernregel

→*Fehlerrückführungs-Lernregel*

Backpropagation-Netz

→*Fehlerrückführungs-Netz*

BAM

Englisch: *bidirectional associative memory*

Synonym: *bidirektionaler assoziativer Speicher*

Erklärung: Eine Verallgemeinerung des →*Hopfield-Netzes*. ⇒5.1

Bastard-Zustand

→*unerwünschter Zustand*

begrenzt-lineare Funktion

→*Rampenfunktion*[1]

Bewertungsfunktion

→*Ausgangsfunktion*

Bias

Englisch: *bias*

Erklärung: **1.** in der Elektronik: Vorspannung

                 2. →*Bias-Neuron*

                 3. →*Bias-Eingang*

                 4. →*Bias-Gewicht*

                 5. →*Schwelle*

Bias-Eingang

Synonym: *Bias*

Erklärung: Zusätzlicher Eingang eines Neurons, der auf den festen Wert 1 gesetzt wird. Bei vielen praktisch wichtigen Neurontypen kann dann die →*Schwelle* ϑ der Ausgangsfunktion durch das negative →*Gewicht -w* dieses Eingangs ersetzt und dadurch in den Lernvorgang einbezogen werden. ⇒2.4.3

Verwandt: *Bias-Gewicht,* →*Bias-Neuron*

Bias-Gewicht

Englisch: *bias, input bias*

Synonyme: *Bias, (Eingangs)vorspannung*

Erklärung: Das Negative der →*Schwelle* in der Ausgangsfunktion = Gewicht des →*Bias-Eingangs*

Bias-Neuron

Synonyme: *Bias, Bias-Zelle*

Erklärung: Ein zusätzliches Neuron mit dem konstanten Ausgangswert 1, dessen Ausgang mit dem →*Bias-Eingang* anderer Neuronen verbunden ist.

Bias-Zelle

→*Bias-Neuron*

bidirektionaler assoziativer Speicher

→*BAM*

binäre Funktion

→*Schwellenwertfunktion*

binäres Gewicht

Englisch: *binary weight, clipped synapse*

Erklärung: Spezialfall eines →*quantisierten Gewichts*, das nur die Werte −1 und +1 annehmen kann

Boltzmann-Maschine

Englisch: *Boltzmann machine*

Erklärung: Ein einschichtiges neuronales Netz. Um zu verhindern, daß das Netz bei der Reproduktion in ein lokales Minimum der →*Hamilton-Funktion* gerät, wird eine stochastische Methode eingesetzt. ⇒5.2

BSB-Modell

Englisch: *brain state in a box model*; Abkürzung: *BSB model*

Erklärung: Ein spezieller →*Auto-Assoziator.* ⇒4.3.2

Carpenter-Grossberg-Klassifikator

→*ART1*

charakteristische Funktion

→*Zugehörigkeitsfunktion*

Cluster

→*Gruppe[1]*

Cognitron

Englisch: *cognitron*

Erklärung: Ein spezielles neuronales Netz, Vorläufer des →*Neocognitron.* Kinnebrock (1992)

Verwandt: →*Neocognitron*

Cosinus-Klassifikator

→*Kosinus-Klassifikator*

Cosinus-Quetschfunktion

→*Sinus-Ausgangsfunktion*

Counterpropagation-Netz

→*Gegenstrom-Netz*

Dalesches Prinzip

Englisch: *Dale's law*

Erklärung: Ein Neuron schüttet an allen seinen Synapsen denselben Neurotransmitter aus. Damit hängt zusammen, daß es nur zwei Arten von Neuronen gibt, nämlich erregende und hemmende. Schmidt (1983)
Diese Situation kann in neuronalen Netzen nachgebildet werden, indem man fordert, daß ein Gewicht während des Lernens sein Vorzeichen nicht ändert.

Delta-Lernregel

Englisch: *delta rule, Widrow-Hoff rule, adaline rule, LMS rule*
Synonym: *Widrow-Hoff-Lernregel*
Erklärung: →*Lernregel* für einschichtige (→*Schicht*) neuronale Netze, bei der
                der Unterschied zwischen den tatsächlichen und den gewünschten
                Ausgangswerten des Netzes zur Anpassung der Gewichte verwen-
                det wird. Die Änderung der Gewichte ist durch

$$\delta w_{ij} = \eta(S_i - A_i)E_j$$

gegeben. Dabei bezeichnet i das betrachtete Neuron, j zählt die
Eingänge E_j des Neurons, S_i ist der gewünschte und A_i der tatsächliche Ausgangswert des Neurons i. η ist die Lernrate. ⇒3.3.4

Verwandt: →*Hebbsche Lernregel,* →*Fehlerrückführungs-Lernregel*

Dendrit

Englisch: *dendrite*
Erklärung: Fortsatz eines →*Neurons.* ⇒1.1.1

Divergenz

Englisch: *divergence*
Erklärung: Die Tatsache, daß ein Axon Impulse an viele andere Neuronen
                weitergibt. ⇒3.1.1

Drehinvarianz

Englisch: *rotation invariance*
Synonym: *Rotations-Invarianz*
Erklärung: D. liegt vor, wenn ein Netz zwischen verdrehten Mustern nicht
                unterscheidet, also verdrehte Muster als gleich erkennt. Einfache
                neuronale Netze haben diese Eigenschaft nicht; sie läßt sich je-
                doch durch eine geeignete →*Vorverarbeitung* oder durch den Ein-
                satz von →*Sigma-Pi-Neuronen* erreichen. ⇒5.4.3
Verwandt: *Verschiebungs-Invarianz, Skalierungs-Invarianz*

effektiver Eingang

Englisch: *net input*
Synonyme: *effektiver Eingangswert, Netzaktivität, gewichteter Input*
Erklärung: Der e. ist ein Mittelwert über die Werte, die an den Eingängen ei-
                nes künstlichen Neurons liegen. Er wird mit der →*Eingangsfunk-*
                tion berechnet und von der →*Aktivierungsfunktion* zur Berech-
                nung der Aktivität des Neurons verwendet, ist also der Eingangs-
                wert, den das Neuron effektiv „sieht". ⇒2.2.1

effektiver Eingangswert

→*effektiver Eingang*

efferentes Neuron

Englisch: *efferent neuron*

Erklärung: →Neuron, das Erregungen vom Nervensystem nach außen (an die Muskeln) leitet

Ein-/Ausgabelernen

Englisch: *hard learning*

Erklärung: Eine Art des →*überwachten Lernens*, bei dem nur Ein- und Ausgangsmuster als Lerngrundlage dienen. Diese Art des Lernens ist für das Netz schwierig („hard"), weil es die Sollwerte für die verborgenen Neuronen selbst finden muß.

Verwandt: →*vollständiges Lernen*

Eingabe

→*Eingangswert*

Eingabeeinheit

→*Eingangsneuron*

Eingabeneuron

→*Eingangsneuron*

Eingabezelle

→*Eingangsneuron*

Eingang

Englisch: *input*

Erklärung: Teil eines Netzes oder Neurons, der Daten von der Außenwelt entgegennimmt. Oft wird der Eingangswert, also der Wert, den der E. entgegennimmt, ebenfalls kurz als „Eingang" bezeichnet.

Eingangsfunktion

Englisch: *propagation rule*

Synonyme: *Inputfunktion,   Propagierungsfunktion,   Vermittlungsfunktion, Vermittlungsregel*

Erklärung: Die E. berechnet den →*effektiven Eingang* eines Neurons. In jedem Fall handelt es sich dabei um einen Mittelwert über die Werte, die an den Eingängen eines künstlichen Neurons liegen. Häufig verwendet man die gewichtete Summe der Eingangswerte

(*Summierungsfunktion*): Sind e_j, $j = 1...n$ die Eingangswerte am Neuron i, w_{ij} die Gewichte dieses Neurons, so ist die E. durch

$$\varepsilon_i = \sum_{j=1}^{n} w_{ij} e_j$$

zu berechnen. $\Rightarrow$2.2.1

Eingangsneuron

Englisch: *input unit, input neuron*

Synonyme: *Eingabeneuron, Eingabeeinheit, Eingabezelle*

Erklärung: Ein Neuron, dessen Eingänge mit dem Netzeingang verbunden sind. $\Rightarrow$3.1.3

Verwandt: *Ausgangsneuron, verborgenes Neuron, sichtbares Neuron*

Eingangsschicht

Englisch: *input layer*

Synonym: *Eingabeschicht*

Erklärung: In einem aus Schichten aufgebauten Netz die Schicht der $\rightarrow$*Eingangsneuronen*

Verwandt: *Ausgangsschicht, verborgene Schicht*

Eingangs-Vergleichsschicht

Synonym: *Eingabe-Vergleichsschicht*

Erklärung: Die Eingangsschicht des $\rightarrow$*ART1*

Eingangsvorspannung

$\rightarrow$*Bias-Gewicht*

Eingangswert

Englisch: *input value*

Synonyme: *Eingabe*

Erklärung: Wert, den der $\rightarrow$*Eingang* von der Außenwelt entgegennimmt. Oft wird der E. kurz als „Eingang" bezeichnet.

Einheit

Englisch: *unit*

Erklärung: Bei künstlichen neuronalen Netzen wird häufig dieses Wort anstelle von $\rightarrow$*Neuron* verwendet, um den Gegensatz zu natürlichen Nervensystemen zu betonen.

einschichtiges Netz

Englisch: *one-layer network*

Erklärung: Netz aus einer einzigen →*Schicht* von Neuronen

Einstimmigkeitsverfahren

Erklärung: Ein Verfahren zur Berechnung des Ausgangs beim *MADALINE*.
                ⇒4.2.3

Verwandt: *Mehrheitsverfahren, Singulärverfahren*

Encoder-Decoder-Problem

Englisch: *encoding problem*

Synonyme: *Encoder-Problem, Enkoder-Problem*

Erklärung: ⇒7.2.2

Encoder-Problem

→*Encoder-Decoder-Problem*

Energiefunktion

Englisch: *energy function, Hamiltonian*

Synonyme: allgemeiner (Theorie der dynamischen Systeme): *Ljapunow-Funk-*
                tion; in der statistischen Mechanik und bei neuronalen Netzen:
                →*Hamilton-Funktion;* in der Theorie der Optimierung: *Kosten-*
                funktion, Zielfunktion

Erklärung: →*Hamilton-Funktion.* Die Bezeichnung „Energie"-Funktion hat
                historische Gründe (die physikalische Energie der Spingläser
                stimmt formal mit der „Energie"-Funktion des Hopfield-Netzes
                überein). Mit einer physikalischen Energie neuronaler Netze hat
                sie nichts zu tun.

Enkoder-Problem

→*Encoder-Decoder-Problem*

entdeckendes Lernen

→*unüberwachtes Lernen*

erregend

Englisch: *excitatory*

Erklärung: Eigenschaft einer Synapse, die Feuerungsbereitschaft des nachfol-
                genden Neurons zu erhöhen. ⇒1.1.1

Fehlerrückführungs-Lernregel

Englisch: *backpropagation rule, generalized Delta rule*

Synonyme: *Backpropagation-Lernregel, verallgemeinerte Delta-Lernregel, generalisierte Delta-Lernregel*

Erklärung: Eine →*Lernregel*, die in einem bestimmten Typ heteroassoziativer Netze (→*heteroassoziativer Speicher*), nämlich den Fehlerrückführungs-Netzen, verwendet wird (⇒4.4). Die F. kann für →*verborgene Neuronen* verwendet werden, erfordert aber eine differenzierbare →*Ausgangsfunktion*, so daß →*Schwellenwertelemente* nicht verwendbar sind.

Verwandt: →*Hebbsche Lernregel*, →*Delta-Lernregel*

Fehlerrückführungs-Netz

Englisch: *backpropagation network*

Synonyme: *Backpropagation-Netz, Netz mit Fehlerrückführung, Fehlerrückvermittlungs-Netz*

Erklärung: Ein neuronales Netz, das die →*Fehlerrückführungs-Lernregel* verwendet. Solche Netze sind zumeist vorwärtsgekoppelt (→*vorwärtsgekoppeltes Netz*). ⇒4.4. Rückgekoppelte Fehlerrückführungs-Netze ⇒4.4.8.

Fehlerrückvermittlungs-Netz

→*Fehlerrückführungs-Netz*

Fermi-Funktion

Englisch: *logistic function, Fermi function*

Erklärung: Spezielle Form einer →*Sigma-Funktion*:

$$f(x) = \frac{1}{(1 + e^{-x})}$$

Der Wertebereich dieser Funktion liegt zwischen 0 und 1; daher wird sie bei Neuronen, deren Ausgänge in diesem Bereich liegen sollen, oft als →*Ausgangsfunktion* eingesetzt. ⇒2.3.3

Für einen Wertebereich zwischen -1 und +1 kann der →*tanh* verwendet werden, der sich von der F. nur durch eine Skalierung unterscheidet. Es gilt der Zusammenhang:

$$\tanh x = 2f(2x) - 1$$

oder

$$f(x) = \frac{1}{2}(1 + \tanh\frac{x}{2})$$

feuern
Englisch: *fire*
Erklärung: Der Aktivitätszustand einer Nervenzelle. $\Rightarrow$1.1.1

fingierter Zustand
→*unerwünschter Zustand*

Formatio reticularis
Englisch: *ascending reticular activating system*; Abkürzung: *ARAS*
Synonyme: *aufsteigendes retikuläres aktivierendes System*; Abkürzung: *ARAS*
Erklärung: Ein Teil des Gehirns. Schmidt (1983)

Funktionalgruppe
→*Schicht*

Funktionsphase
→*Reproduktion*

Gain
Englisch: *gain control, attentional gain control*
Synonyme: *Aufmerksamkeitskontrolle, Aufmerksamkeitssteuerung, Aufmerk-
               samkeitssystem, Verstärkungskontrolle*
Erklärung: Ein Teil des →*ART1*, der die Reproduktion in der Eingangs-Ver-
               gleichsschicht steuert

Ganglienzelle
→*Neuron*

Gegenstrom-Netz
Englisch: *counterpropagation network*
Synonym: *Counterpropagation-Netz*
Erklärung: Ein spezielles neuronales Netz. $\Rightarrow$5.3

Generalisation
→*Generalisierung*

generalisierte Delta-Lernregel
→*Fehlerrückführungs-Lernregel*

generalisierte Hebbsche Lernregel
→*Sangersche Lernregel*

Generalisierung

Englisch:	*generalization*
Synonym:	*Generalisation*
Erklärung:	Ein Netz habe gelernt, zu einer Menge von Eingangsmustern die zugehörigen Ausgangsmuster korrekt zu reproduzieren. Diesem Netz wird nun ein Eingangsmuster angeboten, das es nicht gelernt hat, das aber einem der gelernten Muster ähnlich ist. G. liegt vor, wenn das vom Netz erzeugte Ausgangsmuster mit dem zugehörigen gelernten Ausgangsmuster übereinstimmt. $\Rightarrow$7.1.4
	In der Psychologie: Eine Reaktion sei an einen bestimmten Reiz gebunden. G. liegt vor, wenn ein ähnlicher Reiz zur selben Reaktion führt.
Verwandt:	*Klassifikation*

gequanteltes Gewicht

$\rightarrow$*quantisiertes Gewicht*

Gewicht

Englisch:	*weight, connection strength*
Synonyme:	*Kopplungskoeffizient, Synapsenstärke*
Erklärung:	Das Gewicht eines Eingangs eines Neurons gibt an, wie stark sich der betreffende Eingang auf die Aktivität des Neurons auswirkt ($\rightarrow$*effektiver Eingang*). Die Gesamtheit w_{ij} aller Gewichte eines Netzes bildet die *Gewichtsmatrix*.
Verwandt:	$\rightarrow$*quantisiertes Gewicht*

gewichteter Input

$\rightarrow$*effektiver Eingang*

Gewicht mit vorgegebenem Vorzeichen

Englisch:	*sign-constrained weight*
Erklärung:	Eine $\rightarrow$*Synapse* im Nervensystem kann ihre Stärke ändern, bleibt aber dabei immer $\rightarrow$*erregend* oder $\rightarrow$*hemmend* ($\rightarrow$*Dalesches Prinzip*). Diese Situation kann in neuronalen Netzen nachgebildet werden, indem man fordert, daß die $\rightarrow$*Gewichte* während des $\rightarrow$*Lernens* ihr Vorzeichen nicht ändern. Campbell (1991)

Gewichtsmatrix

Englisch:	*connection matrix*
Synonyme:	*Verbindungsmatrix, Konnektivitätsmatrix, Konnektionsmatrix*
Erklärung:	Die G. ist die Gesamtheit aller $\rightarrow$*Gewichte* eines neuronalen Netzes.

Gewissen

Englisch: *conscience*

Erklärung: Eine Lernmethode für die →*Kohonenschicht* des →*Gegenstrom-Netzes*. Schöneburg (1990)

Gradientenabstiegsverfahren

Englisch: *gradient descent algorithm*

Erklärung: Allgemein: Eine Methode zur Bestimmung lokaler Minima mathematischer Funktionen. Speziell bei neuronalen Netzen: Eine Methode, um aus einer →*Kostenfunktion* eine →*Lernregel* herzuleiten. ⇒3.3.5

Gradientenmethode

→*Gradientenabstiegsverfahren*

Großhirnrinde

Englisch: *cerebral cortex*

Großmutterneuron

→*Großmutterzelle*

Großmutterzelle

Englisch: *grandmother cell*

Synonym: *Großmutterneuron*

Erklärung: Eine Zelle, die feuert, wenn die Großmutter erscheint oder wenn von ihr die Rede ist. Allgemein ein Neuron, das für eine bestimmte Situation verantwortlich ist, das also beispielsweise feuert, wenn das Eingangsmuster des Netzes eine bestimmte Eigenschaft aufweist. Typische Beispiele für Gn. sind die Ausgangsneuronen von →*Klassifizierern*.

Grossberg-Schicht

Englisch: *outstar*

Synonym: *Ausgangsstern, Grossberg-Outstar-Schicht, Outstar-Schicht*

Erklärung: Die Ausgangsschicht des →*Gegenstrom-Netzes*. ⇒5.3

Gruppe[1]

Englisch: *cluster*

Synonym: *Cluster*

Erklärung: In →*Wettbewerbs-Netzen* eine Menge von miteinander konkurrierenden Neuronen

Gruppe²
→*Schicht*

Hamilton-Funktion
Englisch: *Hamiltonian, energy function*
Synonyme: allgemeiner (Theorie der dynamischen Systeme): *Ljapunow-Funktion*; bei neuronalen Netzen: *Energiefunktion*; in der Theorie der Optimierung: *Kostenfunktion, Zielfunktion*
Erklärung: Kennwert eines neuronalen Netzes, der vom momentanen Zustand des Netzes abhängt und im Verlauf der dynamischen Entwicklung abnimmt. ⟹3.2.7
Verwandt: →*Kostenfunktion*

Handlungsreisendenproblem
→*Vertreterproblem*

Harmonie-Theorie
Englisch: *harmony theory*
Erklärung: Ein spezielles neuronales Netz. Smolensky (1988)

Heaviside-Funktion
→*Stufenfunktion*

Hebbsche Lernregel
Englisch: *Hebb rule, Hebb's rule*
Erklärung: →*Lernregel* für einschichtige (→*Schicht*) neuronale Netze. Die Änderung der Gewichte ist durch

$$\delta w_{ij} = \eta S_i E_j$$

gegeben. Dabei bezeichnet i das betrachtete Neuron, j zählt die Eingänge E_j des Neurons, S_i ist der gewünschte Ausgangswert des Neurons i. η ist die Lernrate. Der tatsächliche Ausgangswert kommt in dieser Lernregel nicht vor, so daß ihre Anwendung (im Gegensatz zu anderen Lernregeln) keine Reproduktion des Netzes erfordert. ⟹3.3.3
Verwandt: →*Delta-Lernregel,*   →*Fehlerrückführungs--Lernregel,*   →*Oja-Lernregel*

hemmend
Englisch: *inhibitory*
Erklärung: Eigenschaft einer Synapse, die Feuerungsbereitschaft des nachfolgenden Neurons zu vermindern. ⟹1.1.1

heteroassoziativer Speicher

Englisch: *hetero-associative memory*

Erklärung: Speichert Musterpaare: wird ein Eingangsmuster vorgegeben, das zu einem gelernten Musterpaar gehört, so erscheint am Ausgang das zugehörige Ausgangsmuster. ⇒7.1.4

Verwandt: →*Assoziativspeicher,* →*autoassoziativer Speicher,* →*Generalisierung*

Hinton-Diagramm

Englisch: *hinton diagram*

Erklärung: Eine Methode zur graphischen Darstellung vieler Zahlenwerte. ⇒3.1.6

Histogramm

Englisch: *histogram, stepped polygon;* bei Frequenzen: *frequency bar chart*

Synonym: *Treppenpolygon*

Erklärung: Darstellung einer nur für diskrete Argumente definierten Funktion durch (senkrechte) Balken

Hopfield-Lernregel

Synonym: *Hopfield-Regel*

Erklärung: Die Formulierung der →*Hebbschen Lernregel* für →*Hopfield-Netze*

Hopfield-Modell

→*Hopfield-Netz*

Hopfield-Netz

Englisch: *Hopfield network*

Synonym: *Hopfield-Modell*

Erklärung: Ein spezielles neuronales Netz. ⇒4.5

Hopfield-Regel

→*Hopfield-Lernregel*

HTNSL

Englisch: *Hierarchical Type Neural Simulation Language*

Erklärung: Eine Netzbeschreibungssprache. Loe (1989)

inhaltsadressierbarer Speicher

→*Assoziativspeicher*

inhaltsadressierter Speicher

→*Assoziativspeicher*

inneres Neuron
→*verborgenes Neuron*

inneres Produkt
→*Skalarprodukt*

Inputfunktion
→*Eingangsfunktion*

Klassifikation

Englisch:	*classification*
Synonym:	*Klassifizierung*
Erklärung:	Einteilung vorgegebener Muster in Gruppen („Klassen"). Die K. erfolgt durch →*Klassifizierer*. ⇒7.1.2
Verwandt:	→*Klassifizierer, Generalisierung, Mustererkennung*

Klassifikator
→*Klassifizierer*

Klassifizierer

Englisch:	*classifier*
Synonym:	*Klassifikator*
Erklärung:	Ein Netz, das vorgegebene Muster in Gruppen („Klassen") einteilt. Nur dasjenige →*Ausgangsneuron*, dem das Eingangsmuster entspricht, ist aktiv; die Ausgangsneuronen sind also →*„Großmutterzellen"*. ⇒7.1.2
Verwandt:	*Klassifikation*

Klassifizierung
→Klassifikation

Klassifizierungsschicht

Erklärung: Die Ausgangsschicht des →*ART1*

Kohonenschicht

Erklärung: Die mittlere Schicht des →*Gegenstrom-Netzes*

Kompetition
→*Wettbewerb*

kompetitive Schicht
→*Wettbewerbs-Schicht*

kompetitives Lernen
→*Wettbewerbs-Lernen*

kompetitives Netz
→*Wettbewerbs-Netz*

konkurrierendes Lernen
→*Wettbewerbs-Lernen*

Konnektionismus
Englisch: *connectionism*
Erklärung: Bau von Modellen aus einfachen Einheiten, die untereinander ver-
             bunden sind

Konnektionsmatrix
→*Gewichtsmatrix*

Konnektivitätsmatrix
→*Gewichtsmatrix*

Konvergenz
Englisch: *convergence*
Erklärung: Die Tatsache, daß ein Neuron Impulse von vielen anderen Neuro-
             nen bekommt. ⇒3.1.1

konvexe Kombination
Englisch: *convex combination*
Erklärung: Eine Lernmethode für die →*Kohonenschicht* eines →*Gegenstrom-
             Netzes*. Schöneburg (1990)

Kopplungskoeffizient
→*Gewicht*

Kosinus-Klassifikator
Erklärung: Eine Variante des →*ART1*. Als Kriterium für die Resonanz zwi-
             schen dem Eingangsvektor und dem Klassifikationsergebnis dient
             jedoch nicht die Anzahl der aktiven Komponenten wie beim
             ART1, sondern der cos zwischen diesen beiden Vektoren.
             Kratzer (1990)
Verwandt: *ART1*

Kostenfunktion
Englisch: *cost function*
Erklärung: Die K. ist ein Maß für die Abweichung des tatsächlichen Aus-
             gangs eines neuronalen Netzes vom gewünschten Ausgang, also
             ein Fehlermaß. Da der tatsächliche Ausgang von den *Gewichten*
             der Neuronen abhängt, kann man die K. als Funktion der Gewichte

betrachten und sich als (vieldimensionales) „Gebirge" vorstellen. Um den Fehler (oder die „Kosten") zu minimieren, muß man (z.B. durch ein *Gradientenabstiegsverfahren*) ein globales Minimum dieser Funktion aufsuchen und erhält damit eine *Lernregel*. $\Rightarrow$3.3.5

Eine häufig verwendete Kostenfunktion lautet:

$$\frac{1}{2}\sum_{i=1}^{n}(S_i - A_i)^2$$

Das ist das mittlere Fehlerquadrat. Dabei zählt i die Ausgangsneuronen, S_i ist der gewünschte und A_i der tatsächliche Ausgang des Neurons i.

Verwandt: →*Hamilton-Funktion*

kumulative Fehlerrückführung

Synonyme: *kumulierte Fehlerrückführung*

Erklärung: Variante der →*Fehlerrückführungs-Lernregel*, bei der alle Muster des Trainingssatzes der Reihe nach angeboten und erst dann die Gewichte geändert werden. $\Rightarrow$4.4.4

kumulierte Fehlerrückführung

→*kumulative Fehlerrückführung*

Kurzzeitgedächtnis

Englisch: *short term memory*; Abkürzung: *STM*

Langzeitgedächtnis

Englisch: *long term memory*; Abkürzung: *LTM*

Lage

→*Schicht*

laterale Hemmung

→*Umfeldhemmung*

laterale Inhibition

→*Umfeldhemmung*

Lernen

Englisch:	*learning*
Synonyme:	*Training, Adaption*
Erklärung:	Arbeitsphase eines Netzes, bei der die →*Gewichte* der Neuronen so angepaßt werden, daß das Netz bei der →*Reproduktion* ein gewünschtes Verhalten zeigt. ⇒3.3, 3.4

Lernen durch Lohn und Strafe

Englisch:	*reward and penalty learning*
Synonym:	*Lernen mit Bewerter*
Erklärung:	Eine Methode des →*überwachten Lernens* für verborgene Neuronen. ⇒3.3.6. Müller (1990)

Lernen durch Unterweisung
→*überwachtes Lernen*

Lernen mit Bewerter
→*Lernen durch Lohn und Strafe*

Lernen mit Lehrer
→*überwachtes Lernen*

Lernen ohne Lehrer
→*unüberwachtes Lernen*

Lernen ohne Unterweisung
→*unüberwachtes Lernen*

Lernfaktor
→*Lernrate*

Lernmodell
→*Lernregel*

Lernmoment
→*Momentfaktor*

Lernrate

Englisch:	*learning rate*
Synonym:	*Lernfaktor*
Erklärung:	Ein wichtiger Parameter jeder →*Lernregel*, der die Größe der Gewichtsänderung bei einem einzelnen Lernschritt beeinflußt. Kleine Ln. erfordern viele Lernschritte, große Ln. führen leicht zu instabilem Lernverhalten; daher muß ein Kompromiß gefunden wer-

den, der je nach Lernregel und Netzmodell sehr unterschiedlich sein kann. Die meisten Lernregeln lassen die gewählte L. während des gesamten Lernvorgangs unverändert. Ein Beispiel, an dem man gut sehen kann, welche Rolle die L. in einer Lernregel spielt, ist die →*Delta-Lernregel*.

Lernregel

Englisch: *learning law*

Synonyme: *Lernmodell, Adaptionsregel*

Erklärung: Beschreibt die Mechanismen, nach denen ein konkretes neuronales Netz lernt, d.h. seine Gewichte so anpaßt, daß es das gewünschte Verhalten zeigt. ⇒3.3.1

lineare Schwellenwertfunktion

Synonym: *Rampenfunktion[2]*

Erklärung: Eine →*Ausgangsfunktion*, die ab der Schwelle linear ist; ihre einfachste Form lautet:

$$f(x) = \begin{cases} 0 \text{ für } x < 0 \\ x \text{ für } x \geq 0 \end{cases}$$

⇒2.3.4

linear separierbar

→*linear teilbar*

linear teilbar

Englisch: *linearly separable*

Synonyme: *linear separierbar, linear trennbar, separabel*

Erklärung: Ein spezieller Typ boolescher Funktionen. ⇒4.1.5

linear trennbar

→*linear teilbar*

MADALINE

Englisch: *multiple adaptive linear element, multiple adaptive linear neuron*

Erklärung: Eine Weiterentwicklung des →*ADALINE*. ⇒4.2.3

Verwandt: →*ADALINE*

MADALINE-Schicht

Erklärung: Die Ausgangsschicht des →*MADALINE*

Maximum

Englisch: *maximum, ceiling activation level*

Erklärung: Ein Parameter der →*Aktivierungs-* und der →*Ausgangsfunktion*

McCulloch-Pitts-Funktion

→*Schwellenwertfunktion*

McCulloch-Pitts-Neuron

→*Schwellenwertneuron*

Mehrheitsverfahren

Erklärung: Ein Verfahren zur Berechnung des Ausgangs beim *MADALINE.*
               ⇒4.2.3

Verwandt: *Einstimmigkeitsverfahren, Singulärverfahren*

mehrschichtiges Perzeptron

Englisch: *multilayer perceptron*; Abkürzung: *MLP*

Erklärung: Mehrschichtiges neuronales Netz, gewöhnlich mit Fehlerrückfüh-
               rung (→*Fehlerrückführungs-Lernregel*)

Meiose

Englisch: *meiosis*

Erklärung: Dieser Begriff bezeichnet in der Biologie eine bestimmte Art der
               Zellteilung. In neuronalen Netzen versteht man darunter die Er-
               zeugung zusätzlicher Neuronen während des →*Lernens*. Dadurch
               können lokale Minima der →*Kostenfunktion* vermieden werden.
               M.-Netze verwenden die *stochastische Delta-Lernregel.*
               Bellido (1991)

Mexikanerhut-Funktion

Englisch: *Mexican hat function*

Erklärung: Beschreibt in →*selbstorganisierenden Karten* die Abhängigkeit
               der internen Gewichte vom Abstand der Neuronen. ⇒6.1.3

Minimum

Englisch: *minimum, floor activation level*

Erklärung: Ein Parameter der →*Aktivierungs-* und der →*Ausgangsfunktion*

Minus-Phase

Synonym: *negative Phase*

Erklärung: Eine der Lernphasen der →*Boltzmann-Maschine*

Momentfaktor

Englisch: *momentum parameter*
Synonyme: *Lernmoment, Momentum, Momentfaktor*
Erklärung: Ein zusätzlicher Term in der →*Fehlerrückführungs-Lernregel*, der
              das Lernverhalten verbessert. ⇒4.4.6

Momentum

→*Momentfaktor*

Momentumfaktor

→*Momentfaktor*

Moore-Penrose-Inverse

→*pseudoinverse Matrix*

motorische Karte

Erklärung: →*selbstorganisierende Karte* zur Bewegungssteuerung.
              Ritter (1991)

Muster-Assoziator

Englisch: *pattern associator*
Synonyme: *Musterassoziierer, Musterverknüpfer*
Erklärung: Ein einschichtiges, rückkopplungsfreies Netz, das Eingangsmuster
              mit Ausgangsmustern assoziiert, also Musterpaare lernt, und somit
              ein →*heteroassoziativer Speicher* ist. ⇒4.1

Musterassoziierer

→*Muster-Assoziator*

Mustererkennung

Englisch: *pattern recognition*

Musterfolge

→*Zeitsequenz*

Musterverknüpfer

→*Muster-Assoziators*

nachbarschaftserhaltende Abbildung

Englisch: *topology preserving map, feature map, geometric map, topogra-
              phic map*
Synonyme: *topologieerhaltende Abbildung*
Erklärung: ⇒6.1.5

Nebenminimum
→*unerwünschter Zustand*

negative Phase
→*Minus-Phase*

Neocognitron

Englisch: *neocognitron*
Erklärung: Ein spezielles neuronales Netz, das verzerrte Muster erkennt.
                 Brause (1991), **Fukushima (1983)**, Kinnebrock (1992),
                 Müller (1990)

Nervenzelle
→*Neuron*

NETtalk

Erklärung: Ein neuronales Netz zur Sprachsynthese. ⇒7.2.3

Netzaktivität
→*effektiver Eingang*

Netzarchitektur

Englisch: *network paradigm*
Synonym: *Netzmuster, Netz-Paradigma*
Erklärung: Beschreibt Neuronen, Struktur und Funktionsweise eines konkre-
                 ten neuronalen Netzes

Netzbasis

Englisch: *netbase*
Erklärung: Im Bereich der neuronalen Netze das Gegenstück zu einer Daten-
                 basis. Enthält Daten, auf die in einer für den menschlichen An-
                 wender besser geeigneten Form zugegriffen werden kann.
                 Heather (1991)

Netzmuster
→*Netzarchitektur*

Netz-Paradigma
→*Netzarchitektur*

NEUNET

Englisch: *neural network*, Abkürzung: *NEUNET*
Erklärung: Erklärung: Ein autoassoziatives (→*autoassoziativer Speicher*)
                 neuronales Netz, bei dem die Information nicht in den

→*Gewichten*, sondern in der Netzstruktur gespeichert ist. Beim →*Lernen* werden zusätzliche Neuronen eingeführt und die Netzstruktur geändert; daher ist die Anzahl der speicherbaren Muster unbegrenzt. Andlinger (1991)

Neurit
→*Axon*

Neurocomputer
Englisch: *neurocomputer*
Erklärung: Ein materiell (also durch Hardware) aufgebautes neuronales Netz

Neuron
Englisch: *nerve cell, neural cell, neuron, neurone;* für künstliche Neuronen auch *processing element, PE*
Synonyme: für natürliche Neuronen: *Nervenzelle, Ganglienzelle;* für künstliche Neuronen: *Verarbeitungselement, Prozessoreinheit, PE*
Erklärung: ⇒1.1.1, 2.1
Verwandt: →*afferentes Neuron,* →*efferentes Neuron*

neuronales Gatter
Englisch: *neural gate*
Erklärung: Verallgemeinerung eines Neurons; kann logische, Wahrscheinlichkeits- und Fuzzy-Funktionen darstellen. Wong (1991b)

neuronales Netz
Englisch: *neural network, neuronal network*
Synonym: *neuronales Netzwerk*

neuronales Netzwerk
→*neuronales Netz*

Neuron erster Ordnung
Englisch: *first order neuron*
Erklärung: „Gewöhnliches" Neuron als Spezialfall eines →*Sigma-Pi-Neurons*

Neuron höherer Ordnung
→*Sigma-Pi-Neuron*

Neuron zweiter Ordnung
→*quadratisches Neuron*

nichtüberwachtes Lernen
→*unüberwachtes Lernen*

Oja-Lernregel

Englisch: *Oja's rule*

Erklärung: Eine Variante der →*Hebbschen Lernregel*, welche die Gewichte normiert. Brause (1991), Hertz (1991)

Orientierungssystem

→*Reset*

Outputfunktion

→*Ausgangsfunktion*

parallel verteilte Verarbeitung

Englisch: *parallel distributed processing;* Abkürzung: *PDP*

Erklärung: Verarbeitung von Daten durch ein System aus Prozessorelementen, die unabhängig voneinander („parallel") arbeiten, wobei die Daten und die Verarbeitungsschritte über das gesamte System verteilt sind. Das ist die Arbeitsweise eines neuronalen Netzes. ⇒1.1.2

PE

Englisch: *processing element, PE*

Bedeutung: *Prozessoreinheit*

Erklärung: Bei künstlichen neuronalen Netzen wird häufig dieses Wort anstelle von →*Neuron* verwendet, um den Gegensatz zu natürlichen Nervensystemen zu betonen.

Perceptron

→*Perzeptron*

Perceptron-Schicht

→*Perzeptron-Schicht*

Perzeptron

Englisch: *perceptron*

Synonyme: *Perceptron*

Erklärung: Ein klassisches neuronales Netz. ⇒4.2.1. Wird oft als Synonym für →*Neuron* oder für *neuronales Netz* (speziell für →*Fehlerrückführungs-Netz*) verwendet

Perzeptron-Konvergenzsatz

Englisch: *perceptron convergence theorem*

Erklärung: Der P. macht eine Aussage über den Erfolg der →*Perzeptron-Lernregel*: Wenn ein vorgegebenes Problem mit einem →*Per-*

zeptron gelöst werden kann, dann findet die Perzeptron-Lernregel eine Lösung. ⇒4.2.1

Perzeptron-Lernregel

Englisch: *perceptron learning rule*; Abkürzung: *PLR*
Erklärung: Die Formulierung der →*Delta-Lernregel* für das →*Perzeptron*.
              ⇒4.2.1

Perzeptron-Schicht

Synonyme: *Perceptron-Schicht, Responseschicht, Verarbeitungsschicht*
Erklärung: Die Schicht der *R-Zellen* beim →*Perzeptron*. ⇒4.2.1

Plus-Phase

Synonym: *positive Phase*
Erklärung: Eine der Lernphasen der →*Boltzmann-Maschine*

positive Phase

→*Plus-Phase*

Problem des Handlungsreisenden

→*Vertreterproblem*

Produktionsmodus

→*Reproduktion*

Propagierungsfunktion

→*Eingangsfunktion*

Prozessoreinheit

Englisch: *processing element*; Abkürzung: *PE*
Synonyme: *Verarbeitungselement, Prozessorelement, Einheit*
Abkürzung: *PE*
Erklärung: Bei künstlichen neuronalen Netzen wird häufig dieses Wort anstel-
              le von →*Neuron* verwendet, um den Gegensatz zu natürlichen
              Nervensystemen zu betonen.

Pseudo-Inverse

→*pseudoinverse Matrix*

pseudoinverse Matrix

Englisch: *pseudo-inverse matrix, pseudo-inverse*
Synonyme: *Moore-Penrose-Inverse, Pseudo-Inverse*
Erklärung: Verallgemeinerung der Inversen für Matrizen, die nicht invertier-
              bar sind. Kann zur Festlegung der Gewichte eines linearen

→*Muster-Assoziators*   dienen.   Brause (1991),   Hertz (1991), Kohonen (1988), Müller (1990), Ritter (1991)

pseudo linear function
→*Rampenfunktion[1]*

Punktprodukt
→*Skalarprodukt*

quadratisches Neuron

Englisch: *quadratic neuron*

Synonyme: *quadratisches Perzeptron, Neuron zweiter Ordnung*

Erklärung: Spezieller Typ eines →*Sigma-Pi-Neurons*, bei dem der effektive Eingang nur Terme bis zur zweiten Ordnung enthält:

$$\varepsilon_i = \sum_{j=1}^{n} w_{ij}^1 e_j + \sum_{j=1}^{n} \sum_{k=j}^{n} w_{ijk}^2 e_j e_k$$

quadratisches Perzeptron
→*quadratisches Neuron*

quantisiertes Gewicht

Englisch: *quantized weight*

Synonyme: *gequanteltes Gewicht*

Erklärung: →*Gewicht*, das nur bestimmte Werte annehmen kann. Beispiel: $\{-1,0,+1\}$. Mayoraz (1991)

Quetschfunktion
→*Sigma-Funktion*

Quickprop-Lernregel

Englisch: *quickprop learning rule*

Erklärung: Eine Verallgemeinerung der →*Fehlerrückführungs-Lernregel*, die nicht nur den momentanen Zustand des Netzes, sondern auch frühere Zustände berücksichtigt. Murtagh (1991)

Rampenfunktion[1]

Englisch: *linear ramp, hard-limiting function, pseudo linear function*

Synonyme: *begrenzt-lineare Funktion*

Erklärung: Eine Funktion, die wie eine →*Sigma-Funktion* aussieht, aber nicht differenzierbar ist und aus drei Geradenstücken besteht; kann als →*Ausgangsfunktion* dienen. ⇒2.3.4

Rampenfunktion[2]
→*lineare Schwellenwertfunktion*

Rauschen
Englisch: *noise*

Recall-Modus
→*Reproduktion*

Recall-Phase
→*Reproduktion*

Regelmäßigkeits-Detektor
Englisch: *regularity detector*
Erklärung: Ein unüberwacht lernender →*Klassifikator* muß Regelmäßigkeiten
              in der Menge der Eingangsmuster selbst entdecken. ⇒7.1.2

rekurrent
→*rückgekoppelt*

Reproduktion
Englisch: *reproduction, recall*
Synonyme: *Anwendungsphase, Ausführungsmodus, Funktionsphase, Produk-
              tionsmodus, Recall-Modus, Recall-Phase*
Erklärung: Arbeitsphase eines Netzes, bei der Werte an den Eingang angelegt
              und die Ausgänge des Netzes berechnet werden. ⇒3.2
Verwandt: →*Lernen*

Reset
Englisch: *reset*
Synonyme: *Orientierungssystem, Rücksetzungssignal*
Erklärung: Ein Signal im →*ART1*, das bei geringer Resonanz das aktive Aus-
              gangsneuron ausschaltet

Resonanz
Englisch: *resonance*
Erklärung: Übereinstimmung des Eingangsmusters mit seiner Klassifizierung
              im →*ART1*

Responseschicht
→*Perzeptron-Schicht*

Response-Zelle
→*R-Zelle*

Retina

Englisch: *retina*

Erklärung: Die Schicht der S-Zellen beim →*Perzeptron*

rezeptives Feld

Englisch: *receptive field*

Erklärung: Das rezeptive Feld eines Neurons i ist die Menge aller Neuronen, die an i Signale senden.

Rotations-Invarianz

→*Drehinvarianz*

rückgekoppelt

Englisch: *recurrent*

Synonym: *rekurrent*

Rückkopplung

Englisch: *feedback*

Rücksetzungssignal

→*Reset*

Ruhewert

Englisch: *rest value, resting level*

Erklärung: Ein Parameter der →*Aktivierungsfunktion*

R-Unit

→*R-Zelle*

R-Zelle

Englisch: *R-unit, response unit*

Synonyme: *R-Unit, Response-Zelle*

Erklärung: Neuron der Ausgangsschicht eines →*Perzeptrons*

Sakkade

Englisch: *saccade*

Erklärung: Ruckartige Augenbewegungen, die dafür sorgen, daß das Objekt, auf das die Aufmerksamkeit gerichtet ist, in der Mitte der Netzhaut abgebildet wird. Ritter (1991)

Sangersche Lernregel

Englisch:	*Sanger's rule, generalized Hebbian rule*
Synonyme:	*verallgemeinerte Hebbsche Lernregel, generalisierte Hebbsche Lernregel*
Erklärung:	Eine Verallgemeinerung der →*Hebbschen Lernregel* für einschichtige vorwärtsgekoppelte Netze. Hertz (1991)

Schicht

Englisch:	*layer, group, slab*
Synonyme:	*Lage, Gruppe², Funktionalgruppe*
Erklärung:	Eine Gruppe von Neuronen in einem neuronalen Netz ($\Rightarrow$3.1.3). Ein Beispiel für ein mehrschichtiges Netz ist ein →*Fehlerrückführungs-Netz*, das im einfachsten Fall aus einer Eingangsschicht (aus →*Eingangsneuronen*), einer verborgenen Schicht (aus →*verborgenen Neuronen*) und einer Ausgangsschicht (aus →*Ausgangsneuronen*) besteht.

Für die Zählung der Schichten existieren zwei verschiedene Konventionen. Meist dienen die Neuronen der Eingangsschicht nur dazu, die Netzeingänge auf die nachfolgende Schicht zu verteilen, ohne die Eingangswerte zu ändern. In diesem Buch werden derartige „*Verteilungsneuronen*" nicht mitgezählt; das beschriebene Beispielnetz ist also zweischichtig.

Häufig (vor allem in der älteren Literatur) wird die Eingangsschicht mitgezählt; das beschriebene Netz ist dann gemäß dieser Konvention dreischichtig.

Schwelle

Englisch:	*threshold*
Erklärung:	Die S. ist ein Parameter der *Ausgangsfunktion* (die aus der →*Aktivität* den Ausgang berechnet). Bei binären Neuronen (deren Ausgangsfunktion eine →*Schwellenwertfunktion* ist) ist die S. mit der Schaltschwelle, bei der der Ausgang seinen Wert ändert, identisch. Bei kontinuierlichen Neuronen (deren Ausgangsfunktion oft eine →*Sigma-Funktion* ist), kann der Begriff der S. nicht ganz willkürfrei definiert werden. Meist ist es sinnvoll, als S. diejenige Aktivität zu bezeichnen, bei der der Ausgang einen mittleren Wert annimmt. Eine Änderung der S. ändert nicht die Form der graphischen Darstellung der Ausgangsfunktion, sondern verschiebt sie lediglich in Richtung der Aktivitäts-Achse. $\Rightarrow$2.3.2
Verwandt:	→*Steigung*, →*Bias*

Schwellenwertelement

→*Schwellenwertneuron*

Schwellenwertfunktion

Englisch: *threshold function*

Synonyme: *McCulloch-Pitts-Funktion, binäre Funktion, Treppenfunktion*

Erklärung: Funktion, die nur zwei Werte, nämlich m (Minimum) und M (Maximum) annehmen kann:

$$f(x) = \begin{cases} m & \text{für } x < \vartheta \\ M & \text{für } x \geq \vartheta \end{cases}$$

An der Stelle ϑ macht sie einen Sprung und ist daher unstetig. Sie kann als Grenzfall einer →*Sigma-Funktion* mit unendlicher Steigung angesehen werden. Gewöhnlich ist $f(\vartheta) = M$; man findet jedoch auch die Konvention $f(\vartheta) = m$.

Sie wird bei Neuronen mit binärem Ausgang oft als →*Ausgangsfunktion* eingesetzt. ⇒2.3.2

Verwandt: *Sigma-Funktion, Stufenfunktion, Signum-Funktion, lineare Schwellenwertfunktion, Schwellenwertneuron*

Schwellenwertneuron

Englisch: *threshold logic unit*

Synonyme: *McCulloch-Pitts-Neuron, Schwellenwertelement*

Erklärung: →*Neuron*, das eine →*Schwellenwertfunktion* als →*Ausgangsfunktion* verwendet. ⇒2.3.2

Selbstkopplung

→*Selbstrückkopplung*

selbstorganisierende Karte

Englisch: *self-organizing feature map*

Synonym: *selbstorganisierendes Tableau*

Erklärung: Ein spezielles, in einem Raum eingebettetes neuronales Netz. ⇒6.1

Verwandt: *motorische Karte*

selbstorganisierendes Tableau

→*selbstorganisierende Karte*

Selbstrückkopplung

Englisch: *self-coupling*

Synonym: *Selbstkopplung*

Erklärung: S. liegt vor, wenn der Ausgang eines Neurons mit einem seiner eigenen Eingänge verbunden ist.

selbstüberwachte Fehlerrückführung

Englisch: *self-supervised backpropagation*

Erklärung: →*selbstüberwachtes Lernen* mit →*Fehlerrückführung*

selbstüberwachtes Lernen

Englisch: *self-supervised learning*

Erklärung: Variante des →*überwachten Lernens*, bei dem kein Sollmuster vorgegeben wird; vielmehr stimmt das zu lernende Sollmuster mit dem Eingangsmuster überein. Bei solchen Netzen muß die Ausgangszahl gleich der Eingangszahl sein. Ein typisches Beispiel ist das →*Encoder-Decoder-Problem*.

semilineare Funktion

→*Sigma-Funktion*

separabel

→*linear teilbar*

S-förmige Funktion

→*Sigma-Funktion*

sgn

→*Signum-Funktion*

sichtbare Schicht

Englisch: *visible layer*

Erklärung: In einem aus →*Schichten* aufgebauten Netz eine Schicht aus →*sichtbaren Neuronen*

Verwandt: *Eingangsschicht, Ausgangsschicht, verborgene Schicht*

sichtbares Neuron

Englisch: *visible unit, visible neuron*

Synonym: *sichtbare Zelle*

Erklärung: Ein Neuron, das mit dem Ein- oder Ausgang des Netzes verbunden ist. ⇒3.1.3

Verwandt: *Eingangsneuron, Ausgangsneuron, verborgenes Neuron*

sichtbare Zelle

→*sichtbares Neuron*

Sigma-Funktion

Englisch: *sigmoid function, sigmoidal function, squashing function, gain function*

Synonyme: *S-förmige Funktion, sigmoide Funktion, sigmoidale Funktion, Quetschfunktion, semilineare Funktion, gain function*

Erklärung: Eine nichtlineare monoton wachsende Funktion, deren Werte in einem endlichen Intervall liegen. Solche Funktionen werden oft als →*Ausgangsfunktion* verwendet; dadurch wird erreicht, daß der Ausgang des Neurons in einem endlichen Bereich bleibt. Wichtige Parameter einer S. sind *Minimum, Maximum,* →*Schwelle* und →*Steigung.* Diese bestimmen allerdings die Funktion nicht eindeutig. ⇒2.3.3

Verwandt: *Fermi-Funktion, tanh, Schwellenwertfunktion*

Sigma-Pi-Einheit

→*Sigma-Pi-Neuron*

Sigma-Pi-Neuron

Englisch: *sigma-pi-neuron, sigma-pi-unit, higher-order neuron*

Synonyme: *Sigma-Pi-Einheit, Sigma-Pi-Zelle, Neuron höherer Ordnung*

Erklärung: Typ eines künstlichen Neurons, dessen →*Eingangsfunktion* nicht als gewichtete Summe der Eingangswerte, sondern auf kompliziertere Weise berechnet wird. ⇒2.2.1

Verwandt: *quadratisches Neuron, Synapse höherer Ordnung, quadratisches Neuron*

Sigma-Pi-Zelle

→*Sigma-Pi-Neuron*

sigmoidale Funktion

→*Sigma-Funktion*

sigmoide Funktion

→*Sigma-Funktion*

Signum-Funktion

Englisch: *sign function*; Abkürzung: *sgn*

Abkürzung: *sgn*

Erklärung: Spezialfall einer →*Schwellenwertfunktion* mit $m = -1$, $M = +1$, $\vartheta = 0$. Für den Funktionswert sgn(0) sind in der Literatur verschiedene Konventionen (−1, 0, +1) anzutreffen.

simuliertes Ausglühen

→*simuliertes Kühlen*

simuliertes Härten

→*simuliertes Kühlen*

simuliertes Hitzeglätten

→*simuliertes Kühlen*

simuliertes Kühlen

Englisch: *simulated annealing*

Synonyme: *simuliertes Ausglühen, simuliertes Härten, simuliertes Hitzeglätten, simuliertes Tempern*

Erklärung: Ein Verfahren, das verhindert, daß bei der Reproduktion bestimmter neuronaler Netze anstelle des globalen Minimums der →*Kostenfunktion* ein lokales Minimum erreicht wird. ⇒3.2.8

simuliertes Tempern

→*simuliertes Kühlen*

Singulärverfahren

Erklärung: Ein Verfahren zur Berechnung des Ausgangs beim MADALINE. ⇒4.2.3

Verwandt: *Einstimmigkeitsverfahren, Mehrheitsverfahren*

Sinus-Ausgangsfunktion

Englisch: *cosinus-squasher*

Synonyme: *Cosinus-Quetschfunktion*

Erklärung: Eine spezielle →*Ausgangsfunktion*. ⇒2.3.3

Skalarprodukt

Englisch: *dot product, scalar product, inner product*

Synonyme: *inneres Produkt*; weniger gebräuchlich: *Punktprodukt*

Erklärung: Operation, die aus zwei Vektoren eine Zahl (einen „Skalar") erzeugt. Sind a und b zwei n-dimensionale Vektoren mit den Komponenten a_i bzw. b_i, so ist das *kanonische Skalarprodukt* durch

$$\langle a, b \rangle = \sum_{i=1}^{n} a_i b_i$$

gegeben. Kerner (1988), Schöneburg (1990)

Skalierungs-Invarianz

Englisch: *scaling invariance, scale invariance*

Erklärung: S. liegt vor, wenn ein Netz zwischen Mustern, die in ihrer Größe geändert wurden, nicht unterscheidet, wenn es also solche Muster als gleich erkennt. Einfache neuronale Netze haben diese Eigenschaft nicht; sie läßt sich jedoch durch eine geeignete →*Vorverarbeitung* oder durch den Einsatz von →*Sigma-Pi-Neuronen* erreichen. ⇒5.4

Verwandt: *Verschiebungs-Invarianz, Drehinvarianz*

Soma

Englisch: *cell body, soma*

Synonyme: *Zellkörper*

Erklärung: Teil einer Zelle, speziell eines →*Neurons*

Spike

→*Aktionspotential*

Stabilitäts-Plastizitäts-Dilemma

Englisch: *stability-plasticity dilemma*

Erklärung: ⇒3.3.1

Steigung

Englisch: *slope, steepness*

Synonym: *Steilheit*

Erklärung: Ein Parameter einer →*Sigma-Funktion*. Meist ist es sinnvoll, als S. die Ableitung der Sigma-Funktion an der Schwelle zu verwenden. Bei einer →*Schwellenwertfunktion* ist die Steigung unendlich.

Verwandt: →*Schwelle*

Steilheit

→*Steigung*

Stimulus-Zelle

→*S-Zelle*

stochastische Delta-Lernregel

Englisch: *stochastic delta rule*

Erklärung: Lernregel in →*Meiose-Netzen*. Bellido (1991)

Stufenfunktion

Englisch: *step function, Heaviside function*

Synonyme: *Heaviside-Funktion*

Erklärung: Spezialfall einer →*Schwellenwertfunktion* mit $m = 0$, $M = 1$, $\vartheta = 0$:

$$\Theta(x) = \begin{cases} 0 \text{ für } x < 0 \\ 1 \text{ für } x \geq 0 \end{cases}$$

Wird bei Neuronen mit binärem Ausgang oft als →*Ausgangsfunktion* eingesetzt. ⇒2.3.2

Verwandt: *Sigma-Funktion, Schwellenwertfunktion, Schwellenwertelement*

Summierungsfunktion

Englisch: *summation function*

Erklärung: Der am häufigsten verwendete Typ der →*Eingangsfunktion*, bei dem die gewichtete Summe der Eingangswerte eines Neurons berechnet wird.

S-Unit

→*S-Zelle*

Synapse

Englisch: *synapse*

Erklärung: Verdickung am Ende eines →*Axons*, die eine Verbindung zu einem Neuron herstellt. Eine S. kann →*erregend* oder →*hemmend* sein. Bei neuronalen Netzen oft als Synonym für →*Gewicht* verwendet.

Synapse höherer Ordnung

Englisch: *high-order synapse*

Erklärung: Term höherer Ordnung im effektiven Eingang eines →*Sigma-Pi-Neurons*

Synapsenstärke

→*Gewicht*

S-Zelle

Englisch: *S-unit, S-point, sensory unit*
Synonyme: *S-Unit, Stimulus-Zelle*
Erklärung: Neuron der Eingangsschicht eines →*Perzeptrons*

Tangens hyperbolicus

→*tanh*

tanh

Englisch: *hyperbolic tangent*
Bedeutung: *Tangens hyperbolicus*
Erklärung: Spezielle Form einer →*Sigma-Funktion*:

$$\tanh x = \frac{(e^x - e^{-x})}{(e^x + e^{-x})}$$

Der Wertebereich dieser Funktion liegt zwischen -1 und $+1$; daher
wird sie bei Neuronen, deren Ausgänge in diesem Bereich liegen
sollen, oft als →*Ausgangsfunktion* eingesetzt. ⇒2.3.3
Für einen Wertebereich zwischen 0 und 1 kann die →*Fermi-Funktion* verwendet werden, die sich vom t. nur durch eine Skalierung
unterscheidet.

Topologie

Englisch: *topology*
Erklärung: Die T. ist eigentlich eine mathematische Disziplin. Im Zusam-
                     menhang mit neuronalen Netzen wird dieser Begriff in zwei ver-
                     schiedenen Bedeutungen verwendet:
                     1. Die Netzwerktopologie beschreibt die Verbindungen in einem
                         neuronalen Netz, also die Netzstruktur.
                     2. Bei →*nachbarschaftserhaltenden Abbildungen* beschreibt die
                         T. die Nachbarschaftsbeziehungen.

topologieerhaltende Abbildung

→*nachbarschaftserhaltende Abbildung*

TRACE-Modell

Englisch: *TRACE model*
Erklärung: Ein Modell zum Erkennen gesprochener Wörter.
                     McClelland (1988c)

Training

→*Lernen*

Trainingssatz

Englisch: *training set*

Erklärung: Eine Menge von Mustern, die einem neuronalen Netz zum Lernen
               (→*Lernregel*) angeboten wird

Transferfunktion

Erklärung: **1.** Die T. beschreibt die Beziehung zwischen den Eingangswerten
               am Neuron und dem Ausgang des Neurons, d.h. also das Ge-
               samtverhalten des Neurons. Sie kann daher als Kombination
               von →*Eingangsfunktion*, →*Aktivierungsfunktion* und →*Aus-
               gangsfunktion* verstanden werden. Brause (1991)

               2. Kombination von →*Aktivierungsfunktion* und →*Ausgangs-
               funktion.* ⇒2.4.1

               3. Synonym für →*Aktivierungsfunktion.* Schöneburg (1990)

Verwandt: →*Übertragungsfunktion*

Translations-Invarianz

→*Verschiebungs-Invarianz*

travelling-salesman-Problem

→*Vertreterproblem*

Treppenfunktion

→*Schwellenwertfunktion*

Treppenpolygon

→*Histogramm*

Übertragungsfunktion

Englisch: *transfer function*

Erklärung: **1.** In der Regelungstechnik und der Systemtheorie beschreibt die
               Ü. das Verhalten eines Übertragungsgliedes im Frequenzbe-
               reich.

               2. Synonym für →*effektiven Eingang.* Schmitz (1990)

               3. Synonym für →*Ausgangsfunktion.* Lawrence (1992)

               4. Synonym für →*Aktivierungsfunktion.* Hertz (1991)

Verwandt: →*Transferfunktion*

überwachtes Lernen

Englisch: *supervised learning*

Synonyme: *Lernen durch Unterweisung, Lernen mit Lehrer, assoziatives Lernen*

Erklärung: Eine Form des Lernens, bei welcher der gewünschte Netzausgang bekannt ist. ⇒3.3.2

Verwandt: →*unüberwachtes Lernen*

überwachte Vektorquantisierung

Englisch: *learning vector quantization*; Abkürzung: *LVQ*

Erklärung: Eine Variante der →*Vektorquantisierung*, bei der die zu übertragenden Klassen überwacht gelernt werden. ⇒7.2.3

Umfeldhemmung

Englisch: *lateral inhibition*

Synonyme: *laterale Hemmung, laterale Inhibition*

Erklärung: U. liegt vor, wenn ein aktives Neuron benachbarte Neuronen hemmt. Schmidt (1983)

unerwünschter Zustand

Englisch: *spurious state*

Synonyme: *Bastard-Zustand, Nebenminimum, fingierter Zustand*

Erklärung: Minimum der →*Hamilton-Funktion* in einem →*Hopfield-Netz*, das zu keinem gelernten Muster gehört. ⇒4.5.4

unscharfe Menge

Englisch: *fuzzy set*

Erklärung: Eine Verallgemeinerung des Mengenbegriffs. Genau genommen darf man nur von →*unscharfen Teilmengen* sprechen, da der Begriff der Unschärfe nur mit Hilfe einer gewöhnlichen („scharfen") Grundmenge definiert werden kann. ⇒1.3

unscharfe Teilmenge

Englisch: *fuzzy subset*

Erklärung: Eine Verallgemeinerung des Mengenbegriffs. ⇒1.3

unüberwachte Adaption

→*unüberwachtes Lernen*

unüberwachtes Lernen

Englisch: *unsupervised learning*

Synonyme: *nichtüberwachtes Lernen, Lernen ohne Lehrer, Lernen ohne Un-
                 terweisung, entdeckendes Lernen, unüberwachte Adaption*

Erklärung: Form des →*Lernens*, bei der das Netz seinen Ausgang selbständig
                 festlegt. ⇒3.4.1

Verwandt: →*überwachtes Lernen*

Vektorquantisierung

Englisch: *vector quantization*; Abkürzung: *VQ*

Abkürzung: *VQ*

Erklärung: Eine Methode der Datenübertragung, bei der nicht die Daten
                 selbst, sondern nur deren Klassen übertragen werden. Die zu
                 übertragenden Klassen werden unüberwacht gelernt. ⇒7.2.3

Verwandt: *überwachte Vektorquantisierung*

verallgemeinerte Delta-Lernregel

→*Fehlerrückführungs-Lernregel*

verallgemeinerte Hebbsche Lernregel

→*Sangersche Lernregel*

Verarbeitungselement

Englisch: *processing element*; Abkürzung: *PE*

Synonyme: *Prozessoreinheit, Prozessorelement*

Erklärung: Bei künstlichen neuronalen Netzen wird häufig dieses Wort anstel-
                 le von →*Neuron* verwendet, um den Gegensatz zu natürlichen
                 Nervensystemen zu betonen.

Verarbeitungsschicht

→*Perzeptron-Schicht*

Verbindungsmatrix

→*Gewichtsmatrix*

Verbindungen pro Sekunde

Englisch: *connections per second*; Abkürzung: *CPS*; *interconnects per se-
                 cond*; Abkürzung: *IPS*

Erklärung: Ein Maß für die Leistungsfähigkeit eines neuronalen Netzes: Mißt
                 die Anzahl der Verbindungen, die bei der Reproduktion pro Se-
                 kunde bearbeitet werden können.

Verwandt: *CUPS*

verborgene Schicht

Englisch: *hidden layer*
Synonyme: *verdeckte Schicht, Zwischenschicht*
Erklärung: In einem aus →*Schichten* aufgebauten Netz eine Schicht aus
              →*verborgenen Neuronen*
Verwandt: *Eingangsschicht, Ausgangsschicht, sichtbare Schicht*

verborgenes Neuron

Englisch: *hidden unit, hidden neuron*
Synonyme: *inneres Neuron, verborgene Zelle, Zwischeneinheit*
Erklärung: Ein Neuron, dessen Ausgang nur mit anderen Neuronen, aber
              nicht mit den Ausgängen des Netzes verbunden ist. *Verteilungs-*
              neuronen (→*Schicht*) gelten als nicht verborgen. ⇒3.1.3
Verwandt: *Eingangsneuron, Ausgangsneuron, sichtbares Neuron*

verborgene Zelle

→*verborgenes Neuron*

verdeckte Schicht

→*verborgene Schicht*

Verdichtungsverfahren

Erklärung: Sammelbegriff für die verschiedenen Verfahren zur Berechnung
              des Ausgangs beim *MADALINE.* ⇒4.2.3

Vermittlungsfunktion

→*Eingangsfunktion*

Vermittlungsregel

→*Eingangsfunktion*

Verschiebungs-Invarianz

Englisch: *translation invariance*
Synonyme: *Translations-Invarianz*
Erklärung: V. liegt vor, wenn ein Netz zwischen verschobenen Mustern nicht
              unterscheidet, also verschobene Muster als gleich erkennt. Einfa-
              che neuronale Netze haben diese Eigenschaft nicht; sie läßt sich
              jedoch durch eine geeignete →*Vorverarbeitung* oder durch den
              Einsatz von →*Sigma-Pi-Neuronen* erreichen. ⇒5.4
Verwandt: *Drehinvarianz, Skalierungs-Invarianz*

Verstärkungskontrolle

→*Gain*

Verteilungsneuron
Erklärung: →*Schicht*, ⇒3.1.1

Vertreterproblem
Englisch: *travelling salesman problem*; Abkürzung: *TSP*
Synonyme: *Handlungsreisendenproblem, Problem des Handlungsreisenden, travelling-salesman-Problem*
Erklärung: ⇒7.2.5

Vigilanz
→*Aufmerksamkeitsparameter*

vollständiges Lernen
Englisch: *easy learning*
Erklärung: Eine Art des →*überwachten Lernens*, bei dem auch für die verborgenen Neuronen Sollwerte vorgegeben werden. Diese Art des Lernens ist für das Netz einfach („easy"), weil es die Sollwerte für die verborgenen Neuronen nicht selbst finden muß.
Verwandt: →*Ein-/Ausgabelernen*

vollständig verbundenes Netz
Englisch: *fully connected network*
Erklärung: Ein neuronales Netz, bei dem jedes Neuron mit jedem anderen Neuron verbunden ist. ⇒3.1.1

Vorspannung
→*Bias-Gewicht*

Vorverarbeitung
Englisch: *preprocessing*
Erklärung: Bevor man ein Eingangsmuster an ein neuronales Netz anlegt, kann man es einer V. unterwerfen, d.h. nach einem Algorithmus umwandeln. In vielen Fällen wird dadurch die Leistung des Netzes verbessert. Zu den Vorverarbeitungsmethoden gehören:

1. Fouriertransformation; dadurch kann Invarianz gegen Verschiebung, Drehung und Skalierung erreicht werden. Haken (1989), Müller (1990)

2. Codierung der Eingangsmuster.
    Kratzer (1990), Schöneburg (1990)

3. Justierung der Eingangsmuster. Kratzer (1990)

vorwärtsgekoppeltes Netz

Englisch: *feedforward network*
Synonym: *Vorwärtsvermittlungs-Netz*
Erklärung: Ein rückkopplungsfreies Netz

Vorwärtsvermittlungs-Netz

→*vorwärtsgekoppeltes Netz*

VQ

→*Vektorquantisierung*

Wachsamkeit

→*Aufmerksamkeitsparameter*

Wettbewerb

Englisch: *competition*
Synonym: *Kompetition*
Erklärung: Verhaltensmuster einer →*Schicht* von Neuronen in einem Netz. Die Neuronen dieser Schicht „wetteifern" bei der Reproduktion derart untereinander, daß am Ende nur ein Neuron aktiv bleibt, während alle anderen inaktiv werden. Das bedeutet eine →*Klassifikation* der Eingangsmuster. Dieses Verhalten kann durch starke gegenseitige Hemmung (*Umfeldhemmung*) der Neuronen erreicht werden. ⇒3.2.6
Verwandt: *Wettbewerbs-Netz, Wettbewerbs-Schicht*

Wettbewerbs-Lernen

Englisch: *competitive learning*
Synonym: *kompetitives Lernen, konkurrierendes Lernen*
Erklärung: Eine Form des →*unüberwachten Lernens.* ⇒3.4.2

Wettbewerbs-Netz

Englisch: *competitive network, winner-take-all-network*, Abkürzung: *WTA*
Synonyme: *kompetitives Netz*
Erklärung: Netz aus Neuronen, die untereinander in →*Wettbewerb* stehen, so daß am Ende nur ein Neuron aktiv ist. ⇒3.2.6

Wettbewerbs-Schicht

Englisch: *competitive layer*
Synonym: *kompetitive Schicht*
Erklärung: →*Schicht* von Neuronen, die während der →*Reproduktion* miteinander in →*Wettbewerb* treten. ⇒3.2.6

Widrow-Hoff-Lernregel
→*Delta-Lernregel*

Willshaw-Netz
Englisch: *Willshaw-network*
Erklärung: Ein →*Muster-Assoziator* mit einer speziellen Lernregel. ⇒4.1.4

XOR-Problem
Englisch: *XOR problem*
Erklärung: Das Problem, die logische XOR-Funktion durch ein neuronales
               Netz darzustellen. Sofern man lediglich →*Neuronen erster Ord-*
               nung zuläßt, kann es nicht durch einschichtige, sondern nur durch
               mehrschichtige Netze gelöst werden. ⇒7.2.2

Zeitreihe
Englisch: *time series*
Erklärung: Eine unendliche Folge von reellen Zahlen (allgemeiner: von Mu-
               stern) $x(t)$, $t = 0,1,2,\ldots$. ⇒7.1.6
Verwandt: →*Zeitsequenz*. Die Unterscheidung zwischen Zeitreihen und Zeit-
               sequenzen wird nicht immer streng gehandhabt.

Zeitsequenz
Englisch: *time sequence, temporal sequence*
Synonym: *Musterfolge*
Erklärung: Eine endliche Folge von Mustern. ⇒7.1.5
Verwandt: →*Zeitreihe*. Die Unterscheidung zwischen Zeitreihen und Zeitse-
               quenzen wird nicht immer streng gehandhabt.

Zellkörper
→*Soma*

Zugehörigkeitsfunktion
Englisch: *membership function, characteristic function*
Synonym: *charakteristische Funktion*
Erklärung: Beschreibt eine →*unscharfe Teilmenge*. ⇒1.3

Zwischeneinheit
→*verborgenes Neuron*

Zwischenschicht
→*verborgene Schicht*

2/3-Regel
Englisch: *2/3 rule*
Erklärung: Beschreibt die Reproduktion in der Eingangs-Vergleichsschicht
               des →*ART1*

12 Literaturverzeichnis

12.1 Literaturverweise aus dem Text

Ackley DH, Hinton GE, Sejnowski TJ. **1985**. A learning algorithm for Boltzmann machines. *Cognitive Science 9:147-169*. Auch in Anderson 1988.

Akers LA et al. **1989**. Limited Interconnectivity in Synthetic Neural Systems. In: Eckmiller 1989.

Almeida LB. **1989**. Backpropagation in Perceptrons with Feedback. In: Eckmiller 1989.

Amari S. **1989**. Dynamical Stability of Formation of Cortical Maps. In: Arbib MA, Amari S (Eds). 1989. *Dynamic Interactions in Neural Networks: Models and Data*. New York etc: Springer. ISBN 0-387-96893-8 (New York), 3-540-96893-8 (Berlin).

Anderson DZ. **1989**. Nonlinear Optical Neural Networks: Dynamic Ring Oscillators. In: Eckmiller 1989.

Anderson JA, Rosenfeld E. **1988**. *Neurocomputing: foundations of research*. Cambridge, Massachusetts: The MIT Press. ISBN 0-262-01097-6.

Andlinger P, Reichl ER. **1991**. Fuzzy-Neunet: A Non Standard Neural Network. In: Prieto 1991.

Anguita M et al. **1991**. CMOS Implementation of a Cellular Neural Network with Dynamically Alterable Cloning Templates. In: Prieto 1991.

Barro S, Bugarín A, Yáñez A. **1991**. Systolic Implementation of Hopfield Networks of Arbitrary Size. In: Prieto 1991.

Bellido E, Fernández G. **1991**. Backpropagation Growing Networks: Towards Local Minima Elimination. In: Prieto 1991

Blazek M, Pancosca P, Keiderling TA. **1991**. Backpropagation neural network analysis of circular dichroism spectra of globular proteins. *Neurocomputing 3 (1991):247-257.*

Block HD. **1962**. The Perceptron: a model for brain functioning I. *Reviews of Modern Physics 34:123-135.* Auch in Anderson 1988.

Brause R. **1991**. *Neuronale Netze: Eine Einführung in die Neuroinformatik.* Stuttgart: Teubner. ISBN 3-519-02247-8.

Buhmann J et al. **1987**. Physik und Gehirn: Wie dynamische Modelle von Nervennetzen natürliche Intelligenz erklären. *mc 9/1987:108-120.* Auch in: *mc-Sonderheft Nr. 243: Das KI-Sonderheft:64-73.* Leserbrief mit einer wichtigen Ergänzung: *mc* 11/1987:6.

Buhmann J, Schulten K. **1989**. Storing Sequences of Biased Patterns in Neural Networks with Stochastic Dynamics. In: Eckmiller 1989.

Bullock D, Grossberg S. **1988**. Neural dynamics of planned arm movements: Emergent invariants and speed-accuracy properties during trajectory formation. In: Grossberg 1988.

Bulsari A, Saxén H. **1991**. System identification of a biochemical process using feed-forward neural networks. *Neurocomputing 3 (1991):125-133.*

Cabrera Izquierdo A, Cid Sueiro J Hernández Méndez JA. **1991**. Self-Organizing Feature Maps and Their Application to Digital Coding of Information. In: Prieto 1991.

Campbell C. **1991**. Dynamic Thresholds and Attractor Neural Networks. In: Prieto 1991.

Cañas A et al. **1991**. An Approach to Isolated Word Recognition Using Multilayer Perceptrons. In: Prieto 1991.

Carpenter GA, Grossberg S. **1987**. A massively parallel architecture for a self-organizing neural pattern recognition machine. *Computer Vision, Graphics, and Image Processing 1987, 37, 54-115.* Auch in Grossberg 1988.

Carrabina J et al. **1991**. VLSI Fully Connected Neural Networks for the Implementation of other Topologies. In: Prieto 1991.

Castillo F, Cabestany J, Moreno JM. **1991**. An Integrated Circuit for Artificial Neural Networks. In: Prieto 1991.

Cherkassky V. **1989**. Fehlertolerantes assoziatives Datenbank-Retrieval. *Design&Elektronik 6/1989:103-108, 7/1989:87-90.*

Dimitriadis YA, López Coronado J, Contreras Vidal JL. **1991**. An Adaptive Resonance Theory Architecture for the Automatic Recognition of on-line Handwritten Symbols of a Mathematical Editor. In: Prieto 1991.

Domany E, van Hemmen JL, Schulten K (Eds). **1991a**. *Models of Neural Networks.* Berlin etc: Springer. ISBN 3-540-51109-1 (Berlin), 0-387-51109-0 (New York).

Domany E, Meir R. **1991b**. Layered Neural Networks. In: Domany 1991a.

Dorffner G. **1991**. *Konnektionismus: Von neuronalen Netzwerken zu einer „natürlichen" KI.* Stuttgart: Teubner. ISBN 3-519-02455-1.

Eckmiller R, v.d.Malsburg C (Eds). **1989**. *Neural Computers.* Berlin etc: Springer. ISBN 3-540-50892-9 (Berlin), 0-387-50892-9 (New York).

Fernández de Cañete J, Ollero A, Díaz-Fondón M. **1991**. Autonomous Controller Tuning by Using a Neural Network. In: Prieto 1991.

Föllinger O. **1978**. *Regelungstechnik: Einführung in die Methoden und ihre Anwendung.* Berlin: Elitera. ISBN 3-87087-093-1.

Fukushima K, Miyake S, Ito T. **1983**. Neocognitron: a neural network model for a mechanism of visual pattern recognition. *IEEE Transactions on Systems, Man, and Cybernetics SMC-13:826-834.* Auch in Anderson 1988.

García-Pardilla F, Morant-Anglada F. **1991**. A Supervisory Technique to Apply Neural Networks in Control. In: Prieto 1991.

Goser K, Hilleringmann U, Rückert U. **1991**. Application and Implementation of Neural Networks in Microelectronics. In: Prieto 1991.

Griñó Cubero R. **1991**. Neural Networks for Water Demand Time Series Forecasting. In: Prieto 1991.

Guyon I, Personnaz L, Dreyfus G. **1989**. Of Points and Loops. In: Eckmiller 1989.

Grossberg S (Ed). **1988**. *Neural Networks and Natural Intelligence.* Cambridge, Massachusetts: The MIT Press. ISBN 0-262-07107-X.

Haken H, Fuchs A, Banzhaf W. **1989**. Mustererkennung durch synergetische Computer. *Design&Elektronik 6/1989:93-99, 7/1989:82-86.*

Heather MA, Rossiter BN. **1991**. Semantic pattern matching in netbases. *Neurocomputing 2 (1990/91):173-176.*

Hebb DO. **1949**. *The Organization of Behavior*. New York: Wiley. Auszug in Anderson 1988.

Hertz J, Krogh A, Palmer RG. **1991**. *Introduction to the theory of neural computation*. Redwood City: Addison-Wesley. ISBN 0-201-51560-1.

Hinton GE, Sejnowski TJ. **1988**. Learning and Relearning in Boltzmann Machines. In: Rumelhart 1988a; chap 7.

Hoffmann N. **1983**. *Digitale Regelung mit Mikroprozessoren*. Braunschweig: Vieweg. ISBN 3-582-04219-2.

Hoffmann N. **1992**. *Simulation neuronaler Netze: Grundlagen, Modelle, Programme in Turbo Pascal*. Braunschweig: Vieweg. ISBN 3-582-15140-4.

Hopfield JJ. **1982**. Neural networks and physical systems with emergent collective computational abilities. *Proceedings of the National Academy of Sciences 79:2554-2558*. Auch in Anderson 1988.

Hung SL, Adeli H. **1991**. A model of perceptron learning with a hidden layer for engineering design. *Neurocomputing 3 (1991): 3-14*.

Húsek D, Pokorný J. **1992**. Spreading activation methods in information retrieval - A connectionist approach. *Neurocomputing 4 (1992):31-36*.

Isermann R. **1977**. *Digitale Regelsysteme*. Berlin Heidelberg: Springer. ISBN 3-540-07752-9 (Berlin), 0-387-07752-9 (New York).

Jordan MI. **1988**. An Introduction to Linear Algebra in Parallel Distributed Processing. In: Rumelhart 1988a; chap 9.

Joya G, Atencia MA, Sandoval F. **1991**. Application of High-Order Hopfield Neural Networks to the Solution of Diophantine Equations. In: Prieto 1991.

Kaufmann A. **1975**. *Introduction to the Theory of Fuzzy Subsets*. Vol. I: Fundamental Theoretical Elements. New York San Francisco London: Academic Press. ISBN 0-12-402301-0.

Kerner O et al. **1988**. *Vieweg Mathematik Lexikon: Begriffe, Definitionen, Sätze, Beispiele für das Grundstudium*. Braunschweig: Vieweg. ISBN 3-528-06308-4.

Kinnebrock W. **1992**. *Neuronale Netze: Grundlagen, Anwendungen, Beispiele*. München Wien: Oldenbourg. ISBN 3-486-22105-5.

Klipstein DL. **1991**. Es werde Licht: Wege zum optischen Computer. *mc 6/1991:52-62*.

Köhle M. **1990**. *Neurale Netze*. Wien usw: Springer. ISBN 3-211-82228-8 (Wien), 0-387-02220-8 (New York).

Kohonen T. **1978**. *Associative Memory: A System-Theoretical Approach*. Berlin etc: Springer. ISBN 3-540-08017-1.

Kohonen T. **1988**. *Self-Organization and Associative Memory*. Berlin etc: Springer. ISBN 3-540-18314-0.

Kratzer KP. **1990**. *Neuronale Netze: Grundlagen und Anwendungen*. München Wien: Hanser. ISBN 3-446-16026-4.

Kruse et al. **1991**. *Programmierung Neuronaler Netze: Eine Turbo Pascal Toolbox*. Bonn etc: Addison-Wesley. ISBN 3-89319-293-X.

Kühn R, van Hemmen JL. **1991**. Temporal Association. In: Domany E, van Hemmen JL, Schulten K (Eds). 1991. *Models of Neural Networks*; chap 7. Berlin etc: Springer. ISBN 3-540-51109-1 (Berlin), 0-387-51109-0 (New York).

Lawrence J. **1992**. *Neuronale Netze: Computersimulation biologischer Intelligenz*. München: Systhema. ISBN 3-89390-271-6.

Linares-Barranco B et al. **1991**. CMOS Continuous BAM with On Chip Learning. In: Prieto 1991.

Loe KF et al. **1989**. Objektorientierte Sprache zur Simulation neuronaler Netzwerke. *Design&Elektronik 6/1989:86-92*.

Mayoraz E. **1991**. On the Power of Networks of Majority Functions. In: Prieto 1991.

McClelland JL, Rumelhart DE et al. **1988a**. *Parallel Distributed Processing: Explorations in the Microstructure of Cognition*. Volume 2: Psychological and Biological Models. Cambridge, Massachusetts: The MIT Press. ISBN 0-262-13218-4.

McClelland JL, Rumelhart DE. **1988b**. *Explorations in parallel distributed processing: a handbook of models, programs, and exercises*. Cambridge, Massachusetts: The MIT Press. ISBN 0-262-63113-X.

McClelland JL, Elman JL. **1988c**. Interactive Processes in Speech Perception: The TRACE Model. In: McClelland 1988a; chap 15.

McClelland JL, Rumelhart DE. **1988d**. A Distributed Model of Human Learning and Memory. In: McClelland 1988a; chap 17.

Merelo JJ et al. **1991**. Application of Vector Quantization Algorithms to Protein Classification and Secondary Structure Computation. In: Prieto 1991.

Minsky M, Papert S. **1988**. *Perceptrons: An Introduction to Computational Geometry*. Cambridge, Massachusetts: The MIT Press. ISBN 0-262-63111-3.

Monfroglio A. **1991**. Connectionist networks for constraint satisfaction. *Neurocomputing 3 (1991): 29-49*.

Müller B, Reinhardt J. **1990**. *Neural Networks: An Introduction*. Berlin etc: Springer. ISBN 3-540-52380-4 (Berlin), 0-387-52380-4 (New York)

Murray AF. **1992**. Analog VLSI and multi-layer perceptrons - Accuracy, noise and on-chip learning. *Neurocomputing 4 (1992):301-310*.

Murtagh F. **1991**. Multilayer perceptrons for classification and regression. *Neurocomputing 2 (1990/91):183-197*.

Oh S, Marks RJ, Sarr DP. **1991**. Homogeneous alternating projection neural networks. *Neurocomputing 3 (1991):69-95*.

Ooyen A et al. **1992**. Long-lasting transients of activation in neural networks. *Neurocomputing 4 (1992):75-87*.

Pao YH. **1989**. *Adaptive Pattern Recognition and Neural Networks*. Reading, Massachusetts etc: Addison-Wesley. ISBN 0-201-12584-6.

Pao YH, Sobajic DJ. **1990**. Nonlinear process control with neural nets. *Neurocomputing 2 (1990):51-59*.

Poechmueller W, Glesner M. **1991**. Evaluation of state-of-the-art neural network customized hardware. *Neurocomputing 2 (1990/91):209-231*.

Prieto A (Ed). **1991**. *Artificial Neural Networks: International Workshop IWANN '91*. Berlin etc: Springer. ISBN 3-540-54537-9 (Berlin), 0-387-54537-9 (New York).

Rahmann H, Rahmann M. **1988**. *Das Gedächtnis: Neurobiologische Grundlagen*. München: Bergmann. ISBN 3-8070-0368-1.

Ritter H, Martinez T, Schulten K. **1989a**. Ein Gehirn für Roboter: Wie neuronale Netzwerke Roboter steuern können. *mc 2:48*.

Ritter H, Schulten K. **1989b**. Extending Kohonen's Self-Organizing Mapping Algorithm to Learn Ballistic Movements. In: Eckmiller 1989.

Ritter H, Martinetz T, Schulten K. **1991**. *Neuronale Netze: Eine Einführung in die Neuroinformatik selbstorganisierender Netzwerke*. Bonn etc: Addison-Wesley. ISBN 3-89319-131-3.

Röckmann D, Moraga C. **1991**. Using Quadratic Perceptrons to Reduce Interconnection Density in Multilayer Neural Networks. In: Prieto 1991.

Rosenblatt F. **1958**. The perceptron: a probabilistic model for information storage and organization in the brain. *Psychological Review 65:386-408*. Auch in Anderson 1988.

Ruiz de Angulo V, Torras C. **1991**. Minimally Disturbing Learning. In: Prieto 1991.

Rumelhart DE, McClelland JL et al. **1988a**. *Parallel Distributed Processing: Explorations in the Microstructure of Cognition*. Volume 1: Foundations. Cambridge, Massachusetts: The MIT Press. ISBN 0-262-18120-7.

Rumelhart DE, Hinton GE, Williams RJ. **1988b**. Learning internal representations by error propagation. In: Rumelhart 1988a; chap 8.

Rumelhart DE, McClelland JL. **1988c**. On Learning the Past Tenses of English Verbs. In: McClelland 1988a; chap 18.

Sánchez A. **1989**. Sprengladungs-Detektor für die Gepäckabfertigung. *Design&Elektronik 6/1989:112-115*.

Schacht J. **1989**. Implementierung neuronaler Netze in Hardware. *Design&Elektronik 6/1989:128-136*.

Schmidt RF (Ed). **1983**. *Grundriß der Neurophysiologie*. Berlin Heidelberg New York: Springer. Heidelberger Taschenbücher Bd 96. ISBN 3-540-11926-4.

Schmitz P. **1990**. *Neuronale Netze: Einführungsband Backpropagation*. München: Viviane Wolff. ISBN 3-922566-00-6.

Schöneburg E, Hansen N, Gawelczyk A. **1990**. *Neuronale Netzwerke: Einführung, Überblick und Anwendungsmöglichkeiten*. Haar bei München: Markt&Technik. ISBN 3-89090-329-0.

Schöneburg E. **1991**. Neural networks hunt computer viruses. *Neurocomputing 2 (1990/91):243-248.*

Sejnowski TJ, Rosenberg CR. **1986**. NETtalk: a parallel network that learns to read aloud. *The Johns Hopkins University Electrical Engineering and Computer Science Technical Report JHU/EECS-86/01, 32pp.* Auch in Anderson 1988.

Smolensky P. **1988**. Information Processing in Dynamical Systems: Foundations of Harmony Theory. In: Rumelhart 1988a; chap 6.

Stone GO. **1988**. An Analysis of the Delta Rule and the Learning of Statistical Associations. In: Rumelhart 1988a; chap 11.

Straub R, Schwarz D, Schöneburg E. **1991**. Simulation of backpropagation networks on transputers. *Neurocomputing 2 (1990/91):199-208.*

Stubbs DF. **1990**. Three applications of neurocomputing in biomedical research. *Neurocomputing 2 (1990):61-66.*

Tilli T. **1991**. *Fuzzy-Logik: Grundlagen, Anwendungen, Hard- und Software.* München: Franzis. ISBN 3-7723-4321-X.

Tom MD. **1989**. Worterkennung mit neuen Methoden. *Design&Elektronik 6/1989:122.*

Wong FS. **1991a**. Time series forecasting using backpropagation neural networks. *Neurocomputing 2 (1990/91):147-159.*

Wong FS, Wang PZ. **1991b**. A stock selection strategy using fuzzy neural networks. *Neurocomputing 2 (1990/91):233-242.*

12.2   Einführende Literatur

Dorffner G. 1991. *Konnektionismus: Von neuronalen Netzwerken zu einer „natürlichen" KI.* Stuttgart: Teubner. ISBN 3-519-02455-1.

Hoffmann N. 1992. *Simulation neuronaler Netze: Grundlagen, Modelle, Programme in Turbo Pascal.* Braunschweig: Vieweg. ISBN 3-582-15140-4.
Führt den Leser an Hand von PC-Simulationen in die Thematik ein.

Hertz J, Krogh A, Palmer RG. 1991. *Introduction to the theory of neural computation*. Redwood City: Addison-Wesley. ISBN 0-201-51560-1. Mathematisch anspruchsvoll.

Kinnebrock W. 1992. *Neuronale Netze: Grundlagen, Anwendungen, Beispiele*. München Wien: Oldenbourg. ISBN 3-486-22105-5.

Köhle M. 1990. *Neurale Netze*. Wien etc: Springer. ISBN 3-211-82228-8 (Wien), 0-387-02220-8 (New York).

Lawrence J. 1992. *Neuronale Netze: Computersimulation biologischer Intelligenz*. München: Systhema. ISBN 3-89390-271-6.

Müller B, Reinhardt J. 1990. *Neural Networks: An Introduction*. Berlin etc: Springer. ISBN 3-540-52380-4 (Berlin), 0-387-52380-4 (New York). Mathematisch anspruchsvoll.

Schöneburg E, Hansen N, Gawelczyk A. 1990. *Neuronale Netzwerke: Einführung, Überblick und Anwendungsmöglichkeiten*. Haar bei München: Markt&Technik. ISBN 3-89090-329-0.

13 Register

Die Registereinträge verweisen auf nähere Angaben und/oder auf Literaturhinweise zu den einzelnen Begriffen. Stichwörter des *Lexikons* (Kap. 10) und des *Glossars* (Kap. 11) sind nicht aufgenommen; dort lassen sich daher weitere Informationen finden.